高等职业教育建筑工程专业
工学结合“十三五”规划教材

工程招投标与合同管理

GONGCHENG ZHAOTOUBIAO
YU HETONG GUANLI

主　编／刘　兵　龚健冲
副主编／张杏银　周成科　刘文俊
参　编／陈晓明　刘　芳

电子科技大学出版社

图书在版编目（CIP）数据

工程招投标与合同管理 / 刘兵，龚健冲主编.
—成都：电子科技大学出版社，2016. 5
高等职业教育建筑工程专业工学结合“十三五”规划教材
ISBN 978-7-5647-3657-6

Ⅰ. ①工… Ⅱ. ①刘… ②龚… Ⅲ. ①建筑工程－招标－高等职业教育－教材②建筑工程－投标－高等职业教育－教材③建筑工程－经济合同－管理－高等职业教育－教材 Ⅳ. ①TU723

中国版本图书馆 CIP 数据核字（2016）第 103488 号

内 容 简 介

本书共分为 9 个学习情景，内容包括招标投标基本知识、建设工程招标与投标、建设工程施工招标、建设工程施工投标、合同法律概述、与建设工程相关的合同、建设工程合同管理、FIDIC 合同条件、建设工程施工索赔与风险管理，每章后附有本章回顾和习题。此外，为了便于读者学习，还附有相应的工程实例和常用的文件资料。

本书适用于高职高专院校建筑工程、工程管理、工程造价、建筑经济与管理等专业的课程教学，也适用于在职职工的岗位培训，还可作为广大建筑工程管理人员自学的参考书籍。

高等职业教育建筑工程专业工学结合“十三五”规划教材

工程招投标与合同管理

主　编　刘　兵　龚健冲
副主编　张杏银　周成科　刘文俊
参　编　陈晓明　刘　芳

出　　版：电子科技大学出版社（成都市一环路东一段 159 号电子信息产业大厦　邮编：610051）
策划编辑：郭蜀燕　岳　慧
责任编辑：岳　慧
主　　页：www.uestcp.com.cn
电子邮箱：uestcp@uestcp.com.cn
发　　行：新华书店经销
印　　刷：成都市火炬印务有限公司
成品尺寸：185mm×260mm　印张 19.75　字数 528 千字
版　　次：2016 年 5 月第一版
印　　次：2016 年 5 月第一次印刷
书　　号：ISBN 978-7-5647-3657-6
定　　价：46.00 元

前　言

建设工程招投标与合同管理是工程建设中十分重要的工作，也是建筑施工企业（承包商）主要的生产经营活动之一。施工企业能否中标获得施工任务，并通过完善的合同管理及其他方面的管理而取得好的经济效益，关系到企业的生存与发展。因此，招投标与合同管理在企业整个经营管理活动中具有十分重要的地位和作用。

《工程招投标与合同管理》系按照本课程教学大纲的要求，根据2007年修订的《中华人民共和国招标投标法》，住房与城乡建设部于2010年6月9日颁布的《房屋建筑和市政工程标准施工招标资格预审文件》，2012年修订的《房屋建筑和市政工程标准施工招标文件》，2013年7月重新修订颁布的《建设工程施工合同示范文本》，2013年7月1日颁布的《建设工程量清单计价规范》，以及作者收集整理的国内外招投标与合同管理有关的参考资料等，结合多年的教学实践重新编写的。

本书共分为9个学习情景，内容包括招标投标基本知识、建设工程招标与投标、建设工程施工招标、建设工程施工投标、合同法律概述、与建设工程相关的合同、建设工程合同管理、FIDIC合同条件、建设工程施工索赔与风险管理，每章后附有本章回顾和习题。此外，为了便于读者学习，还附有相应的工程实例和常用的文件资料。

本书由武汉工程职业技术学院刘兵、河南工业职业技术学院龚健冲担任主编，由广州城建职业学院张杏银、漯河职业技术学院周成科、武汉工程职业技术学院刘文俊担任副主编。

其中、学习情景1、2、8由刘兵编写，学习情景5、6由龚健冲编写，学习情景3、4由周成科编写，学习情景7、9陈晓明、刘芳编写、张杏银等也参与了本书的编写。本书由刘兵统稿、修改。

本书在编写过程中参考了大量国内外同领域的科研成果与文献资料，在此谨向原书作者表示衷心的感谢！

由于编者水平有限，不足及疏漏之处在所难免，敬请广大读者批评指正。

编　者

2016年4月

目 录

学习情景 1　招标投标基本知识

招标与投标是一种国际上普遍应用的、有组织的市场交易行为，是关于工程、货物或服务的买卖方式。工程招标与投标是工程建设领域最普遍、最重要的承揽方式。招标投标涉及工程的决策咨询、勘察设计、工程施工、建设监理、工程材料和设备的供应等许多方面。

1.1　建设工程招标投标概述

1.1.1　招标投标的概念

招标投标是在市场经济条件下进行工程建设、货物买卖、财产出租、中介服务等经济活动的一种竞争形式和交易方式，是引入竞争机制订立合同（契约）的一种法律形式。

建设工程招标是指招标人在发包建设项目之前，公开招标或邀请投标人，根据招标人的意图和要求提出报价，择日当场开标，以便从中择优选定中标人的一种经济活动。

建设工程投标是工程招标的对称概念，指具有合法资格和能力的投标人根据招标条件，经过初步研究和估算，在指定期限内填写标书，提出报价，并等候开标，决定能否中标的经济活动。

从法律意义上讲，建设工程招标一般是建设单位（或业主）就拟建的工程发布通告，用法定方式吸引建设项目的承包单位参加竞争，进而通过法定程序从中选择条件优越者来完成工程建设任务的法律行为。建设工程投标一般是经过特定审查而获得投标资格的建设项目承包单位，按照招标文件的要求，在规定的时间内向招标单位填报投标书，并争取中标的法律行为。

1.1.2　招标投标的性质

我国法学界一般认为，建设工程招标是要约邀请，而投标是要约，中标通知书是承诺。我国《合同法》也明确规定，招标公告是要约邀请。也就是说，招标实际上是邀请投标人对其提出要约（即报价），属于要约邀请。投标则是一种要约，它符合要约的所有条件，如具有缔结合同的主观目的；一旦中标，投标人将受投标书的约束；投标书的内容具有足以使合同成立的主要条件等。招标人向中标的投标人发出的中标通知书，则是招标人同意接受中标的投标人的投标条件，即同意接受该投标人的要约的意思表示，应属于承诺。

工程建设招标，是指建设单位就所建的工程发布通告，以法定方式吸引承包单位参加竞争，从中选择条件优越者完成工程建设任务的法律行为。各投标单位依据自身技术能力和管理水平，按照招标文件规定的条件投标报价争取获得施工项目承包权，体现了公平竞争的原则。

1.1.3　招标投标的原则

《招标投标法》规定：“招标投标活动应当遵循公开、公平、公正和诚实守信的原则。”

1. 公开原则，就是要求招标投标活动高度透明，实行招标信息、招标程序公开，即发布招标通告、公开开标、公开中标结果，使每一个投标人获得同等的信息，知悉招标的一切条件和要求。

2．公平原则，就是要求给予所以投标人平等的机会，使其享有同等的权利，并履行相应的义务，不歧视任何一方。

3．公正原则，即要求评标时按事先公布的标准对待所有的投标人。

4．诚实守信原则，也是民事活动中基本的原则之一。其含义是，招标投标当事人应当以诚实、善意的态度行使权利，履行义务，以维持双方的利益平衡，以及自身利益与社会利益的平衡。要求当事人不得通过自己的活动损害第三人和社会的利益，必须在法律的范围内，以符合其社会经济目的的方式行使自己的权利。

因此，《招标投标法》规定了不得规避招标、串通投标、骗取中标、非法律允许的转包等义务，要求当事人遵守，并规定了相应的罚则。

1.1.4 我国招标投标的法律、法规框架

我国招标投标制度是伴随着改革开放而逐步建立并完善的。1984 年，国家计委、城乡建设环境保护部联合下发了《建设工程招标投标暂行规定》，倡导实行建设工程招投标，我国由此开始推行招投标制度。

1991 年 11 月 21 日建设部、国家工商行政管理局联合下发《建筑市场管理规定》，明确提出加强发包管理和承包管理，其中发包管理主要是指工程报建制度与招标制度。在整顿建筑市场的同时，建设部还与国家工商行政管理局一起制订了《施工合同示范文本）及其管理办法，于 1991 年颁发，以指导工程合同的管理。1992 年 12 月 30 日，建设部颁发了《工程建设施工招标投标管理办法》。

1994 年 12 月 16 日建设部、国家体改委再次发出《全面深化建筑市场体制改革的意见》。强调了建筑市场管理环境的治理。文中明确提出大力推行招标投标，强化市场竞争机制。此后，各地也纷纷制订了各自的实施细则，使我国的工程招投标制度趋于完善。

1999 年，我国工程招标投标制度面临重大转折。首先是 1999 年 3 月 15 日全国人大通过了《中华人民共和国合同法》，并于同年 10 月 1 日起生效实施，由于招标投标是合同订立过程中的两个阶段，因此，该法对招标投标制度产生了重要的影响。其次是 1999 年 8 月 30 日全国人大常委会通过了《中华人民共和国招标投标法》，并于 2000 年 1 月 1 日起施行。这部法律基本上是针对建设工程发包活动而言的，其中大量采用了国际惯例或通用做法，必将带来招标体制的巨大变革。

随后的 2000 年 5 月 1 日，国家计委发布了《工程建设项目招标范围的规模标准规定》。2000 年 7 月 1 日国家计委又发布了《工程建设项目自行招标试行办法》和《招标公告发布暂行办法》。

2001 年 7 月 5 日国家计委等七部委联合发布《评标委员会和评标办法暂行规定》。其中有三个重大突破：关于低于成本价的认定标准；关于中标人的确定条件；关于最低价中标。在这里第一次明确了最低价中标的原则。这与国际惯例是接轨的。这一评标定标原则必然给我国现行的定额管理带来冲击。在这一时期，建设部也连续颁布了第 79 号令《工程建设项目招标代理机构资格认定办法》、第 89 号令《房屋建筑和市政基础设施工程施工招标投标管理办法》以及《房屋建筑和市政基础设施工程施工招标文件范本》（2003 年 1 月 1 日施行）、第 107 号令《建筑工程施工发包与承包计价管理办法》（2001 年 11 月）等，对招投标活动及其承发

包中的计价工作做出进一步的规范。

1.2 招　　标

1.2.1 招标投标的范围

《招标投标法》只适用于在中国境内进行的招标投标活动，这里包括国家机关、固有企事业单位、外商投资企业和私营企业等各类主体进行的各类招标活动，不适用于国内企业到境外投标。

1．强制招标的工程范围

强制招标是指法律规定某些类型的采购项目，凡是达到一定数额的，必须通过招标进行，否则采购单位将承担法律责任。强制招标的范围是指工程建设项目全过程的招标，包括从勘察、设计、施工、监理到设备、材料的采购。

（1）《招标投标法》的规定

中华人民共和国境内进行下列工程建设项目包括勘察、设计、施工、监理以及工程建设有关的重要设备、材料等的采购，必须进行招标。

A. 大型基础设施、公用事业等关系社会公共利益、公众安全的项目；

B. 全部或者部分使用国有资金投资或者国家融资的项目；

C. 使用国际组织或者外国政府贷款、援助资金的项目。

（2）《工程建设项目招标范围和规模标准规定》的规定

2000 年发布的《工程建设项目招标范围和规模标准规定》对《招标投标法》关于工程建设项目招标的具体范围和规模标准又作了具体规定：

A. 关系社会公共利益、公众安全的基础设施项目；

B. 关系社会公共利益、公众安全的公用事业项目；

C. 使用国有资金投资项目；

D. 国家融资项目；

E. 使用国际组织或者外国政府资金的项目。

以上包括项目的勘察、设计、施工、监理以及与工程建设有关的重要设备、材料等的采购，达到下列标准之一的，必须进行招标：

A. 施工单项合同估算价的 200 万元人民币以上的；

B. 重要设备、材料等货物的采购，单项合同估算价在 100 万元人民币以上的；

C. 勘察、设计、监理等服务的采购，单项合同估算价在 50 万元人民币以上的；

D. 单项合同估算价低于前三项规定的标准，但项目总投资额在 3000 万元人民币以上的。

2．公开招标的工程范围

国务院发展计划部门确定的国家重点建设项目和各省、自治区、直辖市人民政府确定的地方重点建设项目，以及上全部使用国有资金投资或者国有资金投资占控股或者主导地位的工程建设项目，应当公开招标。

3．邀请招标的工程范围

项目技术复杂或有特殊要求，只有少量几家潜在投标人可供选择的；受自然地域环境限制的；涉及国家安全、国家秘密或者抢险救灾，适宜招标但不宜公开招标的；拟公开招标的费用与项目的价值相当，不值得的；法律、法规规定不宜公开招标的。国家重点建设项目的邀请招标，应当经国务院发展计划部门批准；地方重点建设项目的邀请招标，应当经各省、自治区、直辖市人民政府批准。

4．可以不进行招标的工程范围

涉及国家安全、国家秘密或者抢险救灾而不适宜招标的；属于利用扶贫资金实行以工代赈需要使用农民工的；施工主要技术采用特定的专利或者专有技术的，或者其建筑艺术造型有特殊要求的；施工企业自建自用的工程，且该施工企业资质等级符合工程要求的；在建工程追加的附属小型工程或者主体加层工程，原中标人仍具备承包能力的；法律、行政法规规定的其他情形。

1.2.2　建设工程招标的种类

工程项目招标投标多种多样，按照不同的标准可以进行不同的分类。

1．按照工程建设程序分类

按照工程建设程序，可以将建设工程招标投标分为建设项目前期咨询招标投标、工程勘察设计招标投标、材料设备采购招标投标、施工招标投标。

（1）建设项目前期咨询招标投标，是指对建设项目的可行性研究任务进行的招标投标。投标方一般为工程咨询企业。中标的承包方要根据招标文件的要求，向发包方提供拟建工程的可行性研究报告，并对其结论的准确性负责。承包方提供的可行性研究报告，应获得发包方的认可。认可的方式通常为专家组评估鉴定。

项目投资者有的缺乏建设管理经验，通过招标选择项目咨询者及建设管理者，即工程投资方在缺乏工程实施管理经验时，通过招标方式选择具有专业的管理经验工程咨询单位，为其制订科学、合理的投资开发建设方案，并组织控制方案的实施。这种集项目咨询与管理于一体的招标类型的投标人一般也为工程咨询单位。

（2）勘察设计招标。勘察设计招标指根据批准的可行性研究报告，择优选择勘察设计单位的招标。勘察和设计是两种不同性质的工作，可由勘察单位和设计单位分别完成。勘察单位最终提出施工现场的地理位置、地形、地貌、地质、水文等在内的勘察报告。设计单位最终提供设计图纸和成本预算结果。设计招标还可以进一步分为建筑方案设计招标、施工图设计招标。若施工图设计不是由专业的设计单位承担，而是由施工单位承担，一般不进行单独招标。

（3）材料设备采购招标，是指在工程项目初步设计完成后，对建设项目所需的建筑材料和设备（如电梯、供配电系统、空调系统等）采购任务进行的招标。投标方通常为材料供应商、成套设备供应商。

（4）工程施工招标，在工程项目的初步设计或施工图设计完成后，用招标的方式选择施工单位的招标。施工单位最终向业主交付按招标设计文件规定的建筑产品。

国内外招投标现行做法中经常采用将工程建设程序中各个阶段合为一体进行全过程招标，通常又称其为总包。

2．按工程项目承包的范围分类

按工程承包的范围可将工程招标划分为项目总承包招标、项目阶段性招标、设计施工招标、工程分承包招标及专项工程承包招标。

（1）项目全过程总承包招标，即选择项目全过程总承包人招标，这种又可分为两种类型，其一是指工程项目实施阶段的全过程招标；其二是指工程项目建设全过程的招标。前者是在设计任务书完成后，从项目勘察、设计到施工交付使用进行一次性招标；后者则是从项目的可行性研究到交付使用进行一次性招标，业主只需提供项目投资和使用要求及竣工、交付使用期限，其可行性研究、勘察设计、材料和设备采购、土建施工设备安装与调试、生产准备和试运行、交付使用，均由一个总承包商负责承包，即所谓“交钥匙工程”。承揽“交钥匙工程”的承包商被称为总承包商，绝大多数情况下，总承包商要将工程部分阶段的实施任务分包出去。

无论是项目实施的全过程还是某一阶段或程序，按照工程建设项目的构成，可以将建设工程招标投标分为全部工程招标投标、单项工程招标投标、单位工程招标投标、分部工程招标投标、分项工程招标投标。全部工程招标投标，是指对一个建设项目（如一所学校）的全部工程进行的招标。单项工程招标，是指对一个工程建设项目中所包含的单项工程（如一所学校的教学楼、图书馆、食堂等）进行的招标。单位工程（招标是指对一个单项工程所包含的若干单位工程（实验楼的土建工程）进行招标。分部工程招标是指对一项单位工包含的分部工程（如土石方工程、深基坑工程、楼地面工程、装饰工程）进行招标。

应当强调指出的是，为了防止对将工程肢解后进行发包，我国一般不允许对分部工程招标，允许特殊专业工程招标，如深基础施工、大型土石方工程施工等。但是，国内工程招标中的所谓项目总承包招标往往是指对一个项目施工过程全部单项工程或单位工程进行的总招标，与国际惯例所指的总承包尚有相当大的差距，为与国际接轨，提高我国建筑企业在国际建筑市场的竞争能力，深化施工管理体制的改革，造就一批具有真正总包能力的智力密集型的龙头企业，是我国建筑业发展的重要战略目标。

（2）工程分承包招标，是指中标的工程总承包人作为其中标范围内的工程任务的招标人，将其中标范围内的工程任务，通过招标投标的方式，分包给具有相应资质的分承包人，中标的分承包人只对招标的总承包人负责。

（3）专项工程承包招标，指在工程承包招标中，对其中某项比较复杂或专业性强、施工和制作要求特殊的单项工程进行单独招标。

3．按行业或专业类别分类

按与工程建设相关的业务性质及专业类别划分，可将工程招标分为土木工程招标、勘察设计招标、材料设备采购招标、安装工程招标、建筑装饰装修招标生产工艺技术转让招标、咨询服务（工程咨询）及建设监理招标等。

（1）土木工程招标，是指对建设工程中木工程施工任务进行的招标。

（2）勘察设计招标投标，是指对建设项目的勘察设计任务进行的招标投标。

（3）货物采购招标投标，是指对建设项目所需的建筑材料和设备采购任务进行的招标。

（4）安装工程招标投标，是指对建设项目的设备安装任务进行的招标。

（5）建筑装饰装修招标投标，是指对建设项目的建筑装饰装修的施工任务进行的招标。

（6）生产工艺技术转让招标投标，是指对建设工程生产工艺技术转让进行的招标。工程咨询和建设监理招标投标，是指对工程咨询和建设监理任务进行的招标。

4．按工程承发包模式分类

随着建筑市场运作模式与国际接轨进程的深入，我国承发包模式也逐渐呈多样化，主要包括工程咨询承包、交钥匙工程承包模式、设计施工承包模式、设计管理承包模式、BOT 工程模式、CM 模式。

按承发包模式分类可将工程招标划分为工程咨询招标、交钥匙工程招标、设计施工招标、设计管理招标、BOT 工程招标。

（1）工程咨询招标：是指以工程咨询服务为对象的招标行为。工程咨询服务的内容主要包括工程立项决策阶段的规划研究、项目选定与决策；建设准备阶段的工程设计、工程招标；施工阶段的监理、竣工验收等工作。

（2）交钥匙工程招标："交钥匙"模式即承包商向业主提供包括融资、设计、施工、设备采购、安装和调试直至竣工移交的全套服务。交钥匙工程招标是指发包商将上述全部工作作为一个标的招标，承包商通常将部分阶段的工程分包，亦即全过程招标。

（3）工程设计施工招标

设计施工招标是指将设计及施工作为一个整体标的以招标的方式进行发包，投标人必须为同时具有设计能力和施工能力的承包商。我国由于长期采取设计与施工分开的管理体制，目前具备设计、施工双重能力的施工企业为数较少。

设计—建造模式是一种项目组管理方式：业主和设计—建造承包商密切合作，完成项目的规划、设计、成本控制、进度安排等工作，甚至负责项目融资：使用一个承包商对整个项目负责，避免了设计和施工的矛盾，可显著减少项目的成本和工期。同时，在选定承包商时，把设计方案的优劣作为主要的评标因素，可保证业主得到高质量的工程项目。

（4）工程设计—管理招标

设计—管理模式是指由同一实体向业主提供设计和施工管理服务的工程管理模式。这种模式时，业主只签订一份既包括设计也包括工程管理服务的合同，在这种情况下，设计机构与管理机构是同一实体。这一实体常常是设计机构施工管理企业的联合体。设计—管理招标即为以设计管理为标的进行的工程招标。

（5）BOT 工程招标

BOT（Bui1d-Operate-Transfer）即建造—运营—移交模式。这是指东道国政府开放本国基础设施建设和运营市场，吸收国外资金，授给项目公司以特许权Ⅲ由该公司负责融资和组织建设，建成后负责运营及偿还贷款。在特许期满时将工程移交给东道国政府。BOT 工程招标即是对这些工程环节的招标。

5．按照工程是否具有涉外因素分类

按照工程是否具有涉外因素，可以将建设工程招标分为国内上程招标投标和国际工程招标投标。

（1）国内工程招标投标，是指对本国没有涉外因素的建设工程进行的招标投标。

（2）国际工程招标，是指对有不同国家或国际组织参与的建设工程进行的招标。国际工程招标投标，包括本国的国际工程（习惯上称涉外工程）招标投标和国外的国际工程招标投标两个部分。国内工程招标和国际工程招标的基本原则是一致的，但在具体做法有差异。随着社会经济的发展和与国际接轨的深化，国内工程招标和国际工程招标在做法上的区别已越来越小。

1.2.3　建设工程招标方式

建设工程从竞争程度进行分类，严格说可分为公开招标、邀请招标，目前增加了议标。

1．公开招标

又称无限竞争性招标，是指由招标人通过报纸、刊物、广播、电视等大众媒体，向社会公开发布招标公告，凡对此招标项目感兴趣并符合规定条件的不特定的承包商，都可自愿参加竞标的一种工程发包方式。公开招标是最具竞争性的招标方式。

公开招标的优点：有利于开展真正意义上的竞争，最充分地展示公开、公正、平等竞争的招标原则，防止和克服垄断；能有效地促使承包商在增强竞争实力上修炼内功，努力提高工程质量，缩短工期，降低造价，求得节约和效率，创造最合理的利益回报；有利于防范招标投标活动操作人员和监督人员的舞弊现象。

公开招标的缺点：参加竞争的投标人越多，每个参加者中标的概率将越小，损失投标费用的风险也越大；招标人审查投标人资格、投标文件的工作量比较大，耗费的时间长，招标费用高。

2．邀请招标

又称有限竞争性招标或选择性招标，是指由招标人根据自己的经验和掌握的信息资料，向被认为有能力承担工程任务，经预先选择的特定的承包商发出邀请书，要求他们参加工程的投标竞争。

优点：由于招标单位对投标单位的情况比较了解，因而一般都有能力保证工程的进度和质量，而且由于投标单位少，所以评标工作量小，招标费用低。

缺点：由于邀请招标中投标人的数目有限，公开性、竞争性都远远不及公开招标，容易产生违规操作和内幕交易，如果不进行严格的监管，会给重点工程建设带来不可弥补的损失。

两种招标的区别：发布信息的方式不同；选择的范围不同；竞争的范围不同；公开的程度不同；时间和费用不同。

3．议标

1）定义

议标（又称协议招标、协商议标）是一种以议标文件或拟议的合同草案为基础的，直接通过谈判方式，分别与若干家承包商进行协商，选择自己满意的一家，签订承包合同的招标方式。议标通常实用于涉及国家安全的工程或军事保密的工程，或紧急抢险救灾工程及小型工程。

2）议标的特点

议标是一种特殊的招标方式，是公开招标、邀请招标的例外情况。一个规范、完整的议标概念，在其适用范围和条件上，应当同时具备以下四个基本要点：

A．议标方式适用面较窄

议标只适用于保密性要求或者专业性、技术性较高等特殊工程。没有保密性或者专业性、技术性不高，不存在什么特殊情况的项目，不能进行议标。对什么是具有保密性、什么是专业性、技术性较高等特殊情况，应该做严格意义上的理解，不能由业主或者承包商来自行解释，而必须由政府或政府主管部门来解释。这里所谓“不适宜”，一是指客观条件不具备，如同类有资格的投标人太少：无法形成竞争态势等；二是指有保密性要求，不能在众多有资格的投标人中间扩散。如果适宜采用公开招标和邀请招标的，就不能采用议标方式。

议标必须经招标投标管理机构审查同意。未经招标投标管理机构审查同意的，不能进行议标。已经进行议标的，建设行政主管部门或者招标投标管理机构应当按规定，作为非法交易进行严肃查处。招标投标管理机构审查的权限范围，就是省、市、县（市）招标投标管理机构的分级管理权限范围。

B．直接进入谈判并通过谈判确定中标人

参加投标者为两家以上，一家不中标再寻找下一家，直到达成协议为止。一对一地谈判，是议标的最大特点。在实际生活中，即使可能有两家或两家以上的议标参加人，实质上也是一对一地分别谈判，一家谈不成，再与另一家谈，直到谈成为止。如果不是一对一地谈，不宜称之为议标。

C．序的随意性太大且缺乏透明度

议标程序的随意性太大，竞争性相对更弱。议标缺乏透明度，极易形成暗箱操作，私下交易。从总体上来看，议标的存在是弊大于利。

自 2000 年 1 月 1 日起施行的《中华人民共和国招标投标法》就只规定招标分为公开招标和邀请招标，而对议标未明确提及。但在我国建设工程招标投标的进程中，议标作为一种招标方式已约定俗成，且在国际上也普遍采用。从我国建筑市场整体发育状况来考察，在当前和今后一定时间内议标仍可作为一种工程交易方式依然存在着。

议标不同于直接发包。从形式上看，直接发包没有“标”，而议标则有标。议标招标人须事先编制议标招标文件或拟议合同草案，议标投标人也须有议标投标文件，议标也必须经过一定的程序。

3）议标的程序

议标应按下列程序进行：

A．招标人向有权的招标投标管理机构提出议标申请

申请中应当说明发包工程任务的内容、所谓议标的理由、对议标投标人的要求及拟邀请的议标投标人等，并应当同时提交能证明其要求议标的工程符合规定的有关证明文材料。

B．招标投标管理机构对议标申请进行审批

招标投标管理机构在接到议标申请之日起 15 天内，调查核实招标人的议标申请、证明文件和材料、议标投标人的条件等，对照有关规定，确定其是否符合议标条件。符合条件的，方可批准议标。

C．议标文件的编制与审查

议标申请批准后，招标人编写议标文件或者谓议合同草案，并报招标投标管理机构审查。招标投标管理机构应在 5 天内审查完毕，并给予答复。

D．协商谈判

招标人与议标投标人在招标投标管理机构的监督下，就议标文件的要求或者商议合同草案进行协商谈判。招标人以议标方式发包施工任务，应该编制标底，作为议标文件或者拟议合同草案的组成部分，并经招标管理机构审定。议标工程的中标价格原则上不得高于审定后的标底价格。招标人不得以垫资、垫材料作为议标的条件，也不允许以一个议标投标人的条件要求或者限制另一个议标投标人。

E．授标

议标双方达成一致后，招标投标管理机构在自收到正式合同草案之日起的 2 天内进行审查，确认其与议标结果一致后，签发《中标通知书》。未经招标投标管理机构审查同意，擅自进行议标或者议标双方在议标过程中弄虚作假的，议标结果无效。

4）议标的监督管理

建设行政主管部门和招标投标管理机构对议标负有重要的监督管理责任。对议标的监督

管理，需要抓住以下几个环节：

A．议标项目的报建

议标项目的报建是一个非常重要的环节，通过报建，掌握待建工程项目的情况，及时向社会发布招标信息，以便提高议标工程项目的透明度。

B．对议标项目的审查

招标投标管理机构必须对议标项目的审查，未经招标投标管理机构审查同意，任何单位都不得进行议标。对不符合条件，不应当进行议标的项目，招标投标管理机构不予批准，保证议标的公正性。

C．议标投标人的条件限制

议标当事人一方为组织议标的招标人，另一方为参加议标的投标人。招标人选择的议标投标人，必须符合如下要求：第一，具有与议标的工程相应的资质等级、营业范围、资金和能力；第二，发包有保密性要求或其他特殊性要求的工程时，招标人应优先选择成立时间比较久远（如 20 世纪 70 年代以前成立）、信誉比较可靠（如近 3 年内获得过优质工程称号）的全民所有制企业作为议标投标人；第三，发包主体工程完成后为配合发挥整体效能所追加的小型附属工程和单位工程停建、缓建后恢复建设的工程任务时，招标人应当选择原承包人作为议标投标人；第四，近一年内未出现过质量、安全事故或者其他违反建筑市场管理法规的行为。

D．公开招标或者邀请招标失败后议标方式的选择

公开招标或者邀请招标失败后，通常可以依法选择以标方式，但应当按照原招标文件或者评标定标办法中有关招标失败的条款选择议标投标人，而不能另行确定评标标准。

1.2.4 建设工程招标条件

1．招标人主体资格

依照《招标投标法》规定：招标人是依法提出招标项目，进行招标的法人或者其他组织。通常为该建设工程的投资人即项目业主或建设单位。建设工程招标人在建设工程招标投标活动中起主导作用。

（1）法人。指具有民事权利能力和民事行为能力，并依法享有民事权利承担民事义务的组织，包括法人、机关法人、事业单位法人、社会团体法人。

（2）其他组织。指不具备法人条件的组织。包括有法人的分支机构，企业之间或企业、事业单位之间联营、合伙组织、个体工商户、农村承包经营户等。

2．建设单位招标应当具备的条件

A. 是法人或依法成立的其他组织；

B. 有与招标工程相适应的经济、技术管理人员；

C. 有组织编制招标文件的能力；

D. 有审查投标单位资质的能力；

E. 有组织开标、评标、定标的能力

若建设单位不具备上述相应的条件的，须委托具有相应资质的咨询、监理等单位代理招标。

3．工程代理招标

建设工程招标代理，是指建设工程招标人将建设工程招标事务委托给相应中介服务机构，由该中介服务机构在招标人委托授权的范围内以委托的招标人的名义同他人独立进行建设工

程招标投标活动，由此产生的法律效果直接归属于委托的招标人的一种制度。

1）建设工程招标代理的特征

①建设工程招标代理人必须以被代理人的名义办理招标事务。

②建设工程招标代理人具有独立进行意思表示的职能，这样才能使建设工程招标活动得以顺利进行。

③建设工程招标代理行为，应在委托授权的范围内实施。这是因为建设工程招标代理在性质上是一种委托代理，即基于被代理人的委托授权而发生的代理。建设工程中介服务机构未经建设工程招标人的委托授权，就不能进行招标代理，否则就是无权代理。建设工程中介服务机构已经建设工程招标人委托授权的，不能超出委托授权的范围进行招标代理，否则也是无权代理。

④建设工程招标代理行为的法律效果归属于被代理人。

2）建设工程招标代理机构的资质

建设工程招标代理机构的资质，是指从事招标代理活动应当具备的条件和素质，包括技术力量、专业技能、人员素质、技术装备、服务业绩、社会信誉、组织机构和注册资金等几个方面的要求。招标代理人从事招标代理业务，必须依法取得相应的招标资质等级证书，并在其资质等级证书许可的范围内开展相应的招标代理业务。

我国对招标代理机构的条件和资质有专门规定。

工程招标代理机构应具备以下基本条件：

①是依法设立的中介组织；

②与行政机关和其他国家机关没有行政隶属关系或者其他利益关系；

③有固定的营业场所和开展工程招标代理业务所需设施及办公条件；

④有健全的组织机构和内部管理的规章制度；

⑤具备编制招标文件和组织评标的相应专业力量；

⑥具有可以作为评标委员会成员人选的技术、经济等方面的专家库。

3）建设工程招标代理机构的权利和义务

A．建设工程招标代理机构的权利

①组织和参与招标活动。招标人委托代理人的目的，是让其代替自己办理有关招标事务。组织和参与招标活动，既是代理人的权利，也是代理人的义务。

②依据招标文件要求，审查投标人资质。代理人受委托后即有权按照招标文件的规定，审查投标人资质。

③按规定标准收取代理费用。建设工程招标代理人从事招标代理活动，是一种有偿的经济行为，代理人要收取代理费用。代理费用由被代理人与代理人按照有关规定在委托代理合同中协商确定。

④招标人授予的其他权利。

B．建设工程招标代理机构的义务

①遵守法律、法规、规章和方针、政策。建设工程招标代理机构的代理活动必须依法进行，违法或违规、违章的行为，不仅不受法律保护，而且还要承担相应的法律责任。

②维护委托的招标人的合法权益。

③组织编制、解释招标文件，对代理过程中提出的技术方案、计算数据、技术经济分析结论等的科学性、正确性负责。

④接受招标投标管理机构的监督管理和招标行业协会的指导。

⑤履行依法约定的其他义务。

1.2.5 招标工程必须具备的条件

1．履行相应的审批手续

按照国家规定需要履行审批手续项目的招标项目，应先履行审批手续。其中强制招标范围的项目，只有经有关部门审核批准后，而且建设资金或资金来源已经落实，才能进行招标。对开工条件有要求的，还必须履行开工手续。

2．资金落实到位

进行招标项目的相应资金或者资金来源已落实。指进行某一项建设项目、货物、服务采购所需要的资金已经到位，或者尽管资金没有到位但来源已经落实，如银行已承诺贷款。

3．实行勘察招标的建设工程应具备的条件

1）具有经过有审批权的机关批准的设计任务书；

2）具有建设规划管理部门同意的用地范围许可文件；

3）有符合要求的地形图。

4．进行项目设计招标的建设工程应具备的条件

1）具有经过有审批权的审批机关批准的设计任务书；

2）具有工程设计所需要的可靠的基础资料。

5．建设工程施工招标应具备的条件

1）建设项目概算已经批准；

2）建设项目已正式列入国家、部门或地方的年度固定资产投资计划；

3）建设用地的征用工作已经完成；

4）施工需要的施工图纸及技术资料已经齐备；

5）建设资金和主要建筑材料、设备的来源已经落实；

6）建设项目已经当地城市规划部门批准，施工现场的“三通一平”已经完成或已列入施工招标范围。

1.2.6 施工招标工程的发包范围

施工招标可采用项目的全部工程招标、单位工程招标、特殊专业工程招标等方法。但不得对单位工程的分部、分项工程进行招标。

1.2.7 建设工程施工招标程序

一个完整的招标过程，主要包括招标、投标、开标、评标和定标五个环节。具体建设工程施工招标流程图如图 1.1。

1．招标活动的准备工作

（1）选择招标方式

（2）标段的划分

2．招标申请

由招标人向招标投标办事机构提出招标申请，其内容主要包括：招标单位资质、招标工程具备的条件、拟采用的招标方式、对投标单位的要求。

3．编制招标文件和招标控制价

（1）编制招标文件

招标文件一般包括投标邀请书、投标须知、合同条件、技术规范、图纸和技术资料、工程量清单和参考资料等内容。

① 投标须知，包括工程概况，招标范围，资格审查条件，工程资金来源或者落实情况（包括银行出具的资金证明），标段划分，工期要求，质量标准，现场踏勘和答疑安排，投标文件编制、提交、修改、撤回的要求，投标报价要求，投标有效期，开标的时间和地点，评标的方法和标准等；

② 招标工程的技术要求和设计文件；

③ 采用工程量清单招标的，应当提供工程量清单，并公布招标控制价；

④ 投标函的格式及附录；

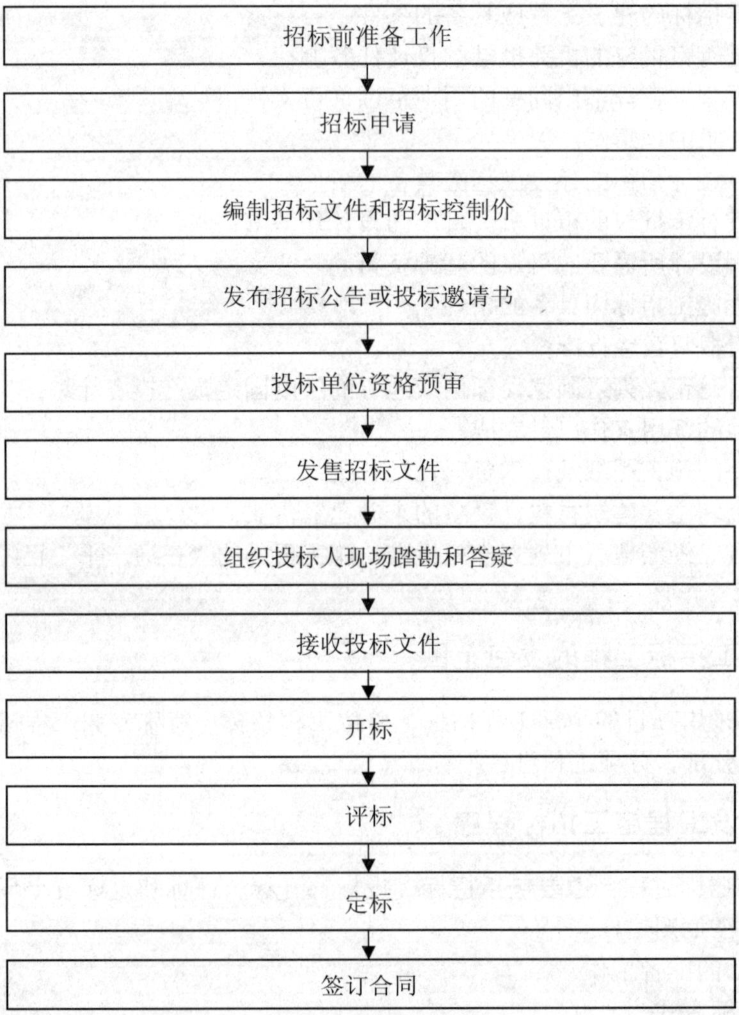

图 1.1　建设工程施工招标流程图

⑤ 拟签订合同的主要条款；

⑥ 要求投标人提交的其他材料。

招标人应当在招标文件中规定实质性要求和条件，并用醒目的方式和标明。

（2）编制招标控制价

① 招标控制价的编制依据

编制招标控制价，应根据有关计价定额与计价办法、建设工程设计文件及相关资料、招标文件中的工程量清单及有关要求、与建设项目相关的标准规范及技术资料，结合市场供求状况，综合考虑投资、工期和质量等方面的因素合理确定。

② 招标控制价的编制程序

A. 确定招标控制价的编制单位。招标控制价应由具有编制能力的招标人或受其委托，具有相应资质的工程造价咨询人编制。工程造价咨询人不得同时接受招标人和投标人对同一工程的招标控制价和投标报价的编制。

B. 收集编制资料。包括全套施工图纸及现场地质、水文、地上情况的有关资料；招标文件；领取招标控制价计算书、报审的有关表格。

C. 编制招标控制价。编制人员应严格按照国家的有关政策、规定，科学公正地编制招标控制价。

D. 招标控制价审核。

③ 招标控制价文件的主要内容

A. 招标控制价的综合编制说明；

B. 招标控制价审定书、招标控制价计算书、带有价格的工程量清单、现场因素、各种施工措施费的测算明细以及采用固定价格工程的风险系数测算明细等；

C. 主要人工、材料、机械设备用量表；

D. 招标控制价附件：如各种材料及设备的价格来源、现场的地质、水文、地上情况的有关资料、编制招标控制价所依据的施工方案或施工组织设计等。

E. 招标控制价编制的有关表格。

④ 招标控制价的编制方法

我国目前建设工程施工招标中招标控制价的编制，主要采用工程量清单计价，当采用定额计价时，招标控制价的编制可参照工程量清单计价方法来编制。

4．招标公告和投标邀请书的编制与发布

招标公告是指采用公开招标方式的招标人（包括招标代理机构）向所有潜在的投标人发出的一种广泛的通告。招标公告的目的是使所有潜在的投标人都具有公平的投标竞争的机会。招标人采用公开招标方式的，应当发布招标公告。招标公告必须通过一定的媒介进行传播。投标邀请书是指采用邀请招标方式的招标人，向三个以上具备承担招标项目的能力、资信良好的特定法人或者其他组织发出的参加投标的邀请。

5．资格预审

资格预审是指招标人在招标开始之前或开始初期，由招标人对申请参加投标的潜在投标人进行资质条件、业绩、信誉、技术、资金等多方面情况进行资格审查。一般资格审查的内容包括：

（1）营业执照和资质证书；

（2）企业简历；

（3）质量保证措施；

（4）施工人员及施工机械设备简况；

（5）现在主要施工任务，包括在建和尚未开工工程一览表；

（6）资金或财务状况

6．发售招标文件

招标文件一般发售给通过资格预审、获得投标资格的投标人。投标人在收到招标文件后，应认真核对，核对无误后应以书面形式予以确认。招标文件的价格一般等于编制、印刷这些招标文件的成本，招标活动中的其他费用（如发布招标公告等）不应计入该成本。投标人购买招标文件的费用，不论中标与否都不予退还。其中的设计文件，招标人可以酌收押金。对于开标后将设计文件退还的，招标人应当退还押金（不计利息）。

7．组织投标人现场踏勘和答疑

招标人在投标须知规定的时间组织投标人自费进行现场考察。其目的在于一方面让投标人了解工程项目的现场情况、自然条件、施工条件以及周围环境条件，以便于编制投标书；另一方面也是要求投标人通过自己的实地考察确定投标的原则和策略，避免合同履行过程中以不了解现场情况为理由推卸应承担的合同责任。

投标人在踏勘现场中如有疑问，应在投标预备会前以书面形式向招标人提出。投标人踏勘现场的疑问，招标人可以书面形式答复，也可以在投标预备会上答复，并以会议记录形式同时送达所有获得招标文件的投标人。

8．投标文件的接收

在投标截止时间前，招标人应做好投标文件的接收工作，并做好接收记录，向投标人出具标明签收人和签收时间的凭证。招标人应将所接收的投标文件在开标前妥善保存；在规定的投标截止时间以后递交的投标文件，将不予以接收或原封退回。

1.3 投　　标

建设工程投标人是建设工程招标投标活动中的另一主体，它是指响应招标并购买招标文件参加投标的法人或其他组织。

投标人应当具备承担招标项目的能力。参加投标活动必须具备一定的条件，不是所有感兴趣的法人或其他组织都可以参加投标。

投标人通常应具备的基本条件是：

① 必须有与招标文件要求相适应的人力、物力和财力；

② 必须有符合招标文件要求的资质证书和相应的工作经验与业绩证明；

③ 符合法律、法规规定的其他条件。建设工程投标人主要是指勘察设计单位、施工企业、建筑装饰装修企业、工程材料设备供应（采购）单位、工程总承包单位以及咨询、监理单位等。

1.3.1 建设工程投标人的投标资质

建设工程投标人的投标资质（又称投标资格），是指建设工程投标人参加投标所必须具备的条件和素质，包括资历、业绩、人员素质、管理水平、资金数量、技术力量、技术装备、社会信誉等几个方面的因素。

对建设工程投标人的投标资质进行管理，主要是政府主管机构对建设工程投标人的投标资质提出认定和划分标准，确定具体等级，发放相应证书，并对证书的使用进行监督检查。

1．工程勘察设计单位

工程勘察设计单位参加建设工程勘察设计招标投标活动，必须持有相应的勘察设计资质证书，并在其资质证书许可的范围内进行。工程勘察设计单位的专业技术人员参加建设工程勘察设计招标投标活动，应持有相应的执业资格证书，并在其执业资格证书许可的范围内进行。

2．施工企业和项目经理

施工企业参加建设工程招标投标活动，应当在其资质等级证书所许可的范围内进行。

少数市场信誉好、素质较高的企业，经征得业主同意和工程所在地省、自治区、直辖市建设行政主管部门批准后，可适度超出资质证书所核定的承包工程范围，投标承揽工程。施工企业的专业技术人员参加建设工程施工招标活动，应持有相应的执业资格证书，并在其执业资格证书许可的范围内进行。

3．建设监理单位的投标资质

建设监理单位参加建设工程监理招标投标活动，必须持有相应的建设监理资质证书，并在其资质证书许可的范围内进行。建设监理单位的专业技术人员参加建设工程监理招标投标活动，应持有相应的执业资格证书，并在其执业资格证书许可的范围内进行。

4．建设工程材料设备供应单位的投标资质

建设工程材料设备供应单位，包括具有法人资格的建设工程材料设备生产、制造厂家，材料设备公司、设备成套承包公司等。目前，我国对建设工程材料设备供应单位实行资质管理的，主要是混凝土预制构件生产企业、商品混凝土生产企业和机电设备成套供应单位。

5．工程总承包单位的投标资质

工程总承包，又称工程总包，是指业主将一个建设项目的勘察、设计、施工、材料设备采购等全过程或者其中某一阶段或多个阶段的全部工作发包给一个总承包商，由该总承包商统一组织实施和协调，对业主负全面责任。工程总承包是相对于工程分承包（又称分包）而言的，工程分承包是指总承包商把承包工程中的部分工程发包给具有相应资质的分承包商，分承包商不与业主发生直接经济关系，而在总承包商统筹协调下完成分包工程任务，对总承包商负责。

1.3.2 建设工程投标人的权利和义务

1．建设工程投标人的权利

（1）有权平等地获得和利用招标信息

（2）有权按照招标文件的要求自主投标或组成联合体投标

（3）有权要求招标人或招标代理机构对招标文件中的有关问题进行答疑

（4）有权确定自己的投标报价

（5）有权参与投标竞争或放弃参与竞争

（6）有权要求优质优价

（7）有权控告、检举招标过程中的违法、违规行为

2．建设工程投标人的义务

（1）遵守法律、法规、规章和方针、政策

（2）接受招标投标管理机构的监督管理

（3）保证所提供的投标文件的真实性，提供投标保证金或其他形式的担保

（4）按招标人或招标代理人的要求对投标文件的有关问题进行答疑

（5）中标后与招标人签订合同并履行合同

（6）履行依法约定的其他各项义务

1.3.3 建设工程施工投标程序

建设工程施工投标的一般程序，如图 1.2 所示。前三个阶段的工作已在招标程序中叙述过，不再重复。

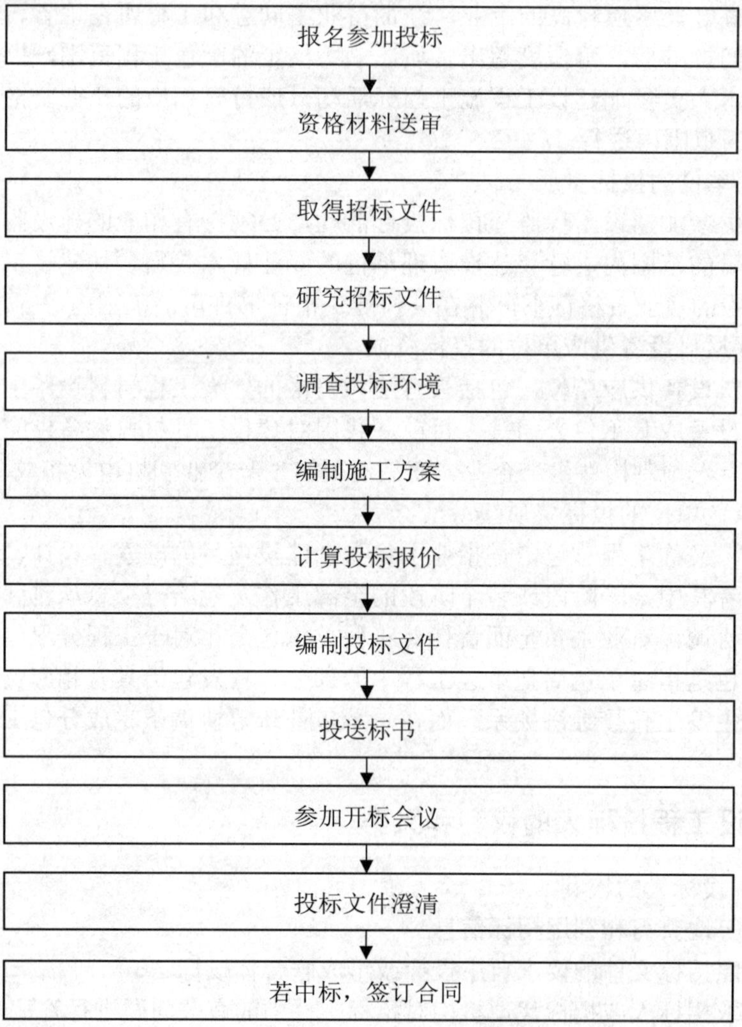

图 1.2　建设工程施工投标流程图

1．研究招标文件

投标单位在领取招标文件后，应详细研究设计图纸、技术说明及合同主要条款、弄清工程条件、施工范围、工程量、工期、质量、技术要求以及中标后的权利和义务、奖惩措施、设备和主要材料供应方式、工程款的结算方法，应做好记录，在答疑会上澄清。

2．调查投标环境

投标环境就是招标工程施工的自然、经济和社会条件。应着重了解施工现场的地理位置、地质水文条件、交通、临时供电、给排水、通信设施等情况，材料堆放场地的最大容量，材料和设备的供应条件；其次是风、雨、雪等影响施工的自然因素；然后确定投标策略。

3．制订施工方案

施工方案是投标报价的前提条件，也是招标单位评标时要考虑的因素之一，投标单位应根据招标文件，在核实工作量的基础上制定施工方案，主要包括施工进度计划、施工方法、施工机械的配置等。

4．计算投标报价

确定了施工方案以后，就可以计算投标报价，这是投标的关键性工作。报价的核心是确定不可预见费和利润率的比率，一般采用定额计价或工程量清单计价。投标报价时，既要考虑自身的优势和劣势，也要分析招标项目的特点，根据工程项目的不同特点、类别、施工条件等采取如不平衡报价法、多方案报价法、增加建议方案、分包商报价等。

5．编制投标文件

编制好施工方案及报价后，应按照招标单位要求编写投标文件。投标文件主要包括下列内容：

（1）投标函

（2）施工组织设计或施工方案

（3）投标报价

（4）招标文件要求提供的其他资料

投标人根据招标文件载明的项目实际情况，拟在中标后将中标项目的部分非主体、非关键性工作进行分包的，应当在投标文件中载明。

6．投送标书

投标人应当在招标文件要求提交投标文件的截止时间前，将投标文件送达投标地点。招标人收到投标文件后，应当签收保存，不得开启。招标人在投标截止期以后收到的投标文件，将原封退给投标人。

7．参加开标会议

投标人在招标文件规定的时间和地点参加开标会议。

8．投标文件澄清

投标时间截止后，投标文件即不得被补充、修改，但评标时发现投标文件的内容存在含义不明确、不一致、书写错误、计算错误的情形，评标委员会应允许投标人补正。

9．若中标，签订合同

投标人接到中标通知书后，按规定自中标通知书发出之日起 30 日内，按照招标文件和投标文件订立承发包合同。

1.4　开标、评标和定标

1.4.1　开标

开标就是招标单位在招标文件中规定的时间、地点，由投标方、工程项目的建设单位及其上级主管部门、项目的投资部门，当地建设主管部门或招投标管理部门参加，也可以邀请当地公证部门参加，当众启封标书，公布各家的报价及标书的主要内容。公证人员在开标结果的登记表上签字，作为开标的正式记录。如因特殊情况不能按标书规定的日期开标，招标单位必须提前书面通知各参加单位。

根据《招标投标法》规定，有下列情况之一者投标书作废：

（1）投标书未按要求密封的；

（2）无投标单位及法定代表人印章的，或者其委托代理人没有合法、有效的委托书（原件）及委托代理人印章的；

（3）关键内容不全、字迹辨认不清的；

（4）投标人未按招标文件的要求提供投标定金或者投标保函的。

1.4.2 评标

评标就是对所有投标单位的标书从技术、商务、法律、施工管理等方面进行分析和评定。评标工作视内容简繁，可在开标当场进行，也可以在开标后的其他时间进行，自开标至定标的期限，小型工程不超过 10 天，大中型工程不超过 30 天，特殊情况可以适当延长。

小型工程由于发包工作内容较为简单，可以采用即开、即评、即定的方式由评标委员会及时确定中标人，这种方式称为专家评议法。大型复杂工程因评审内容复杂、涉及面宽，通常需采用初评、详评两阶段评标法进行。初评对投标人的资格、投标保证的有效性、报送资料的完整性、投标书与招标文件的要求有无实质性背离和报价计算的正确性等方面进行响应性审查；详评是对各投标书进行技术和商务两方面的评审，具体的评审方法可分为经评审的最低投标价法和综合评估法。

1．评标组织

评标由招标人依法组建的评标委员会负责。评标委员会由招标人的代表和有关技术、经济等方面的专家组成，其负责人由建设单位法定代表人或授权人担任，成员人数为 5 人以上单数，其中技术、经济等方面的专家不得少于成员总数的三分之二。

2．评标内容

评标一般要经过符合性审查、实质性审查和复审三个阶段，但不实行合理低价中标的评标，可不进行复评。

1.4.3 定标

招标人自开标之日起，除特殊情况外，一般应当在开标之日起 30 天内确定中标人。招标人根据评标委员会提出的书面评标报告和推荐的中标候选人确定中标人，也可以授权评标委员会直接确定中标人。招标单位应在定标 7 天后发出中标通知，同时抄送未中标单位，抄报招标投标办事机构。依法必须进行招标的项目，招标人应当自确定中标人之日起 15 天内向有关行政监督部门提交招标情况的书面报告。未中标的投标单位应在接到通知 7 天内退还招标文件及有关资料，同时领回投标保证金。

1．签发中标通知

定标之后招标人应及时签发中标通知书。投标人在收到中标通知书后要出具书面回执，证实已经收到中标通知书。

中标通知书的主要内容有中标人名称，中标价，商签合同时间、地点，提交履约保证的方式、时间。

中标通知书对招标人和中标人具有法律效力。中标通知书发出后，招标人改变中标结果的，或者中标人放弃中标项目的，应当依法承担法律责任。

2．提交履约担保，订立书面合同

招标人与中标人应当自中标通知书发出之日起30日内，按照招标文件和中标人的投标文件订立承发包合同。招标人和中标人不得再行订立背离合同实质性内容的其他协议。双方就合同达成协议后，正式签订合同，招标工作结束。

依法必须进行招标的项目，招标人应当自确定中标人之日起15日内向有关行政监督部门提交招标投标情况的书面报告。

本章小结

本章主要介绍了建设工程招标投标的基本知识，包括招标的范围、种类和形式；工程招标和投标应具备的条件；工程招标的基本程序等。重点掌握工程招标投标的程序和每阶段的具体工作和任务。

复习思考题

1．国内招标有哪几种方式？各有何优缺点？

2．简述建设工程招标的程序。

3．建设工程公开招标如何进行资格预审？

4．建设工程项目施工招标必须具备哪些必要条件？

5．建设工程施工招标文件一般包括哪几部分内容？

学习情景 2　建设工程招标与投标

我们在以前的课程中学习了工程项目的建设程序，通常一个工程项目在立项后，就着手进行项目的可行性研究和评价工作，然后就是工程设计和施工，最后就是项目的试运行和竣工验收，应该说在这几个阶段业主都应该进行招投标工作，但我国目前主要集中在施工阶段进行招投标，而忽视对工程设计进行招投标，而在实际工作中发现这种做法对工程建设造成的负面影响非常大，会产生设计质量低下，无法有效控制工程造价和工期等问题，因此政府和业主现在也开始重视工程设计招投标。

2.1　建设工程设计招标与投标

2.1.1　工程设计招投标定义及目的

1．定义：是指招标单位就拟建工程的设计任务发布招标公告或投标邀请书，以吸引设计单位参加竞争并择优确定中标单位来完成设计任务的活动。

2．目的：鼓励竞争，促使设计单位改进管理，采用先进技术，降低工程造价，缩短工期，提高投资效益。

2.1.2　工程设计的含义及基本原则

1．工程设计的含义

工程设计是指在工程开始施工之前，根据已批准的设计任务书，为具体实现拟建项目的技术、经济要求，拟定建筑、装饰装修及设备安装等所需的规划、图纸、数据等技术文件的工作。图 2.1 反映了各阶段影响工程项目投资的一般规律。

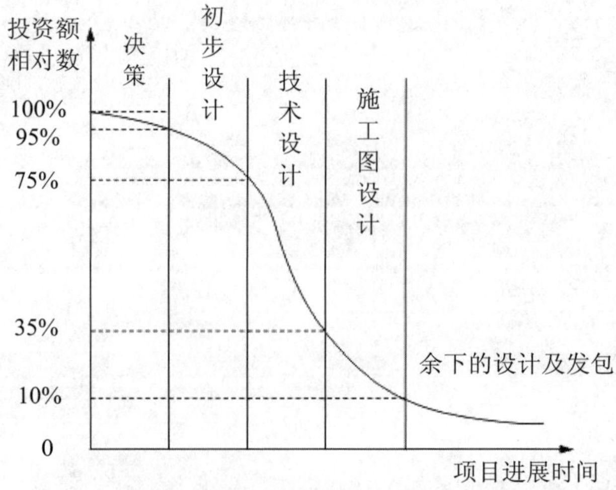

图 2.1　建设过程中各阶段对投资的影响

2．工程设计的基本原则

工程设计是科学技术应用于工程建设的纽带，也是体现工程建设价值的一面镜子。具体而言，在设计中应该坚持以下原则：

（1）严格执行国家现行的设计规范和国家批准的建设标准。

（2）尽量采用标准化设计，积极推广应用“可靠性设计方法”“结构优化设计方法”等现代设计方法。

（3）注意因地制宜，就地取材，节省建设资金。在切实满足建筑物功能要求的同时，千方百计地节约投资、节约各种资源，缩短建设工期。

（4）积极采用技术更加先进、经济上更加合理的新结构。

2.1.3 招标单位应具备的条件

1．法人或依法成立的其他组织

2．有与发包的建设项目相适应的技术、经济管理人员

3．应具备编制招标文件和组织开标、评标、定标的能力

4．设计任务书已经批准

5．具有设计所需的基础资料

2.1.4 工程设计招投标的程序

1．招标单位编制招标文件

2．招标单位发出招标公告或投标邀请书

3．投标单位按招标文件规定的时间报送投标申请书

4．招标单位对投标单位进行资格审查

5．招标单位向合格的投标单位发售招标文件

6．招标单位组织投标预备会和踏勘现场

7．投标单位编制投标文件并按规定时间、地点密封报送

8．招标单位当众开标，组织评标，确定中标单位，发出中标通知书

9．招标单位和中标单位签订设计合同

2.1.5 招标文件的内容

1．投标须知

2．经批准的设计任务书及有关文件的复印件

3．项目说明书

4．合同的主要条件和要求

5．设计资料的供应内容、方式和时间

6．组织投标预备会和现场踏勘的时间和地点

2.1.6 投标申请书的内容

1．单位名称、地址、负责人姓名、勘察设计证书和开户银行账号

2．单位性质和隶属关系

3．单位简况

2.1.7 投标书的内容

1. 方案设计综合说明书
2. 方案设计内容及图纸
3. 建设工期
4. 主要的施工技术要求和施工组织方案
5. 工程投资估算和经济分析
6. 设计进度和收费

2.1.8 工程设计招投标的优点

1. 有利于设计方案的选择和竞争，从而择优确定最佳设计方案
2. 有利于控制建设工程造价
3. 有利于加快设计进度、提高设计质量、降低设计费用

2.2 建设项目勘察设计招标与投标

工程建设项目勘察设计招标投标办法，2013 年 4 月修订，勘察设计招标工作由招标人负责。任何单位和个人不得以任何方式非法干涉招标投标活动。招标人可以依据工程建设项目的不同特点，实行勘察设计一次性总体招标；也可以在保证项目完整性、连续性的前提下，按照技术要求实行分段或分项招标。招标人不得利用前款规定将依法必须进行招标的项目化整为零，或者以其他任何方式规避招标。

勘察设计招投标的程序、开标、评标、定标等的要求跟设计招投标、施工招投标等基本相同，本节不再累述。

2.2.1 项目勘察设计招标应具备的条件

1. 招标人已经依法成立；
2. 按照国家有关规定需要履行项目审批、核准或备案手续的，已经审核、核准或备案；
3. 勘察设计有相应资金或资金来源已经落实；
4. 所需的勘察设计基础资料已经收集完成；
5. 法律法规规定的其他条件。

2.2.2 勘察设计招标方式

1. 公开招标：全部使用国有资金投资或者国有资金投资占控股或者主导地位的工程建设项目，以及国务院发展和改革部门确定的国家重点项目和省、自治区、直辖市人民政府确定的地方重点项目。

2. 邀请招标：符合下列条件（1）技术复杂、有特殊要求或者受自然环境限制，只有少量潜在投标人可供选择；（2）采用公开招标方式的费用占项目合同金额的比例过大。

有前款第二项所列情形，属于按照国家有关规定需要履行项目审批、核准手续的项目，由项目审批、核准部门在审批、核准项目时做出认定；其他项目由招标人申请有关行政监督

部门做出认定。招标人采用邀请招标方式的，应保证有三个以上具备承担招标项目勘察设计的能力，并具有相应资质的特定法人或者其他组织参加投标。

2.2.3 勘察设计招标内容

1．投标须知；
2．投标文件格式及主要合同条款；
3．项目说明书，包括资金来源；
4．勘察设计范围，对勘察设计进度、阶段和深度要求；
5．勘察设计基础资料；
6．勘察设计费用支付方式，对未中标人是否给予补偿及补偿标准；
7．投标报价要求；
8．对投标人资格审查的标准；
9．评标标准和方法；
10．投标有效期。

2.2.4 勘察设计投标

1．投标人

投标人是响应招标、参加投标竞争的法人或者其他组织。在其本国注册登记，从事建筑、工程服务的国外设计企业参加投标的，必须符合中华人民共和国缔结或者参加的国际条约、协定中所做的市场准入承诺以及有关勘察设计市场准入的管理规定。投标人应当符合国家规定的资质条件。

2．投标人的任务要求和工作

（1）应当按照招标文件或者投标邀请书的要求编制投标文件。投标文件中的勘察设计收费报价，应当符合国务院价格主管部门制定的工程勘察设计收费标准。

（2）投标人在投标文件有关技术方案和要求中不得指定与工程建设项目有关的重要设备、材料的生产供应者，或者含有倾向或者排斥特定生产供应者的内容。

（3）招标文件要求投标人提交投标保证金的，保证金数额不得超过勘察设计估算费用的2%，最多不超过10万元人民币。依法必须进行招标的项目的境内投标单位，以现金或者支票形式提交的投标保证金应当从其基本账户转出。

（4）在提交投标文件截止时间后到招标文件规定的投标有效期终止之前，投标人不得撤销其投标文件，否则招标人可以不退还投标保证金。

（5）投标人在投标截止时间前提交的投标文件，补充、修改或撤回投标文件的通知，备选投标文件等，都必须加盖所在单位公章，并且由其法定代表人或授权代表签字，但招标文件另有规定的除外。招标人在接收上述材料时，应检查其密封或签章是否完好，并向投标人出具标明签收人和签收时间的回执。

（6）以联合体形式投标的，联合体各方应签订共同投标协议，连同投标文件一并提交招标人。联合体各方不得再单独以自己名义，或者参加另外的联合体投同一个标。招标人接受联合体投标并进行资格预审的，联合体应当在提交资格预审申请文件前组成。资格预审后联合体增减、更换成员的，其投标无效。

（7）联合体中标的，应指定牵头人或代表，授权其代表所有联合体成员与招标人签订合同，负责整个合同实施阶段的协调工作。但是，需要向招标人提交由所有联合体成员法定代表人签署的授权委托书。

（8）投标人不得以他人名义投标，也不得利用伪造、转让、无效或者租借的资质证书参加投标，或者以任何方式请其他单位在自己编制的投标文件代为签字盖章，损害国家利益、社会公共利益和招标人的合法权益。

（9）投标人不得通过故意压低投资额、降低施工技术要求、减少占地面积，或者缩短工期等手段弄虚作假，骗取中标。

2.3 建设项目施工招标与投标

我们在 2.1 学习了工程设计招投标的主要内容。当工程设计工作完成后，接下来就是工程施工的组织工作。而在工程施工阶段，大部分项目都应根据规定进行招投标。本节主要介绍工程施工招投标的意义、程序和招标文件所包括的主要内容。

2.3.1 施工招投标的意义

施工招投标是指招标单位将确定的施工任务发包，鼓励施工企业投标竞争，从中选出技术能力强、管理水平高、信誉可靠且报价合理的承建单位，并以签订合同的方式约束双方在施工过程中的经济活动。

推行施工招投标，对于建设单位而言，可择优选择施工单位，确保工程质量和工期，降低工程造价；对于施工单位而言，可促使其努力提高技术与管理水平，注重降低消耗水平，控制工程成本。

2.3.2 施工招标的程序

参见学习情景 1 1.2.7

2.3.3 施工招标单位和项目应具备的基本条件

1．施工招标单位应具备的基本条件

（1）是法人或依法成立的其他组织；

（2）有与招标工程相适应的经济、技术管理人员；

（3）有组织编制招标文件的能力；

（4）有审查投标单位资质的能力；

（5）有组织开标、评标、定标的能力。

不具备上述（2）—（5）项条件的建设单位，须委托具有相应资质的中介机构代理招标。

2．建设项目招标应具备的基本条件

（1）概算已经批准；

（2）建设项目已列入年度固定资产投资计划；

（3）建设用地的征用工作已完成；

（4）有能满足施工需要的施工图纸及技术资料；

（5）建设资金和主要建筑材料、设备的来源已落实；

（6）已经项目所在地规划部门批准，施工现场“三通一平”已完成或列入招标范围。

3．施工投标单位应具备的基本条件

（1）参加投标的单位至少须满足该工程所要求的资质等级；

（2）参加投标的施工单位必须具备独立法人资格和相应的施工资质，非本国注册的施工企业应按建设行政主管部门有关规定取得施工资质；

（3）为具有被授予合同的资格，投标单位应提供令招标单位满意的资格文件，以证明其符合投标合格条件和具有履行合同的能力。应提供的资料包括：

A．有关确立投标单位法律地位的原始文件的副本；

B．投标单位在过去 3 年完成的工程的情况和现在正在履行的合同的情况；

C．按规定的格式提供项目经理简历，及拟在施工现场的管理人员和主要施工人员情况；

D．按规定格式提供完成该合同拟采用的主要施工机械设备的情况；

E．投标单位的财务状况；

F．有关投标单位目前和过去 2 年参与或涉及诉讼案的资料。

（4）两个以上法人或其他组织可组成一个联合体，以一个投标人的身份共同投标国家有关规定或招标文件对投标人资格条件有关规定，联合体各方均应具备规定的资格条件。由同一专业的单位组成的联合体，按照资质等级较低的单位确定资质等级。

2.3.4　招标文件的内容

1．工程综合说明；

2．必要的设计图纸和技术资料；

3．工程量清单；

4．由银行出具的建设资金说明；

5．主要材料与设备的供应方式；

6．特殊工程的施工要求以及采用的技术规范；

7．投标书的编制要求及评标、定标原则；

8．投标、开标、评标、定标等活动的日程安排；

9．《建设工程施工合同条件》及调整条件；

10．要求缴纳的投标保证金额度；

11．其他需要说明的事项。

2.3.5　招标标底的编制

1．标底的概念与作用

（1）标底的概念

标底是建筑安装工程造价的表现形式之一，它是指由招标单位自行编制或委托具有编制标底资格和能力的中介机构代理编制，并按规定报经审定的招标工程的预期价格。

（2）标底的组成内容

1）标底的综合编制说明书；

2）标底价格审定书、标底价格计算书、带有价格的工程量清单、各种施工措施费的测算明细；

3）主要材料用量；

4）标底附件。

(3) 标底的作用

1) 能使招标单位预先明确自己在拟建工程上应承担的财务义务;

2) 给上级主管部门提供核实建设规模的依据;

3) 是衡量投标单位标价的准绳;

4) 是评标的重要尺度。

2. 编制标底的主要程序

(1) 确定标底的编制单位;

(2) 提供以下资料,以便进行标底计算:

1) 全套施工图纸及现场地质、水文、地上情况的有关资料;

2) 招标文件;

3) 标底价格的计算书、报审的有关表格。

(3) 参加交底会及现场踏勘;

(4) 编制标底。

3. 编制标底应遵循的原则

(1) 根据国家有关规定和施工图纸、招标文件等确定工程量和编制标底;

(2) 标底应力求与市场的实际变化吻合,要有利于竞争和保证工程质量;

(3) 标底应控制在批准的总概算及投资包干的限额内;

(4) 标底除考虑价格变化因素外,还应考虑现场因素、不可抗拒因素、质量因素等的影响;

(5) 一个工程只能编制一个标底;

(6) 所有接触过标底价格的人员均负有保密责任,不得泄露。

4. 编制标底的主要依据

(1) 招标文件的商务条款;

(2) 工程施工图纸;

(3) 施工现场地质、水文、地上情况的有关资料;

(4) 施工方案或施工组织设计;

(5) 现行工程预算定额、工期定额等;

(6) 招标时建筑安装材料及设备的市场价格。

5. 标底的编制方法

(1) 工料单价法

即根据施工图纸及技术说明,编制工程施工图预算。在预算价格的基础上考虑各因素的影响进行调整后得出的标底价格。施工图预算与标底价格的区别:

1) 标底必须适应目标工期的要求;

2) 标底必须适应招标方的质量要求;

3) 标底必须合理考虑本招标工程的自然地理条件和招标工程范围等因素。

(2) 综合单价法

1) 一般住宅和公用设施工程中,以平方米造价为基础编制标底;

2) 在工业项目中,按照分部工程分类,经过科学的测算,可得出综合单价。

6. 标底的审定

工程施工招标的标底应在开标前按规定报招标管理机构审查,未经审查的标底一律无效。

(1) 标底审查时应提交的文件

1）工程施工图纸；

2）施工方案或施工组织设计；

3）填有单价与合价的工程量清单；

4）标底计算书、标底汇总表、标底审定书。

（2）标底审定内容

1）采用工料单价法编制的标底的审查：标底计价内容、预算内容、预算外费用。

2）采用综合单价法编制的标底的审查：标底计价内容、工程量清单单价组成分析、措施费、现场因素等费用。

（3）标底的审定时间

结构不太复杂的中小型工程 7 天内审查完；结构复杂的大型工程 14 天内审查完。

（4）标底的保密

标底的编制人员应在保密的环境中编制，完成后应密封送审标底，标底审定完后应及时封存，直至开标。

2.3.6 投标报价

1．投标报价的编制方法

（1）标价的计算依据

1）招标单位提供的招标文件；

2）招标单位提供的设计图纸及有关的技术说明书；

3）国家及地区颁发的现行定额；

4）地方现行材料预算价格、采购地点及供应方式；

5）因招标文件及设计图纸等不明确经咨询后由招标单位书面答复的有关资料；

6）其他与报价计算有关的各项政策、规定等。

（2）标价的计算过程

计算标价之前，应充分熟悉招标文件和施工图纸，同时了解并掌握工程现场情况，并对招标单位提供的工程量清单进行审核。工程量确定后，即可进行标价的计算。标价的计算方法和上一节介绍的招标标底的计算方法一样，也可采用工料单价法和综合单价法两种方法。

2. 投标报价的决策

（1）投标报价决策的概念

投标报价决策是指投标人召集算标人和决策人、高级咨询顾问共同研究，就上述标价结果和标价的静态、动态风险分析进行讨论，做出调整计算标价的最后决定。

（2）投标报价决策时应注意的问题：

1）报价决策的主要依据是自己的算标人员的计算书和分析指标；

2）在可接受的最小预期利润和可接受的最大风险内做出决策；

3）低报价不是中标的唯一因素。

（3）投标报价决策的方法

在投标报价决策中，常见的定量分析方法是决策树法。决策树是由决策点、方案分枝、自然状态点、概率分枝、损益值五个要素构成的树状图，如图 2.2。

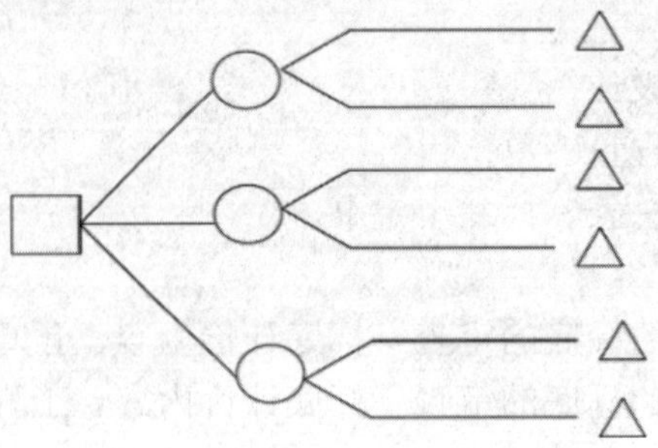

图 2.2　决策树分析法

3．投标策略

投标策略的主要内容有：

（1）以信取胜的策略

（2）以快取胜的策略

（3）以廉取胜的策略

（4）靠改进设计取胜的策略

（5）以退为进的策略

（6）长远发展的策略

4．报价技巧

常见的报价技巧：

（1）根据招标项目的不同特点采用不同的报价，即在投标报价时，既要考虑自身的优势和劣势，也要分析招标项目的特点。根据不同的情况采取不同的报价。

（2）不平衡报价，即当一个项目总报价基本确定后，通过调整内部各项目的报价，以达到既不提高单价、不影响中标，又能在结算时得到理想的经济效益。

（3）多方案报价，即按原招标文件的规定报一个价，然后再提出若招标文件的某条款作一些变动，报价可降低多少，由此可报出一个较低的价。这样可降低总价，吸引业主。

（4）增加建议方案，即可修改原设计方案，提出更合理的方案，以吸引业主，促使自己的投标文件中标。

（5）突然降价法，即先按一般情况报价，到快投标截止时，再突然降价，为最后中标打下基础。

2.4　建设项目货物采购招标与投标

在工程项目的建设工程中，设备、材料费占工程总价的比例较高，特别是工业项目。一般来说在工业项目中设备、材料费用占工程总造价的60%左右。因此，如何保证项目业主能以较低的价格获得质量较好的设备和材料，是每个项目业主都必须要面对的问题，只有引用招投标机制才能实现上述目标，本章就是主要介绍设备、材料采购的招投标的主要内容。

2.4.1　设备、材料采购的招投标方式

根据《招标投标法》规定，在中华人民共和国境内进行与工程建设有关的重要设备、材料等的采购，必须进行招标。设备材料采购的招标方式主要有公开招标、邀请招标及其他方

式等三种。

1．公开招标

设备、材料采购的公开招标是由招标单位通过报刊、广播、电视等媒体公开发布招标公告，在尽量大的范围内征集供应商。

（1）公开招标的主要优点：

1）可使符合资格的供应商能在公平竞争条件下，以合适的价格获得供货机会；

2）可使设备、材料采购者以合理价格获得所需的设备和材料；

3）可促使供应商进行技术改造，以降低成本、提高质量；

4）可基本防止徇私舞弊的产生，有利于采购的公平和公正。

（2）公开招标的缺点：

因涉及环节众多，故所需工作时间较长，成本较高。设备、材料采购的公开招标按范围可分为国际竞争性招标和国内竞争性招标。

国际竞争性招标就是在国际市场上公开征集投标者参加投标活动，从而使项目法人能以较低的价格和较高的质量获得设备和材料。根据我国政府与世界银行的协定，凡获世界银行贷款的工业项目的设备、材料采购金额在100万美元以上的，均需采用国际竞争性招标。

国内竞争性投标就是在国内市场公开征集投标者参加投标竞争的活动。国内竞争性招标的适用范围：合同金额小，国内获得货物的价格低于国际市场价格，行政与财务上不适合采用国际竞争性招标等情况。

2．邀请招标

设备材料采购的邀请招标是指由招标单位向具有设备、材料制造或供应能力的单位直接发出投标邀请书邀请他们参加投标竞争的活动。这种方式也称有限竞争性招标。

适用范围：合同金额不大，或所需货物的供应商数目有限，或需要尽早交货等情况。

3．其他方式

1）询价方式：即设备、材料的采购者通过对国内外几家供货商的报价进行比较后，选择其中一家签订供货合同的采购方式。

适用对象：现货采购或价值较小的标准规格产品。

2）直接订购方式：又称非竞争性采购方式，即设备、材料的采购者直接与供货商联系，签订采购合同的方式。

适用对象：增购与现有采购合同类似货物而且价格也较低廉；保证设备或零配件标准化，以便适应现有设备的需要；要求从指定的供货商采购关键性货物以保证质量等。

2.4.2 设备、材料采购评标

1．设备、材料采购评标的原则与要求

（1）招标单位应组织评标委员会负责评标、定标工作；

（2）评标前，应制定评标程序、方法、标准及评标纪律；

（3）招标设备标底应由招标单位会同设备需方及有关单位共同协商确定；

（4）设备招标的评标工作一般不超过10天，大型项目设备承包的评标工作最多不超过30天；

（5）评标过程中，如有必要可请投标单位对其投标内容作澄清解释；

（6）评标过程中有关评标情况不得向投标人或招标工作无关的人员透露；

（7）定标后招标单位应尽快向中标单位发出中标通知书，同时通知其他未中标单位。

2．设备、材料采购评标的方法

设备、材料采购评标中可采用综合评标价法、全寿命费用评标价法、最低投标价法和百分评定法。

（1）综合评标价法

即以设备投标报价为基础，将评定各要素按预定的方法换算成相应的价格，在原投标报价上增加或减少该值而形成评标价格，并以该评标价确定中标单位的方法。运用综合评标价法进行设备、材料采购评标需考虑的评标要素：

A．投标报价

B．运输费用

C．交货期

D．付款条件

E．零配件和售后服务

（2）全寿命费用评标价法

这是一种动态的评价方法，即考虑资金的时间价值。运用该方法进行设备、材料采购评标时先确定一个统一的设备评审寿命期，然后再根据各投标书的实际情况，在各投标报价上加上该年限内所发生的费用的净现值，再减去寿命期末设备残值的净现值，就可得到评标价格。

适用对象：采购生产线、成套设备、车辆等运行期内各种后续费用较高的货物。

（3）最低投标价法

即把价格作为评标的唯一尺度，将合同授予报价最低的投标者的一种评标方法。

适用对象：采购技术规格简单的初级商品、原材料、半成品及其技术规格简单的货物。

（4）百分评定法

即按照预先确定的评分标准，分别对各设备投标书的报价和各种服务进行评审打分，得分最高者中标的方法。如世界银行贷款项目对设备、材料采购的评标标准是：投标价（60—75分）、备件价格（0—10分）、技术性能、维修、运行费（0—10分）、售后服务（0—5分）等，总计100分。

本 章 小 结

本章主要介绍了建设工程项目的设计招投标、勘察设计招投标、施工招投标、设备材料采购招投标相关知识，对招标投标应具备的条件、内容、方式等进行了学习。重点掌握设计、施工招投标的内容，为后面具体的招标投标工作打好基础。

复习思考题

1．为什么要重视建设项目设计招投标？

2．勘察设计招标的内容有哪些？

3．施工项目的招投标如何设置标底价？

4．施工投标的策略和技巧有哪些？

5．简要叙述设备材料招投标的评标方法。

学习情景 3　建设工程施工招标

3.1　建设工程施工招标概述

3.1.1　建设工程施工招标的相关概念

建设工程是指为人类生活、生产提供物质技术基础的各类建筑物和工程设施的统称。包括土木工程、建筑工程、线路管道和设备安装工程及装修工程等。

招标投标法中所称工程建设项目，是指工程以及与工程建设有关的货物、服务。

工程建设项目，包括建筑物和构筑物的新建、改建、扩建及其相关的装修、拆除、修缮等；工程建设有关的货物，是指构成工程不可分割的组成部分，且为实现工程基本功能所必需的设备、材料等；工程建设有关的服务，是指为完成工程所需的勘察、设计、监理等服务。

3.1.2　建筑工程施工招标的阶段活动

按照我国基本上建设的先后顺序，建设工程施工招标是建设工程发承包及实施阶段中的一部分。它是投资人在施工项目办理规划许可证以后、施工许可之前，投资人（招标人）依法公告或要约邀请，经过要约和承诺直至发承包双方签订书面合同等程序，择优选定中标人的一种经济活动。招标投标的目的和实质是通过承包人（建筑企业）的竞争，由招标人择优选择承包者，以期达到工期短、质量好、价格优的建设工程。

3.1.3　建设工程施工招标的范围和条件

一、建设工程施工招标的范围

《中华人民共和国招标投标法》（以下简称《招标投标法》）第三条规定，在中华人民共和国境内进行下列工程建设项目，包括项目勘察、设计、施工、监理以及与工程建设有关的重要设备、材料等的采购，必须依法进行招标。

1．大型基础设施、公用事业等关系社会公共利益、公众安全的项目；

2．全部或者部分使用国有资金投资或者国家融资的项目；

3．使用国际组织或者外国政府贷款、援助资金的项目。

国家计划发展委员会以《招标投标法》第三条为依据，颁布了《工程建设项目招标范围和规模标准规定》，明确了招标的具体范围和规模标准。

以上规定范围内的各类工程建设项目，包括项目的勘察、设计、施工、监理以及与工程建设有关的重要设备、材料等的采购，达到下列标准之一的，必须进行招标：

（1）施工单项合同估算价在 200 万元人民币以上的；

（2）重要设备、材料等货物的采购，单项合同估算价在 100 万元人民币以上的；

（3）勘察、设计、监理等服务的采购，单项合同估算价在 50 万元人民币以上的；

（4）单项合同估算价低于第（1）、（2）、（3）项规定的标准，但项目总投资额在3000万元人民币以上的。

二、建设工程不进行施工招标的范围

依法必须进行施工招标的工程建设项目有下列情形之一的，可以不进行施工招标：

1．涉及国家安全、国家秘密、抢险救灾或者属于利用扶贫资金实行以工代赈需要使用农民工等特殊情况，不适宜进行招标；

2．施工主要技术采用不可替代的专利或者专有技术；

3．已通过招标方式选定的特许经营项目投资人依法能够自行建设；

4．采购人依法能够自行建设；

5．在建工程追加的附属小型工程或者主体加层工程，原中标人仍具备承包能力，并且其他人承担将影响施工或者功能配套要求；

6．国家规定的其他情形。

三、建设工程施工招标的条件

为了规范建设工程施工招标投标程序，任何单位和个人必须招标投标活动的原则，不得以任何方式规避招标。招标各项准备工作，满足《工程建设项目施工招标投标办法》第八条中规定的招标条件。

1．招标人已经依法成立；

2．初步设计及概算应当履行审批手续的，已经批准；

3．招标范围、招标方式和招标组织形式等应当履行核准手续的，已经核准；

4．有相应资金或资金来源已经落实；

5．有招标所需的设计图纸及技术资料。

建设工程施工招标条件侧重于：建设项目已列入年度投资计划；建设资金已按规定存入银行；施工前期工作基本完成；有施工图纸和有关设计文件。

建设工程施工总承包招标条件侧重于：计划文件或设计任务书已获批准；建设资金和建设地点已经落实。

3.1.4 建设工程施工招标的基本原则

《招标投标法》中规定：招投标活动应遵循公开、公平、公正和诚实信用的原则。这个原则前提是合法原则，结果是科学。

1．合法原则

合法原则是指建设工程招标投标主体的一切活动必须符合法律、法规、规章和有关政策的规定，即主体资格要合法、招投标依据合法、活动程序合法、对招标投标活动的管理和监督合法。招投标活动是买卖双方的一种经济活动，这种活动必须以法律保障为基础。招投标的程序和条件、正式业务文件以及签订的合同协议等，对招标投标双方都具有法律约束力。在招投标活动中出现纠纷和争执，无法协商解决时，通过司法途径来解决。

2．公开、公平、公正原则

公开原则，建设工程施工招标投标活动应完全透明。具体地讲就是建设工程招标投标的信息公开、建设工程招标投标的条件公开、建设工程招标投标的程序公开、建设工程招标投

标的结果公开、投诉处理途径公开等。公开就是不隐瞒、不限制、不封锁、不干扰、不垄断，保证自由竞争。保证公平和公正的前提条件。

公平原则，指所有投标人在建设工程招标投标活动中，享有均等的机会，具有同等的权利，履行相应的义务，任何一方都不应受歧视。招标人赋予所有投标人有公平竞争的机会是保证招标结果公正的基本条件。

公正原则，建设工程施工招标投标活动中，按照同一标准实事求是地对待所有的投标人，不偏袒任何一方。在招标公告发出后，任何符合条件的投标人均可参加投标；在评判表述时，按照招标文件规定的要求和标准评判所有标书；在签订合同时，有关合同条款对各方都应是统一的解释。

3．诚实信用的原则

诚实信用原则是民事活动最重要的基本原则，是市场经济的基本道德准则，是建设工程招标投标活动中的重要道德规范。在建设工程招标投标活动中，招（投）标人应当以诚相待，讲求信义，实事求是，做到言行一致，遵守诺言，履行成约，不得见利忘义，投机取巧，弄虚作假，隐瞒欺诈，损害国家、集体和他人的合法权益。在招标中，要把招标人的情况和项目的条件公开告知；在投标中，要根据投标人自身的实力和条件组织技术经济文件；中标后要根据合同目的和交易习惯履行各项义务；在合同法律关系终止后，也要根据交易习惯履行通知、协助等义务。

4．科学原则

科学原则，是招标人或招标代理机构制订并依据科学的招标方案、科学合理的评标办法，采用科学的招标评标组织方式开展招标工作；投标人依据招标文件制定科学的投标策略，编制科学的技术经济方案进行投标。由于招投标工作的敏感性，人们在招投标工作中主要以公开、公平、公正为指导原则，科学合理才能达到最初设计招投标制度的目的，评选出最适合的承包单位。

3.1.5　建设工程施工招标的方式和方法

一、建设工程招标方式

1．公开招标

公开招标又称无限竞争招标，是指招标人以招标公告的方式邀请不特定的法人或者其他组织投标。任何认为自己符合招标人要求的法人或其他组织、个人都有权向招标人索取招标文件并届时投标。招标人不得以任何借口拒绝向符合条件的投标人出售招标文件，不得以地区或者部门不同等借口违法限制任何潜在投标人参加投标。

依法必须进行施工招标项目的招标公告，应当在国家指定的报刊和信息网络上发布。

招标公告内容包括招标人的名称和地址，招标项目的内容、规模、资金来源，招标项目的实施地点和工期，获取招标文件或者资格预审文件的地点和时间，对招标文件或者资格预审文件收取的费用，对投标人的资质等级的要求等。

公开招标的优点：能够在最大限度内选择投标商，竞争性更强，择优率更高，较大程度上避免招标活动中的贿标行为，政府采购通常采用这种方式；公开招标的缺点：一般耗时较长，需花费的成本较大，对于采购标的较小，些专业性较强的项目，需要在较短时间内完成采购任务等，不适宜采用公开招标方式。

2. 邀请招标

邀请招标，又称有限竞争招标，指招标人以投标邀请书的方式邀请特定法人或其他组织投标。采用邀请招标方式的，招标人应当向三家以上具备承担施工招标项目的能力、资信良好的特定的法人或者其他组织发出投标邀请书。

投标邀请书包括的内容与公开招标中的招标公告相同。邀请招标具有以下特点：涉及面窄，投标竞争的激烈程度较低，招标工作量较小，所耗时间较短。

公开招标与邀请招标的特点和程序比较：

（1）发布信息的方式不同。公开招标采用公告的形式发布；邀请招标采用投标邀请书的形式发布。

（2）选择的范围不同：公开招标方式针对的是一切潜在的对招标项目感兴趣的法人或其他组织，招标人事先不知道投标人的数量；邀请招标针对已经了解的法人或其他组织，而且事先已经知道投标者的数量。

（3）竞争的范围、强弱不同：公开招标是向不特定对象发出公告，公开招标的竞争范围较广，竞争性极强；邀请招标是向特定投标人发出邀请书，邀请招标中投标人的数量有限，竞争的范围有限，竞争性相对于公开招标要弱些。

（4）公开的程度不同：公开招标必须按照规定程序和标准进行，透明度高；邀请招标的公开程度相对要低些。

（5）时间和费用不同：公开招标竞争者多，程序复杂，耗时较长，工作量大，费用高；邀请招标的竞争者数量有限，不需要发公告，所耗时间相对较短，工作量相对较小，费用相对较低。

（6）招标程序不同。公开招标必须对投标单位进行资格审查，审查其是否具有与工程要求相近的资质条件；而邀请招标对投标单位不进行资格预审。

（7）适用条件不同。邀请招标一般用于工程规模不大或专业性较强的工程。

二、建设工程招标方法

1. 工程施工总承包

施工总承包一般包括土建、安装等工程，原则上工程施工部分只有一个总承包单位，装饰、安装部分可以在法律条件允许下分包给第三方施工单位。先进行建设项目的设计，待施工图设计结束后再进行施工总承包招投标，然后再进行施工。整个工程施工招标工作一次性完成。有利于理清参建主体之间的各种复杂关系，有利于优化资源配置，有利于优化组织结构并形成规模经济。便于管理，但前期准备工作较长。

2. 专业工程分包

专业工程分包是指建筑工程总承包单位根据总承包合同的约定或者经建设单位的允许，将承包工程中的部分工程发包给具有相应资质的分包单位的行为。有利于提高企业的管理水平，有利于降低工程建设成本，工程质量得到保证。专业工程包工程需要加大管理力度，需额外支出总承包管理费用。

3. 联合体施工承包

复杂的、一个投标人无法满足资质要求的工程适合联合体投标。简单说就是投标一起投，各干各的活，中间有连带。

联合体各方均应当具备承担招标项目的相应能力；国家有关规定或者招标文件对投标人

资格条件有规定的，联合体各方均应当具备规定的相应资格条件。由同一专业的单位组成的联合体，按照资质等级较低的单位确定资质等级。

联合体各方应当签订共同投标协议，明确约定各方拟承担的工作和责任，并将共同投标协议连同投标文件一并提交招标人。联合体中标的，联合体各方应当共同与招标人签订合同，就中标项目向招标人承担连带责任。

招标人不得强制投标人组成联合体共同投标，不得限制投标人之间的竞争。

上述建设施工招标方法是法定的三种，各地根据当地实际采用其他的方法也有，招标中具体采用哪种方法，必须依据工程实际、符合当地招投标管理部门的规定，在规定的范围内选择。

3.1.6 建设工程施工招标的监督管理

一、建设工程施工招标投标监督管理的部门及法律依据

《招标投标法》第七条规定：招标投标活动及其当事人应当接受依法实施的监督。有关行政监督部门依法对招标投标活动实施监督，依法查处招标投标活动中的违法行为。对招标投标活动的行政监督及有关部门的具体职权划分，由国务院规定。

《国务院办公厅印发国务院有关部门实施招标投标活动行政监督的职责分工意见的通知》（国发办[2000]34 号）第三条规定：“……各类房屋建筑及其附属设施的建造和与其配套的线路、管道、设备的安装项目和市政工程项目的招投标活动的监督执法，由建设行政主管部门负责。”

《房屋建筑和市政基础设施工程施工招标投标管理办法》（建设部令第 89 号）第四条规定：“县级以上地方人民政府建设行政主管部门负责本行政区域内工程施工招标投标活动的监督管理。具体的监督管理工作，可以委托工程招标投标监督管理机构负责实施。”

二、行政监督管理的内容、程序

1．监督招标人是否具备招标的行为能力及条件。招标人是依法提出招标项目，进行招标的法人或其他组织（合伙组织、企业分支机构）。招标项目除应当满足招投标法规定的外部条件，还要对招标人的招标能力进行监督。招投标法规定，依法必须进行招标的工程，建设单位如果有编制招标文件和组织评标的能力，可以自行招标。若不具备招标条件，建设单位应委托具有相应资格的建设工程招标代理机构代理招标。”

2．招标前的资格备案

备案程序要求建设单位自行办理招标事宜的，应在发布招标公告或者发出投标邀请书的 5 日前向工程所在地的县级以上地方人民政府建设行政主管部门或受其委托的建设工程招投标监督管理机构备案，并报送相应资料。

（1）按照国家有关规定办理审批手续的各项批准文件；

（2）招标条件的证明材料，包括专业技术人员的名单、职称证书或者执业资格证书及其工作经历的证明材料。

3．招标场所和信息发布途径的规定

依法必须进行公开招标的建设工程，应当进入建设工程交易中心进行招投标活动。

公开招标的工程项目，招标公告须在国家和省（直辖市、自治区）规定的报刊或信息网

等媒介上公开发布，同时在中国工程建设和建筑信息网上公开发布。

邀请招标的工程项目，招标人可向三个以上符合资质条件的投标人发出邀请书。

4．招标文件的备案

依法必须招标的工程，招标人应在发出招标文件的同时，将招标文件报工程所在地县级以上地方人民政府建设行政主管部门备案。如果发现招标文件有违反法律、法规内容时，政府主管部门有权责令改正。

对发出的招标文件，招标人可以依法进行必要的澄清或修改。澄清或修改的内容成为招标文件的组成部分，但应在招标文件要求的提交投标文件截止日期前（不能少于 15 日），以书面形式通知所有投标人，并同时报建设工程所在地建设行政主管部门备案，使其成为招标文件的有效内容。

5．开标过程的监督

（1）对投标监督：监督代理机构是否核实投标文件递交人的合法身份，是否当场检查投标文件的密封情况，是否按规定的投标截止时间终止投标文件的接收，对迟到的投标文件是否拒收。

（2）对开标监督：监督开标程序是否合法、公开、公平、公正；开标时间是否与接收投标文件截止时间为同一时间；开标地点是否为招标文件预先确定的地点；有效投标人是否满足 3 个以上的要求；是否按照法定程序，组织投标人或者其推选的代表检查投标文件的密封情况，或者委托公证机构检查并公证投标文件的密封情况；是否将所有投标文件均当众予以拆封、宣读；唱标次序、唱标内容和开标记录是否按规定执行；设有标底的是否当场公布标底；规定最高投标限价计算方法的，是否计算并公布；对投标人提出的异议如果成立，是否及时采取纠正措施或提交评委评审确认，如果不成立，是否当场给予解释说明。开标工作人员包括监督人员，不应在开标现场对投标文件做出有效或无效的判断处理。

（3）对评标委员会监督：评委成员是否符合有关法律法规和规章规定的回避要求，技术、经济等方面专家评委是否占成员总数的三分之二以上，专家评委的产生是否根据专业分工从符合规定的评标专家库中随机抽取产生，评标成员名单的产生时间是否符合有关规定，是否随意更换评委成员。

（4）对评标过程监督：评标标准与方法是否与招标文件一致；询标程序是否符合有关规定；评委是否独立、客观、公正评审，但确需集体评议的除外；资格后审是否在开标后由评委审查，是否按照招标文件规定的标准和方法对投标人的资格进行审查，是否存在歧视、限制或者排斥潜在投标人的行为；评标委员会是否出具评标报告，评标报告的讨论及通过、中标候选人的推荐及其排序是否符合有关规定。

（5）对业主单位监督：对干涉评委工作或发表诱导性言论的，应及时加以制止，情节严重的，应记录在案并通知所属单位。

（6）对评标纪律监督：评标现场是否在严格保密的情况下进行；工作人员是否凭工作证人场，评委与工作人员在进入评标现场后是否主动关闭通信设备，交给指定人员保管；评委是否擅离职守，私下接触投标人；评委和工作人员是否收受他人给予的财物或者其他好处，是否向他人透漏对投标文件的评审和比较、中标候选人的推荐情况以及与评标有关的其他情况。

6．招标结果备案

依法招标的工程，招标人应在中标人确定之日起 15 日内，向建设工程所在地县级以上地方人民政府建设行政主管部门提交招投标情况的书面报告。报告以下内容：

（1）建设工程招投标的基本情况

建设工程招标基本情况的主要内容有：招标范围、招标方式、资格审查、开标和评标过程、确定中标人的方式及其理由等。

（2）相关文件资料

主要内容包括招标公告或投标邀请书、投标报名表、资格预审文件、招标文件、评标委员会的评标报告（设有标底的，应附标底）、中标人的投标文件。委托代理招标的，应附建设工程招标代理委托书。已按招标管理规定办理了备案的文件资料，不需重复提交。

三、对重新进行建设工程招标的审查备案

当发生以下情况时，招标人可以宣布本次招标无效，依法重新招标：

（1）提交投标文件的投标人少于三个；

（2）评标委员会经过评审，认为所有投标文件都不符合招标文件要求而否决所有的投标书。

四、监督工程施工是否经过招投标程序签订合同

按照招标投标法的要求，工程施工应通过招投标程序选择承包人并签订工程承发包合同。

3.2 建设工程施工招标资格的审查

3.2.1 建设施工招标资格审查的依据

《招标投标法》第十八条招标人可以根据招标项目本身的要求，在招标公告或者投标邀请书中，要求潜在投标人提供有关资质证明文件和业绩情况，并对潜在投标人进行资格审查；国家对投标人的资格条件有规定的，依照其规定。

《工程建设项目施工招标投标办法》第十六条招标人可以根据招标项目本身的特点和需要，要求潜在投标人或者投标人提供满足其资格要求的文件，对潜在投标人或者投标人进行资格审查。

3.2.2 资格审查的分类

资格审查分为资格预审和资格后审。

资格预审是指在投标前对潜在投标人进行的资格审查。资格预审是在招标阶段对申请投标人第一次筛选，目的是审查投标人的企业总体能力是否适合招标工程的需要。只有在公开招标时才设置此程序。

资格后审是指在开标后对投标人进行的资格审查。进行资格预审的，一般不再进行资格后审，但招标文件另有规定的除外。资格后审适用于那些工期紧迫，工程较为简单的建设项目，审查的内容与资格预审基本相同。

3.2.3 资格审查的主要内容、目的

一、审查潜在投标人或者投标人通过资格审查的充分条件

1．企业资质等级证书；

2．企业安全生产许可证；

3．市场准入资格（工程所辖区域外企业）；

4．联合体投标（如有）；

5．项目负责人：建造师注册证书及安全考核证书；

6．信誉、履约情况。

二、审查潜在投标人或者投标人通过资格审查的必要条件

1．类似及以上工程业绩；

2．财务能力

3．项目其他主要技术管理人员

4．施工机械设备能力

5．项目负责人陈述及答辩（适用于资格预审）

三、特殊项目的处理

对于大型复杂项目，尤其是需要有专门技术、设备或经验的投标人才能完成时，则应设立设置更加严格的条件。如针对工程所需的特别措施或工艺专长，专业工程施工经历和资质及安全文明施工要求等内容。但标准应适当，否则过高会使合格投标人过少影响竞争，过低会使不具备能力的投标人获得合同而导致不能按预期目标完成建设项目。

四、审查潜在投标人或者投标人的目的

招标人利用资格预审程序可以较全面地了解申请投标人各方面的情况，并将不合格或竞争能力较差的投标人淘汰，以节省评标时间。通过资格审查招标人可以了解潜在投标人或者投标人的能力和信誉，如：

1．是否具有独立订立合同的权利。

2．是否具有履行合同的能力，包括专业、技术资格和能力，资金、设备和其他物质设施状况，管理能力，经验、信誉和相应的从业人员。

3．有没有处于被责令停业，投标资格被取消，财产被接管、冻结，破产状态。

4．在最近 3 年内有没有骗取中标和严重违约及重大工程质量问题。

具体审查指标可参考《标准施工招标资格预审文件》（2010 年版）第三章内容。有一项因素不符合审查标准的，不能通过资格预审。

3.2.4　资格审查的方法与程序

一、资格审查的方法

资格审查办法一般分为合格制和有限数量制两种。合格制即不限定资格审查合格者数量，凡通过各项资格审查设置的考核因素和标准者均可参加投标。有限数量制则预先限定通过资格预审的人数，依据资格审查标准和程序，将审查的各项指标量化，最后按得分由高到低的顺序确定通过资格预审的申请人。通过资格预审的申请人不得超过限定的数量。

二、资格审查的程序

1．初步审查。初步审查是一般符合性审查。

2．详细审查。通过第一阶段的初步审查后，即可进入详细审查阶段。审查的重点在于投

标人财务能力、技术能力和施工经验等内容。

3．资格预审申请文件的澄清。

在审查过程中，审查委员会可以以书面形式，要求申请人对所提交的资格预审申请文件中不明确的内容进行必要的澄清或说明。申请人的澄清或说明应采用书面形式，并不得改变资格预审申请文件的实质性内容。申请人的澄清和说明内容属于资格预审申请文件的组成部分。招标人和审查委员会不接受申请人主动提出的澄清或说明。

通过资格预审的申请人除应满足初步审查和详细审查的标准外，还不得存在下列任何一种情形。

（1）不按审查委员会要求澄清或说明的；

（2）在资格预审过程中弄虚作假、行贿或有其他违法违规行为的；

（3）申请人存在下列情形之一：

① 为招标人不具有独立法人资格的附属机构（单位）；

② 为本标段前期准备提供设计或咨询服务的，但设计施工总承包的除外；

③ 为本标段的监理人；

④ 为本标段的代建人；

⑤ 为本标段提供招标代理服务的；

⑥ 与本标段的监理人或代建人或招标代理机构同为一个法定代表人的；

⑦ 与本标段的监理人或代建人或招标代理机构相互控股或参股的；

⑧ 与本标段的监理人或代建人或招标代理机构相互任职或工作的；

⑨ 被责令停业的；

⑩ 被暂停或取消投标资格的；

⑪ 财产被接管或冻结的；

⑫ 在最近 3 年内有骗取中标或严重违约或重大工程质量问题的。

4．提交审查报告。

按照规定的程序对资格预审申请文件完成审查后，确定通过资格预审的申请人名单，并向招标人提交书面审查报告。

通过资格预审申请人的数量不足 3 个的，招标人重新组织资格预审或不再组织资格预审而直接招标。

资格预审评审报告一般包括工程项目概述、资格预审工作简介、资格评审结果和资格评审表等附件内容。

3.2.5 资格预审文件的编制

资格审查的是潜在投标人或投标人的资格预审申请文件的内容。为了迅速、有效地完成对潜在投标人或投标人的审查，一定要认真研究与建设工程施工招标相关的法律、法规，特别是熟练掌握《标准施工招标资格预审文件》的内容，重点是资格预审文件的编制和投标人或投标人的资格预审申请文件的编制。

一、编制资格预审文件的注意事项

1．编制依法必须进行招标的项目的资格预审文件和招标文件，应当使用国务院发展改革部门会同有关行政监督部门制定的标准文本。

2．招标人应当合理确定提交资格预审申请文件的时间。依法必须进行招标的项目提交资格预审申请文件的时间，自资格预审文件停止发售之日起不得少于5日。

3．资格预审应当按照资格预审文件载明的标准和方法进行。国有资金占控股或者主导地位的依法必须进行招标的项目，招标人应当组建资格审查委员会审查资格预审申请文件。资格审查委员会及其成员应当遵守招标投标法和本条例有关评标委员会及其成员的规定。

4．招标人可以对已发出的资格预审文件或者招标文件进行必要的澄清或者修改。澄清或者修改的内容可能影响资格预审申请文件或者投标文件编制的，招标人应当在提交资格预审申请文件截止时间至少3日前，或者投标截止时间至少15日前，以书面形式通知所有获取资格预审文件或者招标文件的潜在投标人；不足3日或者15日的，招标人应当顺延提交资格预审申请文件或者投标文件的截止时间。

5．招标人编制的资格预审文件、招标文件的内容违反法律、行政法规的强制性规定，违反公开、公平、公正和诚实信用原则，影响资格预审结果或者潜在投标人投标的，依法必须进行招标的项目的招标人应当在修改资格预审文件或者招标文件后重新招标。

6．首先不要违反相关法律规定，然后根据项目的实际情况要求投标人的企业规模资质、应提供的证明文件等。

二、编制资格预审申请文件的注意事项

1．人真研究相关标准、文件，如：资格预审公告、招标人颁发的资格预审文件、《标准施工招标资格预审文件》等；

2．格式要正确、内容要完整：资格预审申请文件要包括《标准施工招标资格预审文件》第四章的全部内容；

3．实质性内容要符合招标人发布的资格预审文件的要求；

4．人员证书要齐全，要附主要人员的执业资格证书、安全考核证书、有效身份证件等；

5．附件资料要符合招标人文件的要求，拿不准时，那么遵循以下原则处理：凡真实的东西，宁多勿少，业绩资料要留业主、监理的电话，并与被留电话的人提前沟通好；

6．签章要齐全，有的地方盖章与否，拿不准的就盖上。多一般不会出错，少有时就废了。

三、示例：×××教学楼工程施工招标资格预审文件（主要内容节选）

×××教学楼 工程施工招标

资 格 预 审 文 件

招标编号：

项目名称：×××教学楼

招 标 人：×××职业技术学院（盖章）

法定代表人或其委托代理人：（签字或盖章）

招标代理机构：河南省×××管理有限公司（盖章）

法定代表人或其委托代理人：（签字或盖章）

编制日期：年 月 日

目　录

第一章 资格预审公告

×××教学楼施工招标
资格预审公告（代招标公告）

1．招标条件

本招标项目×××教学楼工程已由×××市发改委以 关于×××教学楼工程申请立项建设的批复（×××发改 123 号）批准建设，项目业主为×××职业技术学院，建设资金来自筹，项目出资比例为 100%，招标人为×××职业技术学院，招标代理机构为河南省×××管理有限公司。项目已具备招标条件，现进行公开招标，特邀请有兴趣的潜在投标人（以下简称申请人）提出资格预审申请。

2．项目概况与招标范围

2.1 建设地点： ×××市长江路与天山路交叉口东南角

2.2 建设规模及结构类型： 建筑面积 5852m^2，六层建筑、框架结构。

2.3 计划工期： 396 日历天

2.4 合同估算价：1200 万元

2.5 招标范围： 施工图纸内的全部内容

3．申请人资格要求

3.1 本次资格预审要求申请人具备建筑工程工程施工总承包叁级及叁级以上资质，有教学楼、办公楼工程的施工经历的业绩，并在人员、设备、资金等方面具备相应的施工能力，其中，申请人拟派项目经理须具备建筑工程专业 贰 级注册建造师执业资格和有效的安全生产考核合格证书，且未担任其他在施建设工程项目的项目经理。

3.2 本次资格预审不接受联合体资格预审申请。

4．资格预审方法

本次资格预审采用有限数量制。采用有限数量制的，当通过详细审查的申请人多于 7 家时，通过资格预审的申请人限定为 7 家。

5．申请报名

凡有意申请资格预审者，请于 2012 年 3 月 13 日至 2012 年 3 月 19 日（法定公休日，法定节假日除外），每日上午 9：00 时至 11：30 时，下午 2：30 时至 17：00 时（北京时间，下同），在×××市建设工程交易中心报名。

6．资格预审文件的获取

6.1 报名同时发售资格预审文件。

6.2 资格预审文件每套售价 100 元，售后不退。

7．资格预审申请文件的递交

7.1 递交资格预审申请文件截止时间（申请截止时间，下同）为 2012 年 3 月 24 日 9 时 0 分为×××市建设工程交易中心。

7.2 逾期送达或者未送达指定地点的资格预审申请文件，招件人不予受理。

8．发布公告的媒介

本次资格预审公告同时在____×××日报____上发布。

9．联系方式

招 标 人：________	招标代理机构：________
地　　址：________	地　　址：________
邮　　编：________	邮　　编：________
联 系 人：________	联 系 人：________
电　　话：________	电　　话：________
传　　真：________	传　　真：________
电子邮件：________	电子邮件：________
网　　址：________	网　　址：________
开户银行：________	开户银行：________
账　　号：________	账　　号：________

2012 年__3__月 12 日

第二章　投标申请人资格预审须知

申请人须知前附表（节选）

条款号	条 款 名 称	编 列 内 容
1.1.2	招标人	名　称：×××职业技术学院 地　址：×××市长江路 46 号 联系人：张先生 电　话：××××-29220003 电子邮件：zyjsxy123@163.com
1.1.3	招标代理机构	名　称：河南省×××管理有限公司 地　址：×××市红旗路 136 号 联系人：王先生 电　话：×××-37468889 电子邮件：g1yxgs363@163.com
1.1.4	项目名称	×××教学楼工程
1.1.5	建设地点	×××市长江路与天山路交叉口东南角
1.2.1	资金来源	自筹
1.2.2	出资比例	100%
1.2.3	资金落实情况	已落实
1.3.1	招标范围	施工图纸内的全部内容
1.3.2	计划工期	计划工期：396 日历天 计划开工日期：2012 年 5 月 6 日 计划竣工日期：2013 年 6 月 6 日
1.3.3	质量要求	质量标准：合格
1.4.1	申请人资质条件、能力和信誉	资质条件：施工总承包叁级及叁级以上 财务要求：提供近三年的企业财务报表 业绩要求：（与资格预审公告要求一致） 信誉要求： （1）诉讼及仲裁情况：无 （2）不良行为记录：无 （3）合同履约率：100% 项目经理资格：建筑工程专业贰级（含以上级）注册建造师执业资格和有效的安全生产考核合格证书，且未担任其他在施建设工程项目的项目经理。 其他要求： （1）拟投入主要施工机械设备情况 （2）拟投入项目管理人员 （3）……

（续表）

条款号	条 款 名 称	编 列 内 容
1.4.2	是否接受联合体资格预审申请	不接受联合体资格预审申请
2.2.1	申请人要求澄清 资格预审文件的截止时间	提交资格预审申请文件截止时间 2 日前
2.2.2	招标人澄清 资格预审文件的截止时间	提交资格预审申请文件截止时间至少 3 日前
2.2.3	申请人确认收到 资格预审文件澄清的时间	收到澄清后 24 小时内
2.3.1	招标人修改 资格预审文件的截止时间	提交资格预审申请文件截止时间至少 3 日前
2.3.2	申请人确认收到 资格预审文件修改的时间	收到修改后 24 小时内
3.1.1	申请人需补充的其他材料	（9）其他企业信誉情况表 （10）拟投入主要施工机械设备情况 （11）拟投入项目管理人员情况 ……
3.2.4	近年财务状况的年份要求	近 3 年，指 2009 年 1 月 1 日起至 2012 年 3 月 10 日止。
3.2.5	近年完成的类似项目的年份要求	近 3 年，指 2009 年 1 月 1 日起至 2012 年 3 月 10 日止。
3.2.7	近年发生的诉讼及仲裁情况的 年份要求	近 3 年，指 2009 年 1 月 1 日起至 2012 年 3 月 10 日止。
3.3.1	签字和（或）盖章要求	由法定代表人或其授权委托人签字并加盖公章
3.3.2	资格预审申请文件副本份数	3 份
3.3.3	资格预审申请文件的装订要求	不分册装订，装订应牢固、不易拆散和换页，不得采用活页装订
4.1.2	封套上写明	招标人的地址：×××市长江路 46 号 招标人全称：×××职业技术学院 （项目名称）____标段施工招标资格预审申请文件在 2012 年 3 月 24 日 9 时 0 分前不得开启。
4.2.1	申请截止时间	2012 年 3 月 24 日 9 时 0 分
4.2.2	递交资格预审申请文件的地点	×××市建设工程交易中心
4.2.3	是否退还资格预审申请文件	否
5.1.2	审查委员会人数	审查委员会构成：5 人，其中招标人代表 1 人（限招标人在职人员，且应当具备评标专家的相应的或者类似的条件），专家 4 人； 审查专家确定方式：专家评委随机抽取
5.2	资格审查方法	有限数量制

（续表）

条款号	条 款 名 称	编 列 内 容
6.1	资格预审结果的通知时间	2012 年 3 月 27 日
6.3	资格预审结果的确认时间	接到通知 24 小时内

……

9	需要补充的其他内容	
9.1	词语定义	
9.1.1	类似项目	
	类似项目是指：工程类型相同、工程结构相似、工程的功能相同	
9.1.2	不良行为记录	
	不良行为记录是指：指建筑市场主体在工程建设过程中违反有关工程建设的法律、法规、规章或强制性标准和执业行为规范，经县级以上建设行政主管部门或者委托的执法监督机构查实和行政处罚所形成的不良行为记录	
9.2	资格预审申请文件编制的补充要求	
9.2.1	“其他企业信誉情况表”应说明企业不良行为记录、履约率等相关情况，并附相关证明材料，年份同第 3.2.7 项的年份要求	
9.2.2	“拟投入主要施工机械设备情况”应说明设备来源（包括租赁意向）、目前状况、停放地点等情况，并附相关证明材料	
9.2.3	“拟投入项目管理人员情况”应说明项目管理人员的学历、职称、注册执业资格、拟任岗位等基本情况，项目经理和主要项目管理人员应附简历，并附相关证明材料。	
9.3	通过资格预审的申请人（适用于有限数量制）	
9.3.1	通过资格预审申请人分为“正选”和“候补”两类。资格审查委员会应当根据第三章“资格审查办法（有限数量制）”第 3.4.2 项的排序，对通过详细审查的情况人按得分由高到低顺序，将不超过第三章“资格审查办法（有限数量制）”第 1 条规定数量的申请人列为通过资格预审申请人（正选），其余的申请人依次列为通过资格预审的申请人（候补）	
9.3.2	根据本章第 6.1 款的规定，招标人应当首先向通过资格预审申请人（正选）发出投标邀请书。	
9.3.3	根据本章第 6.3 款、通过资格预审申请人项目经理不能到位或者利益冲突等原因导致潜在投标人数量少于第三章“资格审查办法（有限数量制）”第 1 条规定的数量的，招标人应当按照通过资格预审申请人（候补）的排名次序，由高到低依次递补	
9.4	监督	
	本项目资格预审活动及其相关当事人应当接受有管辖权的建设工程招标投标行政监督部门依法实施的监督	
9.5	解释权	
	本资格预审文件由招标人负责解释	
9.6	招标人补充的内容	
……	……	

第三章　资格审查办法（有限数量制）

资格审查办法前附表

<table>
<tr><th>条款号</th><th colspan="4">条款名称</th><th>编列内容</th></tr>
<tr><td colspan="2">1</td><td colspan="3">通过资格预审的人数</td><td>当通过详细审查的申请人多于__7__家时，通过资格预审的申请人限定为__7__家</td></tr>
<tr><td colspan="2">2</td><td colspan="3">审查因素</td><td>审查标准</td></tr>
<tr><td rowspan="5">2.1</td><td rowspan="5">初步审查标准</td><td colspan="3">申请人名称</td><td>与营业执照、资质证书、安全生产许可证一致</td></tr>
<tr><td colspan="3">申请函签字盖章</td><td>有法定代表人或其委找代理人签字并加盖单位章</td></tr>
<tr><td colspan="3">申请文件格式</td><td>符合第四章“资格预审申请文件格”的要求</td></tr>
<tr><td colspan="3"></td><td></td></tr>
<tr><td colspan="3">……</td><td>……</td></tr>
<tr><td rowspan="12">2.2</td><td rowspan="12">详细审查标准</td><td colspan="3">营业执照</td><td>具备有效的营业执照
是否需要核验原件：☑是□否</td></tr>
<tr><td colspan="3">安全生产许可证</td><td>具备有效的安全生产许可证
是否需要核验原件：☑是□否</td></tr>
<tr><td colspan="3">资质等级</td><td>符合第二章“申请人须知”第 1.4.1 项规定
是否需要核验原件：☑是□否</td></tr>
<tr><td colspan="3">财务状况</td><td>符合第二章“申请人须知”第 1.4.1 项规定
是否需要核验原件：☑是□否</td></tr>
<tr><td colspan="3">类似项目业绩</td><td>符合第二章“申请人须知”第 1.4.1 项规定
是否需要核验原件：☑是□否</td></tr>
<tr><td colspan="3">信誉</td><td>符合第二章“申请人须知”第 1.4.1 项规定
是否需要核验原件：☑是□否</td></tr>
<tr><td colspan="3">项目经理资格</td><td>符合第二章“申请人须知”第 1.4.1 项规定
是否需要核验原件：☑是□否</td></tr>
<tr><td rowspan="3">其他要求</td><td>（1）</td><td>拟投入主要施工机械设备</td><td rowspan="3">符合第二章“申请人须知”第 1.4.1 项规定</td></tr>
<tr><td>（2）</td><td>拟设入项目管理人员</td></tr>
<tr><td></td><td>……</td></tr>
<tr><td colspan="3">联合体申请人（如有）</td><td>符合第二章“申请人须知”第 1.4.2 项规定</td></tr>
<tr><td colspan="3">……</td><td>……</td></tr>
<tr><td rowspan="4">2.3</td><td rowspan="4">评分标准</td><td colspan="3">评分因素</td><td>评分标准</td></tr>
<tr><td colspan="3">企业业绩</td><td>见资格预审评分表</td></tr>
<tr><td colspan="3">建造师（项目经理）业绩</td><td>见资格预审评分表</td></tr>
<tr><td colspan="3">项目部人员情况</td><td>见资格预审评分表</td></tr>
</table>

（续表）

条款号		条款名称	编列内容
2.3	评分标准	机械设备情况	见资格预审评分表
		企业管理体系	见资格预审评分表
		企业信誉	见资格预审评分表
		企业财务状况	见资格预审评分表
3.1.2		核验原件的具体要求	
条款号			编列内容
3		审查程序	详见本章附件 A：资格审查详细程序

<u>×××教学楼资格预审评分表</u>

评分因素	评分标准	
企业业绩 28 分	（1）企业三年内承担过类似项目，每项 4 分，最多 16 分	
	（2）企业三年内承担的的类似项目获得过获省级奖项（如楚天杯等）或获得过全国建筑工程装饰奖、建设部优质工程奖每项 6 分，最多 12 分	
建造师（项目经理）业绩 20 分	（1）三年内承担过类似项目的得 6 分	
	（2）三年内承担的类似项目获得过省级奖项（如楚天杯等）或获得过全国建筑工程装饰奖、建设部优质工程奖得 4 分	
	（3）建造师同时具备高级技术职称、大专及以上学历得 10 分。建造师为中级技术职称、大专及以上学历得 6 分，建造师为中级技术职称、大专以下学历得 3 分	
项目部人员情况 22 分	（1）五大员上岗证齐全得 5 分，否则 0 分	
	（2）工种配套齐全的 4 分，工种基本配套为 2 分，达不到要求为 0 分	
	（3）75%以上人员具有高、中级职称，年龄结构合理给 10—13 分；75%以下、50%以上人员具有高、中级职称，年龄结构较为合理给 6—10 分；50%以下、30%以上人员具有高、中级职称，年龄结构较为合理给 1—5 分	
机械设备情况（6 分）	拟投入机械设备情况。拟投入机械设备配置合理，中小型设备规格品种齐全，可以充分满足本工程施工需要得 6 分，一般满足的得 2 分，不能满足的得 0 分。	
企业管理体系 6 分	“ISO9000 系列质量管理体系认证”“ISO14000 系列环境管理体系认证”“OHSAS18000 系列职业健康安全管理体系认证”。三个标准认证均获通过且在有效期内的得 6 分，每缺少 1 个认证者或 1 个认证过期者扣 3 分	
企业信誉 6 分	（1）近三年获省级“重合同、守信用企业”称号得 3 分，获市级“重合同、守信用企业”称号得 1 分	
	（2）近三年获“AAA”等级称号得 3 分，获“AA”等级称号得 2 分，获“A”等级称号得 1 分	
企业财务状况 12 分	（1）2011 年度财务报表反映企业净资产在 800 万—1000 万元人民币得 4 分，1000 万（含）—2000 万元人民币得 5 分，2000 万元（含）人民币以上得 6 分。	
评委	总分	

附件A：资格审查详细程序

资格审查详细程序

A1．基本程序

资格审查活动将按以下五个步骤进行：

（1）审查准备工作；

（2）初步审查；

（3）详细审查；

（4）澄清、说明或补正；

（5）确定通过资格预审的申请人（正选）、通过资格预审的申请人（候补）及提交资格审查报告。

A2．审查准备工作

A3．初步审查

A3.1 审查委员会根据本章第2.1款规定的审查因素和审查标准，对申请人的资格预审申请文件进行审查，并规定格式记录审查结果。

A3.2 提交和核验原件

A3.2.1 如果本章前附表约定需要申请人提交第二章“申请人须知”第3.2.3项至3.2.7项规定的有关证明和证件的原件，审查委员会应当将提交时间和地点书面通知申请人。

A3.2.2 审查委员会审查申请人提交的有关证明和证件的原件。对存在伪造嫌疑的原件，审查委员会应当要求申请人给予澄清或者说明或者通过其他合法方式进行核实。

A3.3 澄清、说明或补正

在初步审查过程中，审查委员会应当就资格预审申请文件中不明确的内容，以书面形式要求申请人进行必要的澄清、说明或补正。申请人应当根据问题澄清通知，以书面形式予以澄清、说明或补正，并不得改变资格预审申请文件的实质性内容。澄清、说明或补正应当根据本章第3.3款的规定进行。

A3.4 申请人有任何一项初步审查因素不符合审查标准的，或者未按照审查委员会要求的时间和地点提交有关证明和证件的原件、原件与复印件不符或者原件存在伪造嫌疑且申请人不能合理说明的，不能通过资格预审。

A4．详细审查

A4.1 只有通过了初步审查的申请人可进入详细审查。

A4.2 审查委员会根据本章第2.2款和第二章“申请人须知”第1.4.1项（前附表）规定的程序、标准和方法，对申请人的资格预审申请文件进行详细审查，并记录审查结果。

A4.3 联合体申请人

A4.3.1 联合体申请人的资质认定（无）

A4.4 澄清、说明或补正

在详细审查过程中，审查委员会应当就资格预审申请文件中不明确的内容，以书面形式要求申请人进行必要的澄清、说明或补正。申请人应当根据问题澄清通知，以书面形式予以澄清、说明或补正，并不得改变资格预审申请文件的实质性内容。澄清、说明或补正应当根据本章第3.3款的规定进行。

A4.5 审查委员会应当逐项核查申请人是否存在本章第3.2.2项规定的不能通过资格预审的任何一种情形。

A4.6 不能通过详细审查

申请人有任何一项详细审查因素不符合审查标准的，或者存在本章第3.2.2项规定的任何一种情形的，均不能通过详细审查。

A5．评分

A5.1 审查委员会进行评分的条件

A5.1.1 通过详细审查的申请人超过本章第1条（前附表）规定的数量时，审查委员会按照本章第2.3款规定的评分标准进行评分。

A5.1.2 按照本章第3.4.1项的规定，通过详细审查的申请人不少于3个且没有超过本章第1条（前附表）规定数量的，审查委员会不再进行评分，通过详细审查的申请人均通过资格预审。

A5.2 审查委员会进行评分的对象

审查委员会只对通过详细审查的申请人进行评分。

A5.3 评分

A5.3.1 审查委员会成员根据本章第2.3款规定的标准，分别对通过详细审查的申请人进行评分，并规定格式记录评分结果。

A5.3.2 申请人各个评分因素的最终得分为审查委员会各个成员评分结果的算术平均值，并以此计算各个申请人的最终得分。审查委员会使用评分汇总记录表记录评分汇总结果。

A5.3.3 评分分值计算保留小数点后两位，小数点后第三位四舍五入。

A5.4 通过详细审查的申请人排序

A5.4.1 审查委员会根据评分汇总记录表的评分汇总结果，按申请人得分由高到低的顺序进行排序，并使用通过详细审查的申请人排序表记录排序结果。

A5.4.2 审查委员会对申请人进行排序时，如果出现申请人最终得分相同的情况，以评分因素中针对项目经理的得分高低排定名次，项目经理的得分也相同时，以评分因素中针对类似项目业绩的得分高低排定名次。

A6．确定通过资格预审的申请人

A6.1 确定通过资格预审的申请人（正选）

审查委员会应当根据通过详细审查的申请人排序表的排序结果和本章第1条（前附表）规定的数量，按申请人得分由高到低顺序，确定通过资格预审的申请人名单，并使用通过资格预审的申请人（正选）名单记录确定结果。

A6.2 确定通过资格预审的申请人（候补）

A6.2.1 审查委员会应当根据通过详细审查的申请人排序表的排序结果，对未列入通过资格预审的申请人（正选）名单中的通过详细审查的其他申请人按照得分由高到低的顺序，确定带排序的候补通过资格预审的申请人名单，并使用通过资格预审的申请人（候补）名单记录确定结果。

A6.2.2 如果审查委员会确定的通过资格预审的申请人（正选）未在第二章“申请人须知”

前附表规定的时间内确认是否参加投标、明确表示放弃投标或者根据有关规定被拒绝投标时，招标人应从通过资格预审的申请人（候补）名单记录的通过资格预审申请人（候补）中按照排序依次递补，作为通过资格预审的申请人。

A6.2.3 按照第二章“申请人须知”第 6.3 款，经过递补后，潜在投标人数量不足 3 个的，招标人应重新组织资格预审或者不再组织资格预审而直接招标。

A6.3 通过详细审查的申请人数量不足三个

通过详细审查的申请人数量不足三个的，招标人应当重新组织资格预审或不再组织资格预审而直接招标。招标人重新组织资格预审的，应当在保证满足法定资格条件的前提下，适当降低资格预审的标准和条件。

A6.4 编制及提交书面审查报告

第四章　资格预审申请书格式

一、资格预审申请函

（招标人名称）:

1．按照资格预审文件的要求，我方（申请人）递交的资格预审申请文件及有关资料，用于你方（招标人）审查我方参加______________（项目名称）_____标段施工招标的投标资格。

2．我方的资格预审申请文件包含第二章“申请人须知”第 3.1.1 项规定的全部内容。

3．我方接受你方的授权代表进行调查，以审核我方提交的文件和资料，并通过我方的客户，澄清资格预审申请文件中有关财务和技术方面的情况。

4．你方授权代表可通过______________（联系人及联系方式）得到进一步的资料。

5．我方在此声明，所递交的资格预审申请文件及有关资料内容完整、真实和准确，且不存在第二章“申请人须知”第 1.4.3 项规定的任何一种情形。

申请人：____________________________（盖单位章）
法定代表人或其委托代理人：_____________（签字）
电　　话：__________________________________
传　　真：__________________________________
申请人地址：________________________________
邮政编码：__________________________________

年_______月_______日

二、授权委托书

本人________（姓名）系________（申请人名称）的法定代表人，现委托________（姓名）为我方代理人。代理人根据授权，以我方名义签署、澄清、说明、补正、递交、撤回、修改__________（项目名称）______标段施工招标资格预审文件，其法律后果由我方承担。

委托期限：____

________________________________。

代理人无转委托权。

附：法定代表人身份证明

申　请　人：________________________（盖单位章）

法定代表人：____________________________（签字）

身份证号码：________________________________

委托代理人：____________________________（签字）

身份证号码：________________________________

年______月______日

三、申请人基本情况表

申请人名称						
注册地址			邮政编码			
联系方式	联系人		电　话			
	传　真		网　址			
组织结构						
法定代表人	姓名		技术职称		电话	
技术负责人	姓名		技术职称		电话	
成立时间			员工总人数：			
企业资质等级		其中	项目经理			
营业执照号			高级职称人员			
注册资本金			中级职称人员			
开户银行			初级职称人员			
账号			技　工			
经营范围						
体系认证情　况	说明：通过的认证体系、系过时间及运行状况					
备　注	（缺项目经理简历表单独列表）					

四、近年完成的类似项目情况表

类似项目业绩须附合同协议书和竣工验收备案登记表复印件。

项目名称	
项目所在地	
发包人名称	
发包人地址	
发包人电话	
合同价格	
开工日期	
竣工日期	
承包范围	（承担的工作）
工程质量	
项目经理	
技术负责人	
总监理工程师及电话	
项目描述	
备　注	

五、正在施工的和新承接的项目情况表

正在施工和新承接项目须附合同协议书或者中标通知书复印件。

项目名称	
项目所在地	
发包人名称	
发包人地址	
发包人电话	
签约合同价	
开工日期	
计划竣工日期	
承包范围	（承担的工作）
工程质量	
项目经理	
技术负责人	
总监理工程师及电话	
项目描述	
备　注	

六、其他材料

（一）其他企业信誉情况表（年份同诉讼及仲裁情况年份要求）

1．企业不良行为记录情况主要是近年申请人在工程建设过程中因违反有关工程建设的法律、法规、规章或强制性标准和执业行为规范，经县级以上建设行政主管部门或其委托的执法监督机构查实和行政处罚，形成的不良行为记录。应当结合第二章“申请人须知”前附表第 9.1.2 项定义的范围填写。

2．合同履行情况主要是申请人在施工程和近年已竣工工程是否按合同约定的工期、质量、安全等履行合同义务，对未竣工工程合同履行情况还应重点说明非不可抗力原因解除合同（如果有）的原因等具体情况，等等。

1．近年不良行为记录情况

序号	发生时间	简要情况说明	证明材料索引

2．在施工程以及近年已竣工工程合同履行情况

序号	工程名称	履约情况说明	证明材料索引

3．其他

……

（二）拟投入主要施工机械设备情况表

机械设备名称	型号规格	数　量	目前状况	来　源	现停放地点	备　注

备注：“目前状况”应说明已使用所限、是否完好以及目前是否正在使用，“来源”分为“自有”和“市场租赁”两种情况，正在使用中的设备应在“备注”中注明何时能够投入本项目，并提供相关证明材料。

（三）拟投入项目管理人员情况表

姓名	性别	年龄	职称	专业	资格证书编号	拟在本项目中担任的工作或岗位

附 1：项目经理简历表

项目经理应附建造师执业资格证书、注册证书、安全生产考核合格证书、身份证、职称证、学历证、养老保险复印件以及未担任其他在施建设工程项目项目经理的承诺，管理过的项目业绩须附合同协议书和竣工验收备案登记表复印件。类似项目限于以项目经理身份参与的项目。

姓　名		年　龄		学　历	
职　称		职　务		拟在本工程任职	项目经理
注册建造师资格等级			级	建造师专业	
安全生产考核合格证书					
毕业学校	年毕业于	学校	专业		
主要工作经历					
时　间	参加过的类似项目名称		工程概况说明		发包人及联系电话

附 2：主要项目管理人员简历表

主要项目管理人员指项目副经理、技术负责人、合同商务负责人、专职安全生产管理人员等岗位人员。应附注册资格证书、身份证、职称证、学历证、养老保险复印件，专职安全生产管理人员应附有效的安全生产考核合格证书，主要业绩须附合同协议书。

岗位名称			
姓　名		年　龄	
性　别		毕业学校	
学历和专业		毕业时间	
拥有的执业资格		专业职称	
执业资格证书编号		工作年限	
主要工作业绩及担任的主要工作			

附 3：承诺书

承　诺　书

（招标人名称）：

我方在此声明，我方拟派往________（项目名称）______标段（以下简称“本工程”）的项目经理_________（项目经理姓名）现阶段没有担任任何在施建设工程项目的项目经理。

我方保证上述信息的真实和准确，并愿意承担因我方就此弄虚作假所引起的一切法律后果。

特此承诺

申请人：____________________（盖单位章）
法定代表人或其委托代理人：______（签字）

年______月______日

3.3　建设工程施工招标文件的编制

3.3.1　建设工程施工招标文件的编制依据和原则

一、编制依据

1.《建筑法》《招标投标法》《合同法》《招标投标法实施条例》等工程建设领域的现行法律、法规。

2.《标准施工招标资格预审文件》《标准施工招标文件》《建设工程合同示范文本》等。

3．项目资料：项目申请报告、环评报告、图纸、相关技术标准、现场勘察资料等。

二、编制原则

1．招标人应当根据招标项目的特点和需要编制招标文件。

2．招标文件应当包括招标项目的技术要求、对投标人资格审查的标准、投标报价要求和评标标准等所有实质性要求和条件以及拟签订合同的主要条款。

3．国家对招标项目的技术、标准有规定的，招标人应当按照其规定在招标文件中提出相应要求。

4．招标项目需要划分标段、确定工期的，招标人应当合理划分标段、确定工期，并在招标文件中载明。

5．招标文件不得要求或者标明特定的生产供应者以及含有倾向或者排斥潜在投标人的其他内容。

6．招标文件应当规定一个适当的投标有效期，以保证招标人有足够的时间完成评标和与中标人签订合同。投标有效期从投标人提交投标文件截止之日起计算。

3.3.2 建设工程施工招标编制各阶段工作

招标工作因招标的内容不同各有差异，但都类似地经过招标准备、招标、评标定标三个阶段。建设工程施工招标主要阶段工作如下

一、招标准备阶段主要工作

1．成立招标机构。招标机构的主要职责：拟定招标章程和招标文件；组织投标、开标、评标和定标；组织签订合同。招标机构一旦成立，其职责将贯穿整个招标投标过程。

2．建设单位向建设行政主管部门提出招标申请。申请时应交验的文件资料：立项批准文件或年度投资计划；固定资产投资许可证；建设工程规划许可证；资金证明。

3．确定发包内容、合同类型、招标方式，招标公告或资格预审申请表。

4．拟定招标文件，编制工程量清单、招标控制价（标底）。

5．拟定招标文件报招标管理部门、造价管理部门审批备案。

二、招标阶段主要工作

1．发布招标公告或发布资格预审公告。招标广告的作用是让潜在投标人获得招标信息，以便进行项目筛选，确定是否参与竞争。邀请承包商投标，编制发出资格预审文件。

2．资格预审：对潜在投标人进行资格审查，主要考察该企业总体能力是否具备完成招标工作所要求的条件。公开招标时可以根据工程情况设置资格预审程序，一是保证参与投标的法人或组织在资质和能力等方面能够满足完成招标工作的要求；二是通过评审优选出综合实力较强的一批申请投标人，再请他们参加投标竞争，以减小评标的工作量。分析资格预审材料，发出资格预审合格通知书。

3．发售招标文件：招标文件的内容要全面准确，投标须知、合同条件、技术规范、图纸和技术资料、工程量清单等内容要全部涵盖不能遗漏。

4．组织踏勘现场。招标人在投标须知规定的时间组织投标人自费进行现场考察。设置此程序的目的，一方面让投标人了解工程项目的现场情况、自然条件、施工条件以及周围环境条件，以便于编制投标书；另一方面也是要求投标人通过自己的实地考察确定投标的原则和策略，避免合同履行过程中他以不了解现场情况为理由推卸应承担的合同责任。

5．对招标文件澄清和补遗。招标文件澄清是指招标人对招标文件中的遗漏、词义表述不清或对比较复杂事项进行的补充说明和回答投标人提出的问题。招标补遗书是对招标文件的进一步补充和说明，是招标文件的组成部分，投标人应将其与招标文件共同阅读。如果补遗书与招标文件有不一致之处，以补遗书为准。

三、开定标阶段的主要工作

建设工程施工开标。开标会应当由招标人或招标代理机构的代表主持，在招标文件规定的提交投标文件截止时间的同一时间在有形建筑市场公开进行，有形建筑市场提供数据录入、现场见证等服务。其程序如下：

（1）招标人签收投标人递交的投标文件；

（2）投标人出席开标会的代表签到；

（3）开标会主持人宣布开标会开始、主持人宣布开标人、唱标人、记录人和监督人员；

（4）开标会主持人介绍主要与会人员；

（5）主持人宣布开标会程序、开标会纪律和当场废标的条件；

（6）核对投标人授权代表的身份证件、授权委托书及出席开标会人数；

（7）招标人讲话，主持人介绍招标文件、补充文件或答疑文件的组成和发放情况，投标人确认；

（8）主持人宣布投标文件截止和实际送达时间；

（9）招标人和投标人的代表共同（或公证机关）检查各投标书密封情况；

（10）主持人宣布开标和唱标次序，唱标人依唱标顺序依次开标并唱标；

（11）宣布招标控制价或标底（如招标文件规定），开标会记录签字确认；

（12）主持人宣布开标会结束，投标文件、开标会记录等送封闭评标区封存。

四、评标、定标阶段的主要工作。初评投标书，要求投标商提出澄清文件，召开评标会议，编写评标报告，做出授标决定。

1. 初步评审评标委员会以招标文件为依据，审查各投标书是否为响应性投标，确定投标书的有效性。

2. 详细评审，首先对各投标书进行技术和商务方面的审查，评定其合理性，以及若将合同授予该投标人在履行过程中可能给招标人带来的风险。在对标书审查的基础上，评标委员会依据评标规则量化比较各投标书的优劣，认真填写《技术标评分表》《商务标评分表》，由评标委员会主任或指定一名评委汇总填写《综合计分评分比较一览表》。提交评标报告。

3. 评标委员会经过对各投标书评审后向招标人提出的结论性报告，提交给招标人。

4. 评标报告应包括评标情况说明；对各个合格投标书的评价；推荐合格的中标候选人等内容。

5. 定标：招标人应该根据招标委员会审核通过的评标报告确定中标人。中标人确定后招标人向中标人发出中标通知书，同时将中标结果通知未中标的投标人并退还他们的投标保证金或保函。

6. 招标结果备案，备案内容：项目名称、招标人（招标代理人）、中标单位、中标价、工程质量等级、工期等信息。备案的时间：招标人应当自确定中标人之日起十五日内，向有关行政监督部门提交招标投标情况的书面报告。

3.3.3 建设工程施工招标文件的组成

尽管各省、市的建设工程千差万别，但为了要规范建设工程施工招投标活动，招标文件的内容要以《标准施工招标文件》为范本编制具体工程的招标文件。在此我们介绍《标准施工招标文件》的主要内容和编写要求。

《标准施工招标文件》共包含封面格式和四卷八章的内容，第一卷包括第一章至第五章，涉及招标公告或投标邀请书、投标人须知、评标办法、合同条款及格式、工程量清单等内容。其中，第一章和第三章并列列举出了不同情况，由招标人根据招标项目特点和需要分别选择；第二卷由第六章图纸组成；第三卷由第七章技术标准和要求组成；第四卷由第八章投标文件格式组成。

一、封面格式

《标准施工招标文件》封面格式包括下列内容：项目名称、标段名称（如有）、标识出“招标文件”这4个字、招标人名称和单位印章、时间。

二、招标公告或投标邀请书

招标公告或投标邀请书是《标准施工招标文件》的第一章。对于未进行资格预审项目的公开招标项目，招标文件应包括招标公告；对于邀请招标项目，招标文件应包括投标邀请书；对于已经进行资格预审的项目，招标文件也应包括投标邀请书。（代替资格预审合格通知书）。

三、投标人须知投标人须知

投标人须知投标人须知是招标投标活动应遵循的程序规则和对投标的要求。但投标人须知不是合同文件的组成部分，有合同约束力的内容应在构成合同文件组成部分的合同条款、技术标准与要求等文件中界定。

投标人须知包括投标人须知前附表、正文和附表格式等内容。

1. 投标人须知前附表

投标人须知前附表的主要作用有两个方面，一是将投标人须知中的关键内容和数据摘要列表，起到强调和提醒的作用，为投标人迅速掌握投标人须知内容提供方便，但必须与招标文件相关章节内容衔接一致；二是对投标人须知正文中应由前附表明确的内容给予具体约定。

2. 总则：投标人须知正文中的“总则”由下列内容组成。

（1）项目概况。应说明项目已具备的招标条件、项目招标人、招标代理机构、项目名称、建设地点等。

（2）资金来源和落实情况。应说明项目的资金来源、出资比例、资金落实情况等。

（3）招标范围、计划工期和质量要求。应说明招标范围、计划工期和质量要求等。对于招标范围，应采用工程专业术语填写；对于计划工期，由招标人根据项目建设计划来判断填写；对于质量要求，根据现行国家、行业颁布的建设工程施工质量验收统一标准来填写，注意不要与各种质量奖项混淆。

（4）投标人资格要求。对于已进行资格预审的，投标人应是符合资格预审条件，并且收到招标人发出投标邀请书的单位；对于未进行资格预审的，应在此按照招标公告规定投标人资格要求。

（5）保密。要求参加招标投标活动的各方应对招标文件和投标文件中的商务和技术等秘密保密。

（6）语言文字。可要求除专用术语外均使用中文。

（7）计量单位。所有计量单位均采用中华人民共和国法定计量单位。

（8）踏勘现场。招标人根据项目的具体情况可以组织潜在投标人踏勘项目现场，向其介绍工程场地和相关环境的有关情况。

（9）投标预备会。是否召开投标预备会，以及何时召开，由招标人根据项目具体需要和招标进程安排确定。

（10）分包。由招标人根据项目具体特点来判断是否允许分包。如果允许分包，可进一步明确分包内容的名称或要求，以及分包项目金额和资质条件等方面的限制。

（11）偏离。偏离即《评标委员会和评标方法暂行规定》中招标人根据项目的具体特点来设定非实质性要求和条件允许偏离的范围和幅度。

3．招标文件，招标文件是对招标投标活动具有法律约束力的最主要文件。

（1）投标人须知应该阐明招标文件的组成、招标文件的澄清和修改。投标人须知中没有载明具体内容的，不构成招标文件的组成部分，对招标人和投标人没有约束力。

（2）招标文件的组成内容包括：招标公告（或投标邀请书，视情况而定），投标人须知，评标办法，合同条件及格式，工程量清单，图纸，技术标准和要求，投标文件格式，投标人须知前附表规定的其他材料。招标人根据项目具体特点来判定投标人须知前附表中载明需要补充的其他材料，如地质勘察报告等。

（3）招标文件的澄清与修改。当投标人对招标文件有疑问时，可以要求招标人对招标文件予以澄清；招标人可以主动修改招标文件。招标人对已发出的招标文件进行必要的澄清或修改时，应当在招标文件要求提交投标文件的截止时间至少 15 日前，以书面形式通知所有招标文件接受人，但不指明澄清问题的来源。招标文件的澄清与修改构成招标文件的组成部分。

4．投标文件，投标文件是投标人响应和依据招标文件向招标人发出的要约文件。

（1）招标人在投标人须知中对投标文件的组成、投标报价、投标有效期、投标保证金、资格审查资料、备选方案和投标文件的编制和递交提出明确要求。

（2）投标文件的组成内容有：投标函及投标函附录、法定代表人身份证明或附有法定代表人身份证明的授权委托书、联合体协议书（如果有）、投标保证金、报价工程量清单、施工组织设计、项目管理机构、拟分包项目情况表、资格审查资料、投标人须知前附表规定的其他材料。其中，“施工组织设计”一般归类为技术文件，其余归类为商务文件。

（3）投标有效期。投标有效期从投标截止时间起开始计算，主要用来满足组织并完成开标、评标、定标以及签订合同等工作所需要的时间。因此，关于投标有效期通常需要在招标文件中做出如下规定。

（4）投标人在投标有效期内不得要求撤销或修改其投标文件。

（5）投标有效期延长。必要时，招标人可以书面通知投标人延长投标有效期。此时，投标人可以有两种选择：同意延长，并相应延长投标保证金有效期，但不得要求被允许修改或撤销其投标文件；拒绝延长，投标文件失效，但有权收回其投标保证金。

（6）投标保证金。投标保证金是在招标投标活动中投标人随投标文件一同递交给招标人的一定形式、一定金额的投标责任担保，主要目的一是担保投标人在招标人定标前不得撤销其投标，二是担保投标人在被招标人宣布为中标人后即受合同的约束，不得反悔或者改变其投标文件中的实质性内容，否则其投标保证金将被招标人没收。

（7）招标文件中一般应对投标保证金做出下列规定。

投标保证金的形式、数额、期限。投标保证金的形式一般有：银行电汇、银行汇票、银行保函、信用证、支票、现金或招标文件中规定的其他形式。投标保证金的数额也应当符合有关规定。

联合体投标人（如有）如何递交投标保证金。

不按要求提交投标保证金的后果。

投标保证金的退还条件和退还时间。关于投标保证金的退还通常考虑下列因素：合同协议书是否签订；履约保证金是否提交；投标保证金有效期是否期满。《标准施工招标文件》规定，招标人与中标人签订合同后 5 个工作日内，向未中标的投标人和中标人退还投标保证金及同期银行存款利息。

投标保证金不予退还的情形。出现下列两种情形之一的，投标保证金将不予退还：A．投标人在规定的投标有效期内撤销或修改其投标文件；B．中标人在收到中标通知书后，无正当理由拒签合同协议或未按招标文件规定提交履约担保。

（8）资格审查资料。资格审查资料可根据是否已经组织资格预审提出相应的要求。

已经组织资格预审的资格审查资料分为两种情况。

当评标办法对投标人资格条件不进行评价时，投标人资格预审阶段的资格审查资料没有变化的，可不再重复提交；资格预审阶段的资格资料有变化的，按新情况更新或补充，当评标办法对资格条件进行综合评价或者评分时，按招标文件要求提交资格审查资料。

未组织资格预审或约定要求递交资格审查资料的，一般包括如下内容：①投标人基本情况；②近年财务状况；③近年完成的类似项目情况；④正在施工和新承接的项目情况；⑤信誉资料，如近年发生的诉讼及仲裁情况；⑥允许联合体投标的资料。

（9）备选方案。如果招标文件允许提交备选标或者备选投标方案，投标人除编制提交满足招标文件要求的投标方案外，另行编制提交的备选投标方案或者备选标。利用投标备选方案，可以充分发挥投标人的竞争潜力，使项目的实施方案更具科学性、合理性和可操作性，并弥补招标人在编制招标文件乃至在项目策划或者设计阶段的经验不足和考虑欠佳。被选用的备选方案一般能够带来“双赢”的局面，根据《工程建设项目施工招标投标办法》第五十四条的规定，只有排名第一的中标候选人的备选投标方案才可予以考虑，即评标委员会才予以评审。

（10）投标文件的编制。投标文件的编制可作如下要求。①语言要求，投标文件所使用的语言应符合招标文件的规定。②格式要求，投标文件应按照招标文件规定的格式编写。③实质性响应。《招标投标法》第二十七条规定，投标文件应当对招标文件提出的实质性要求和条件做出响应。例如，投标文件应当对有关工期、投标有效期、质量要求、主要技术标准和要求、招标范围等实质性内容做出响应。④打印要求。例如，要求使用不褪色的材料书写或打印。⑤错误修改要求。例如，要求改动之处应加盖单位章或由投标人的法定代表人或其授权的代理人签字确认，⑥签署要求。例如，要求投标文件由投标人的法定代表人或其委托代理人签字并加盖单位公章。委托代理人签字的，投标文件应附法定代表人签署的授权委托书。⑦份数要求。例如，规定正本一份，副本两份。⑧装订要求。例如，规定正本和副本应分别装订。

5．投标，包括投标文件的密封和标识、投标文件的递交时间和地点、投标文件的修改和撤回等包括规定。

6．开标，包括开标时间、地点和开标程序等规定。

7．评标，包括评标委员会、评标原则和评标方法等规定。

8．合同授予，包括定标方式、中标通知、履约担保和签订合同。

（1）定标方式，定标方式通常有两种：招标人授予评标委员会直接确定中标人；评标委员会推荐 1—3 名中标候选人，由招标人依法确定中标人。

（2）中标通知，确定中标人后，招标人应当向中标人发出中标通知书，并同时将中标结果通知所有未中标的投标人。

（3）履约担保，签订合同前，中标人应按照招标文件规定的担保形式、金额和履约担保格式向招标人提交履约担保。履约担保的主要目的有两个：担保中标人按照合同约定正常履约，在中标人未能圆满实施合同时，招标人有权得到资金赔偿；约束招标人按照合同约定正常履约。

招标人应在招标文件中对履约担保做出如下规定。①履约担保的金额，一般约定为签约合同价的 5%—10%。②履约担保的形式，一般有银行保函、非银行保函、保兑支票、银行汇票、现金和现金支票等。③履约担保格式，通常招标人会规定履约担保格式，为了方便投标人，招标人也可以在招标文件履约担保格式中说明投标人可以提供招标人可接受的其他履约担保格式。④未提交履约担保的后果，如果中标人不能按要求提交履约担保，视为放弃中标，投标保证金不予退还，给招标人造成的损失超过投标保证金数额的，中标人还应当对超过部分予以赔偿。

（4）签订合同。在投标人须知中应就签订合同做出如下规定。

签订时限，招标人和中标人应当自中标通知书发出之日起 30 日内，按照中标通知书、招标文件和中标人的投标文件订立书面合同。

未签订合同的后果。中标人无正当理由拒签合同的，招标人将取消其中标资格，其投标保证金不予退还；给招标人造成的损失超过投标保证金数额的，中标人还应当对超过部分予以赔偿。发出中标通知书后，招标人无正当理由拒签合同的，招标人向中标人退还投标保证金；给中标人造成损失的，还应当赔偿损失。

9．重新招标和不再招标

（1）重新招标。根据《评标委员会和评标方法暂行规定》第二十七条的规定，投标人少于 3 个或所有投标被否决的，招标人应当依法重新招标。评标委员会否决所有投标包含了两层意思：所有投标均被否决或有效投标不足 3 个，评标委员会经过评审后认为投标明显缺乏竞争，从而否决全部投标。

（2）不再招标。重新招标后投标人仍少于 3 个或者所有投标被否决的，属于必须审批或核准的工程建设项目，经原审批和核准部门批准后不再进行招标。

10．纪律和监督，纪律和监督可分别包括对招标人、投标人、评标委员会、与评标活动有关的工作人员的纪律要求以及投诉监督。

11. 附表格式，附表格式包括了招标活动中需要使用的表格文件格式，通常有开标记录表、问题澄清通知、问题的澄清、中标通知书、中标结果通知书、确认通知书等。

四、评标办法

招标文件中的评标办法主要包括选择评标方法、确定评审因素和标准以及确定评标程序三方面内容。

1．评标方法，评标方法一般包括经评审的最低投标价法、综合评估法和法律、行政法规允许的其他评标方法。

2．评审因素和标准，招标文件应针对初步评审和详细评审分别制定相应的评审因素和标准。

3．评标程序，评标工作一般包括初步评审、详细评审、投标文件的澄清和补正及评标，结果等具体程序。

初步评审，按照初步评审因素和标准评审投标文件，进行废标认定和投标报价算术错误修正。

详细评审，按照详细评审因素和标准分析、评定投标文件。

投标文件的澄清和补正。初步评审和详细评审阶段，评标委员会可以书面形式要求投标人对投标文件中不明确的内容进行书面澄清和说明，或者对细微偏差进行补正。

评标结果，对于最低投标法，评标委员会按照经评审的评标价格由低到高的顺序推荐中标候选人；对于综合评估法，评标委员会按照得分由高到低的顺序推荐中标候选人。评标委员会按照招标人授权，可以直接确定中标人。评标委员会完成评标后，应当向招标人提交书面评标报告。

五、合同条款及格式

《合同法》第二百七十五条规定，施工合同的内容包括工程范围、建设工期、中间交工工程的开工和竣工时间、工程质量、工程造价、技术资料交付时间、材料和设备供应责任、拨款和结算、竣工验收、质量保修范围和质量保证期、双方相互协作等条款。为了提高效率，招标人可以采用《标准施工招标文件》，或者结合行业合同示范文本的合同条款编制招标项目的合同条款。

《标准施工招标文件》的合同条款包括了一般约定，发包人义务，有关监理单位的约定，有关承包人义务的约定，材料和工程设备，施工设备和临时设施，交通运输，测量放线、施工安全、治安保卫和环境保护，进度计划，开工和竣工，暂停施工，工程质量，试验和检验变更与变更的估价原则，价格调整原则，计量与支付，竣工验收，缺陷责任与保修责任，保险，不可抗力，违约，索赔，争议的解决等。

合同附件格式包括了合同协议书、履约担保书、预付款担保书、质量保修书等格式文件。

六、工程量清单

1. 工程量清单的概念：工程量清单是载明建设工程分部分项工程项目、措施项目、其他项目的名称和相应数量以及规费、税金项目等内容的明细清单。

2. 工程量清单包含的内容

（1）工程量清单内容：招标工程量清单封面、招标工程量清单扉页、工程计价总说明、分部分项工程和措施项目计价表、总价措施项目清单与计价表、其他项目计价表（工程量清单中此表不含索赔与现场签证计价汇总表、费用索赔申请表及现场签证表等三个表格）、规费税金项目计价表、主要材料工程设备一览表等表格内容。

（2）总说明应按下列内容填写：

工程概况：建设规模、工程特征、计划工期、施工现场实际情况、自然地理条件、环境保护要求等。

工程招标和专业工程发包范围。

工程量清单编制依据。

工程质量、材料、施工等的特殊要求。

其他需要说明的问题。

七、图纸

设计图纸是合同文件的重要组成部分，是编制工程量清单以及投标报价的重要依据，也是进行施工及验收的依据。通常招标时的图纸并不是工程所需的全部图纸，在投标人中标后还会陆续颁发新的图纸以及对招标时的图纸进行修改。因此，在招标文件中，除了附上招标图纸外，还应该列明图纸目录。图纸目录一般包括序号、图名、图号、版本、出图日期等。

图纸目录以及相对应的图纸将对施工过程的合同管理以及争议发挥重要作用，

八、技术标准和要求

技术标准和要求也是构成合同文件的组成部分。技术标准的内容主要包括各项工艺指标、施工要求、材料检验标准，以及各分部分项工程施工成型后的检验手段和验收标准等。

九、投标文件括式

投标文件格式的主要作用是为投标人编制投标文件提供固定的格式和编排顺序，以规范投标文件的编制，同时便于评标委员会评标。

3.3.4 建设工程招标控制价的编制

一、招标控制价的含义

招标人根据国家或省级、行业建设主管部门颁发的有关计价依据和办法，按设计施工图纸计算的，对招标工程限定的最高工程造价。

二、招标控制价的使用范围

《建设工程工程量清单计价规范》（GB50500—2013）规定，使用国有资金投资的建设工程发承包，必须采用工程量清单计价、必须编制招标控制价。国有投资的资金是指国家融资资金、国有资金为主的投资资金。

三、招标控制价的作用

国有资金投资的工程在进行招标时，根据《中华人民共和国招标投标法》第二十二条第二款的规定，“招标人设有标底的，标底必须保密”。但由于实行工程量清单招标后，由于招标方式的改变，标底保密这一法律规定已不能起到有效遏止哄抬标价的作用。我国有的地区和部门已经发生了在招标项目上所有投标人的报价均高于标底的现象，致使中标人的中标价高于招标人的预算，对招标工程的业主带来了困扰。因此，为有利于客观、合理地评审投标报价和避免哄抬标价，造成国有资产流失，招标人必须编制招标控制价，作为投标人的最高投标限价，招标人能够接受的最高交易价格。

四、编制招标控制价的基本要求

1．编制招标控制价应由招标人负责，当招标人不具有编制招标控制价的能力时，根据相关规定可委托具有工程造价咨询资质的工程造价咨询企业编制。

2．工程造价咨询人接受招标人委托编制招标控制价，不得再就同一工程接受投标人委托编制投标报价。

3．为了体现公平、公正的原则，招标人编制的招标控制价不应上调或下浮。

4．国有资金投资的工程原则上不能超过批准的投资概算，当招标控制价超过批准的概算时，招标人应将其报原概算审批部门审核。

5．招标人应在发布招标文件时公布招标控制价，同时应将招标控制价及有关资料报送工程所在地或有该工程管辖权的行业管理部门工程造价管理机构备查。

五、编制招标控制价的计价要求

1. 招标控制价的分部分项工程内容要和工程量清单的分部分项工程内容做到五统一：项目编码、项目名称、项目特征、计量单位和工程量计算规则等五个统一。

2. 综合单价中应包括招标文件中要求投标人承担的风险内容及其范围（幅度）产生的风险费用。

3. 措施项目清单计价应根据拟建工程的施工组织设计，可以计算工程量的措施项目，应按分部分项工程量清单的方式采用综合单价计价；其余的措施项目可以“项”为单位的方式计价，应包括除规费、税金外的全部费用。

4. 措施项目清单中的安全文明施工费应按照国家或省级、行业建设主管部门的规定计价，不得作为竞争性费用。

5. 规费和税金按国家或省级、行业建设主管部门的规定计算，不得作为竞争性费用。

6. 使用的计价标准、计价政策应是国家或省级、行业建设主管部门颁布的计价定额和相关政策规定。

7. 采用的材料价格应是工程造价管理机构通过工程造价信息发布的材料单价，工程造价信息未发布材料单价的材料，其价格应通过市场调查确定。

8. 国家或省级、行业建设主管部门对工程造价计价中费用或费用标准有规定的，应按规定执行。

9. 为保证工程施工建设的顺利实施，对于施工中可能出现的各种不确定因素对工程造价的影响，在招标控制价中需估算一笔暂列金额。

10. 暂列金额可根据工程的复杂程度、设计深度、工程环境条件进行估算，一般可按分部分项工程费的10%—15%作为参考。

11. 暂估价中的材料单价应按照工程造价管理机构发布的工程造价信息或参考市场价格确定。

12. 暂估价中的专业工程暂估价应分不同专业，按有关计价规定估算。

13. 计日工中的人工单价和施工机械台班单价应按省级、行业建设主管部门或其授权的工程造价管理机构公布的单价计算。

14. 总承包服务费应按省级或行业建设主管部门的规定计算。

六、招标控制价的编制依据和方法

1.《建设工程工程量清单计价规范》（GB 50500—2013）。

2. 国家或省级、行业建设主管部门颁发的计价定额和计价办法。

3. 建设工程设计文件及相关资料。

4. 招标文件中的工程量清单及有关要求。

5. 与建设项目相关的标准规范、技术资料。

6. 工程造价管理机构发布的工程量造价信息、工程造价信息没有发布的参照市场价。

7. 其他的相关资料。

8. 招标控制价的编制方法是综合单价法，包括人工费、材料费、机械费、管理费和利润以及风险费用等六项费用。

七、招标控制价的编制内容

（1）招标控制价内容：

招标控制价封面、招标控制价扉页、工程计价总说明、工程计价汇总表、分部分项工程和措施项目计价表、综合单价分析表、总价措施项目清单与计价表、其他项目计价表（工程量清单中此表不含索赔与现场签证计价汇总表、费用索赔申请表及现场签证表等三个表格）、规费税金项目计价表、主要材料工程设备一览表等表格内容。

（2）总说明应按下列内容填写：

工程概况：建设规模、工程特征、计划工期、合同工期、施工现场及变化情况、施工组织设计的特点、自然地理条件、环境保护要求以及编制依据等。

本 章 小 结

本学习情境主要介绍了建设工程招标投标的概念、阶段活动、招标的范围和条件，招标的原则、方式和方法及招标的监督管理，施工招标资格的审查和招标文件的编制；了解建设施工招标资格审查的依据、资格审查的分类、审查内容及目的、审查的方法与程序，熟悉资格预审文件的编制；掌握建设工程施工招标文件的编制和招标控制价的编制。

复习思考题

1．解释如下概念：

（1）建设施工招标；（2）公开招标；（3）邀请招标；（4）招标控制价

2．简述建设工程施工招标的范围和原则。

3．简述建设工程施工招标的程序。

4．建设工程项目施工招标必须具备哪些条件？

5．建设工程施工招标文件一般包括哪几部分内容？

6．建设工程招标文件的解答、修改、补充有何要求。

7．简述建设工程施工招标的编制依据和原则。

8．简述建设施工招标资格预审详细审查的程序。

9．简述建设工程招标控制价的概念及作用。

10．招标控制价编制的依据。

学习情景 4　建设工程施工投标

4.1　建设工程施工投标准备与决策

4.1.1　建设工程施工投标准备工作

1．招标投标信息的搜集，信息搜集的渠道：建设主管部门、建筑有形市场交易中心，法定公布建设工程信息的报纸、网站，行业协会、咨询机构、技术管理公司，社会人介绍等办法获取招标投标信息。

2．招标投标信息的分类

（1）按专业分类：对于大的专业如、建筑工程、市政公用、公路运输、铁路、航运码头、园林建筑、机电安装等，确定该类信息属于哪一类专业工程。

（2）结构形式分类：砖混结构、框架结构、剪力墙结构、装配式结构等。

（3）工程规模分类：工程建筑面积、建筑层数、高度、工程造价等。

（4）工程地点：企业所在地工程或是境外工程。

3．招标投标信息的分析

（1）建筑市场的状况。市场的容量、竞争程度及发展状态。

（2）社会环境。工程所在地的法规、规章制度以及习惯做法。

（3）自然环境。了解工程所在地的气象、水文、地质等情况，分析其对施工方法、现场安全和工程造价控制管理带来的影响。

（4）市场资源。了解所在地的人力资源状况：人员满足市场的程度、技术水平、劳动效率、工资水平、生活习惯等；原材料、设备、构配件的供应能力、价格、质量等；机械设备租赁、维修、运输能力等。

（5）企业竞争。了解工程所在地企业的管理水平、技术人员配置、机械装备、企业信誉、投标报价习惯与技巧等情况。

（6）计价资料。工程所在地的定额水平、地方计价的规定、市场价格信息的认定方法等。

（7）招标（投资）人的信誉。招标人的信誉、项目的可行性、资金供应、履约能力等情况。

4.1.2　建设工程施工投标决策

建设工程施工投标决策是依据企业经营部门提供的招标投标信息进行综合分析评价，企业决策层确定是否参与投标及决策投标方法的一个活动阶段。

1．投标能力分析

招标信息的各项内容与企业自身条件比照分析，主要有以下几个方面：

（1）招标信息要求条件是否是企业主营和兼营能力以内的项目工程。

（2）招标信息的工程规模、技术等级是否超过企业的资质等级承建范围的能力要求。

2．投标风险分析

（1）竞争风险。对参与潜在投标人的能力要了解，进行预估分析。经过分析，如果企业资质等级、业绩信誉、施工技术管理水平明显不如竞争对手的项目就要弃标。

（2）报价风险。投标报价是企业技术实力、管理能力、创新能力的最终体现，是对工程进行综合分析，统筹安排而得出的最终结果。决策人需要对投标报价进行趋势分析，研究掌握工程所在地不同的时期、不同的投标单位的投标报价趋势，进行统计分析，找出最大的概率，再结合工程所在地的市场情况综合判断，做出投标决策。如与企业的预期效果差距过大就要弃标。

（3）财务风险。招标投标过程中对承包商的财务能力的强制性条款非常严格，而且不同的招标人对反映财务能力各项指标的要求也不尽相同。如承包商的银行货币不足，无法及时提供担保，达到投标中标的目的。如企业目前财务状况不能最大限度地满足招标信息中的财务条件，要决定弃标。

4.1.3 投标报价策略

建设工程施工投标决策是实现工程发承包及实施阶段风险控制的重要环节，其中投标报价决策尤其重要。在招标投标活动的实践中，经济标的权重占招标投标项目总权重的 0.6 或者更多。这有一个误区，大多认为报价最低的往往获胜。情况是这样的，低价中标不是单纯的价格最低，它是合理低价。什么是合理低价，是站在招标人或者评标的角度看，承包人的管理水平高、工程质量好、风险因素低、价格优，最终实现投资人的利益最大化。因此，投标人在投标报价决策时，以实现投资人的最大利益为目标，以最大限度地实现自身的利益为目的投标报价策略。根据这一原则制定投标报价策略。

（1）展示企业经营管理水平的策略。管理水平体现在施工组织设计中。做好施工方案很关键，首先研究招标文件、图纸，进行详细的现场勘查，摸清招标人的意图。其次制订科学的施工部署、采用先进的施工技术、材料设备采购方案的精心组织、紧凑的施工平面布置、衔接有序的施工进度计划。以这样的企业面貌展现招标人、评标专家的面前。这一策略，其一能够打动招标人，让招标人认为选中这样的企业，能够保证为项目的顺利实施；其二，投标人通过合理计算能最大程度地节约管理费用，甚至降低材料、设备费用，从而有效地降低工程成本获得较大的利润。

（2）合理化建议的策略。认真研究现场条件、工程图纸，提出能降低工程造价的修改设计建议，尽管该项内容不是投标报价包含的内容，但能够吸引招标人的眼球，提高招标人对企业的信任度。

（3）工期优化的策略。投标人以科学的方法进行施工部署，优化施工方案，合理缩短工期，使工程能够及早完成，早投资、早受益，这是投资人最愿意看到的结果，即便是报价高于其他投标人，您的投标报价招标人也愿意接受。

（4）信誉取胜。良好信誉依靠的是企业业绩的积累。投资决策是企业拿出与招标条件要求相当的信誉资料，能够体现对建设该类项目的技术管理优势，体现企业的良好风貌——质量优、价格低、工期短、服务好，给招标人一个良好的印象。

（5）廉价取胜。在保证工程质量、工期的前提下，报价确实低于其他投标人。采取这一策略从现实和长期两个方面考虑，现阶段在工程所在地范围内如同期项目能做到资源共享，从而降低工程造价；从长期考虑，即通过降价扩大任务来源，从降低固定成本在各个工程上的摊销比例，降低成本工程造价，又为降低新投标工程的承包价格创造了条件。

（6）索赔的策略。认真研究招标条件，投标时的投标报价为在工程中标后、实施过程中给企业带来利益埋下伏笔。也就是说，投标报价较低，但着眼于工程施工过程，及时发现和把握索赔机会，有力有据地提供索赔依据，有理有节地实现索赔要求，维护企业利益。索赔是投标人今后投标人在发承包及实施阶段使用的企业发展策略。现行的建设工程合同示范文本和建设工程清单计价规范中对工程索赔已纳入核心条款，它是一把双刃剑，投标人应该认真研究。

（7）立足于企业发展战略的策略。

开辟市场，增加市场席位。如某招标工程有“四新”内容，投标人原来并不拥有该项目技术，但为了企业的发展，学习掌握“四新”技术，以便抢占市场，争取将来的优势，从长期的利益出发，降低投标报价。这是一种高瞻远瞩的投标策略。

为了企业稳步向前发展，打破发展瓶颈，但遇到一些特殊问题如，行业不景气、市场僧多粥少、企业资质年检缺少类似项目业绩、企业发展遇到困难或如目前在建项目少资源可能出现流失等情况。这种情况可以不考虑或少虑利益和风险，力争中标。这是一种生存策略。

投标人在所在地局面民经打开，市场份额较大，施工管理能力强，社会信誉好，企业经营状况良好，技术有明显优势，招标人对投标人了解程度较深、对投标人有信心也放心。即便您投标报价较高，其他投标人中标希望也不大，招标人也会选择该类投标人中标。这是一种盈利投标策略。

4.1.4 投标报价技巧

1．不平衡报价法

（1）分期付款项目能够早日结算收款的项目，例如，基础工程、主体结构工程等必须由承包人自己独立完成的分部分项工程且位于工程前期，报价可调高。防水工程、门窗工程和墙体保温工程是发包人容易分包又允许分包的项目且位工程后期施工报价可调低。投标者在报价时，将按比例摊人各项目单价中的各项管理费用，如投标期间的开支费用、投标保函与履约保函的手续费、工程贷款等多摊一些到早期施工的项目单价中，少摊一些到后期施工的项目单价中。对这些项目单价的直接成本部分也分别进行增减调整，这样建筑施工企业可在承包施工的早期得到更多的工程付款，加速资金周转、减少企业风险。

（2）工程量偏差

清单计价规范规定，工程变更、项目特征不符、工程量清单缺项、工程量偏差等内容引起工程量变化在±15%以内者执行标价清单中的综合单价。因上述原因导致工程量偏差超过15%时，可进行调整。当工程量增加 15%以上时，15%以上的增加部分工程量的综合单价应予调低；当工程量减少 15%以上时，减少后剩余部分的工程量的综合单价应予调高。根据该标准规定，投标人认真研究招标文件、施工图纸核对工程量清单，预计今后工程量会增加的项目，单价适当提高，工程量可能减少的项目单价降低。虽然已标价清单总价不变，但在今后实施过程中，建筑施工企业的实际总收入将超过合同总价，增加了承包利润。

（3）措施项目、规费调整

措施项目费用分为两大类，技术措施费和组织措施费。技术措施费调整办法同分部分项费用调整理方法一样，组织措施费中除安全文明施工费以外的其他组织措施费用，工程量清单中招标人没有列项但通过投标人的现场所堪察确认在工程实施过程中实际要发生的项目投标人也不要报价，作为实施中的索赔项目处理以此来提高最终合同价款。安全文明施工费、规费必须按国家或省级、行业建设主管部门的规定计算，不得作为竞争性费用。由此规定这两项费用评标时不作为竞争性评价项目，但也不能低于规定的费率标准。投标时投标人可以适当调高。评标时竞争性费用可能低于其他投标人，但投标总价并不低，即能提高中标的可能性，又能保证投标人的利益。

（4）暂列项目。暂列项目原来的标准叫不可预见费，对这类项目要具体分析，因这一类项目要开工后再由业主研究决定是否实施，由哪一家承包商实施。如果工程不分标，只由一家承包商施工，则其中肯定要做的单价可高一些，不一定做的则应低一些。如果工程分标，该暂定项目也可能由其他承包商实施时，则不宜报高价，以免抬高总包价。

（5）单价、总价混合制合同。有些招标人采用工程量清单计价招标，但合同结算条款中却规定固定价加变更的结算方式。通过研究招标文件、工程量清单，预计工程量要调增的项目投标报价调高，预计工程量要调减的项目投标报价调低。

（6）计日工报价

计日工适用的是零星工作一般指合同约定之外或者因变更而产生的、工程量清单中没有相应的额外工作，尤其是那些时间不允许事先商定价格的额外外工作。这类项目人工、材料、机械费和管理费成本和工程中既定的分部分项工程费用相比都会有额外支出，报价时要调高。

2．多方案报价法

对一些招标文件，如果发现工程范围不很明确，条款不清楚或很不公正，或技术规范要求过于苛刻时，只要在充分估计投标风险的基础上，按多方案报价法处理。即是按原招标文件报一个价，然后再提出：如某条款（如某规范规定）作某些变动，报价可降低多少，再报一个较低的价。这样可以降低总价，吸引业主。或是对某些部分工程提出按“成本补偿合同”方式处理。其余部分报一个总价。

3．突然降价法

报价是一件保密性很强的工作，但是对手往往通过各种渠道、手段来刺探情况，因此在报价时可以采取迷惑对方的手法。即选按一般情况报价或表现出自己对该式程兴趣不大，到快投标截止时，再突然降价。采用这种方法时，一定要在准备投标报价的过程中考虑好降价的幅度，在临近投标截止日期前，根据情报信息与分析判断，再作最后决策。如果由于采用突然降价法而中标，因为开标只降总价，在签订合同后可采用不平衡报价的思想调整工程量表内的各项单价或价格，以期取得更高的效益。

4．专业分包

由于现代工程的综合性和复杂性，总承包企业不可能将全部工程内容完全独家包揽，特别是有些专业性较强的工程内容，须分包给其他专业工程公司施工。这样做一是将一部分不是本公司业务专长的工程部位承包出去，以达到既能保证工程质量和工期又降低造价的目的；二是转移风险，即将某些风险比较大的、施工困难的工程部位分包出去，以减少自己可能承担的风险，并请分包商报价。

4.2 建设工程施工投标文件的编制

4.2.1 投标文件编制的依据

1.《招标投标法》《招标投标法实施条例》《标准招标文件示范文本》《工程建设项目施工招标投标办法》及相关的法规政策文件。

2．招标文件、工程量清单、技术规范和标准、图集等。

3．现行《建设工程工程量清单计价规范》、行业工程工程量计算规范、工程消耗量定额、取费标准、政策性调价文件市场价格信息。

4．工程设计文件。

5．施工现场条件。

4.2.2 投标文件的编制

投标文件是指具备承担招标项目的能力的投标人对招标文件提出的实质性要求和条件做出响应的文件，一般由商务文件、报价文件、技术文件。常规的投标文件编制内容包括以下几部分：

一、投标函部分

投标函，是指投标人按照招标文件的条件和要求，向招标人提交的有关报价、质量目标等承诺和说明的函件。其格式、内容必须符合招标文件的规定。内容包括投标函、投标函附录、法定代表人身份证明、授权委托书、代理人身份证明、投标保证金等文件。

1．投标函是承包商向发包方发出的要约，表明投标人完全愿意按照招标文件的规定完成任务。投标函包括投标总报价、日历工期、质量等级，并对合同签订、合同文件的组成、履约担保、合同履行等做出具体明确的意思表示，加盖投标人单位公章、法定代表人签字。法定代表人身份证明、授权委托书、代理人身份证明是证明投标人的合法性及商业资信的文件，如实填写。如果法定代表人亲自参加投标活动，则不需要有授权委托书。如法定代表人不亲自参加，用授权委托书来证明参与投标活动代表进行各项投标活动的合法性。

2．投标函附录是明示投标文件中的重要内容和投标人的承诺的要点，主要填写项目经理、工期、缺陷责任期、投标有效期、履约保证金、质量等级、企业简介、企业资质、企业业绩、企业财务状况等。

（1）投标报价是投标函的核心内容。投标函填写的标价是投标人的正式报价，必须是已标价清单中的总价，同时填写大写和小写，并确保两者完全相符。

（2）工期是实质性、竞争性内容在满足招标文件的同时，根据招标文件评标分值的要求相应缩短工期，填写的开竣工日期和总工期日期天数和技术标的工期下符。

（3）履约担保。按招标文件的数额填写。

（4）投标担保。必须按照招标文件规定的担保方式和金额填写，并附担保证明复印件，加盖企业公章。投标人在招标文件规定的时间提交投标担保，如未提交或示未按规定时间提交投标担保视为实质上不响应招标文件，废标。

（5）企业简介

企业概况：包括公司性质、技术力量、规模、员工人数和素质、装备、注册时间、注册资本等。

企业发展状况：公司的经营情况、业绩、荣誉称号等。

企业文化：公司的目标、经营理念、宗旨、愿景、寄语等。

企业主营兼营专业。

企业的财务状况。

对顾客的售后服务。

（6）根据企业简介内容附企业资质证书、营业执照、管理和技术人员证书、企业业绩证书、财务审核报表等复印件加盖企业公章。

二、投标报价部分

投标报价是指承包商采取投标方式承揽工程项目时，计算和确定承包该工程的投标总价格。（建设工程工程清单中对招标工程称之为已标价工程量清单、非招标称之为施工图预算）

1．已标价工程量清单：投标总价封面、投标总价扉页、工程计价总说明、工程计价汇总表、分部分项工程和措施项目计价表、综合单价分析表、总价措施项目清单与计价表、其他项目计价表（工程量清单中此表不含索赔与现场签证计价汇总表、费用索赔申请表及现场签证表等三个表格）、规费税金项目计价表、总价项目进度款支付分解表、主要材料工程设备一览表等表格内容。

2．施工图算：预算封面、总说明、工程预算费用表、工程预算表、人材机调差表等

投标报价部分的详解见本章第四节中“建设工程施工投标报价的内容”一节。

三、技术标部分

投标文件的技术标主要由施工组织设计组成，也叫标前施工组织设计。施工企业能否中标，除了受一系列外在因素的影响外，主要取决于报价是否合理，而恰如其分的报价又取决于科学合理的施工方案。掌握投标工作的特点使编制的技术标具有先进性、合理性、竞争性是一项十分重要、复杂、细致的工作，企业决策者及编制人员要具有丰富的施工经验、准确的分析判断能力和预见性。编制前要仔细研究招标文件、掌握现场的实际情况和图纸情况，根据资料研究情况编制各项施工方案。

1．工程概况

（1）工程建设概况。工程建设概况主要介绍拟建工程的建设单位、工程名称、性质、用途和建设目的，开工、竣工日期，施工图纸情况，以及组织施工的指导思想等。

（2）工程建设地点及环境特征。工程建设地点、环境特征：拟建工程的地理位置、地形、地貌、地质、水文、气温、冬雨期时间、主导风向、风力和抗震设防烈度等。

（3）建筑、结构设计概况。建筑设计介绍拟建工程的建筑面积、平面形状和平面组合情况、层数、层高、总高、总长、总宽等尺寸及室内外装修的情况。对新结构、新材料、新技术、新工艺及施工的难点作重点说明。结构设计主要介绍基础的形式、埋置深度、设备基础的形式、主体结构的类型，墙、柱、梁、板的材料及截面尺寸，预制构件的类型及安装位置，楼梯构造及形式等。

（4）施工条件。施工条件主要介绍“三通一平”的情况，当地的交通运输条件、资源生

产及供应情况，施工现场大小及周围环境情况，预制构件生产及供应情况，施工单位机械、设备、劳动力的落实情况，内部承包方式、劳动组织形式及施工管理水平，现场临时设施、供水、供电问题的解决。

（5）工程施工特点分析。工程施工特点分析主要介绍拟建工程施工特点和施工中关键问题、难点所在，以便突出重点、抓住关键，使施工顺利进行，提高施工单位的经济效益和管理水平。

2．编制依据

（1）投标人的质量、职业健康与安全、环境管理体系文件。

（2）招标文件，主要是招标文件中关于技术要求、评标标准中的评分项目要求、工期、合同条款、工程设计图纸等内容。

（3）国家及建设地区现行的有关施工验收规范及规程。

（4）拟建地区的工程勘察和技术经济资料如地质、地形、气象、地下水位、地形图、地区条件以及测量控制网等。

（5）有关技术新成果和类似工程的经验资料等。

3．组织机构

（1）项目管理目标。质量管理目标、安全管理目标、进度计划目标、造价控制目标等目标确定，并且要有量化指标。

（2）项目组织机构。施工项目管理组织机构与企业管理组织机构是局部与整体的关系。组织机构设置的目的是为了进一步充分发挥项目管理功能，提高项目整体管理效率，以达到项目管理的最终目标。

（3）项目管理组织管理机构图。按照动态管理、优化配置的原则，全部岗位职责覆盖项目施工全过程的管理，不留死角，避免职责重叠交叉。项目经理部的组织机构应分别设置项目经理、项目生产副经理、项目总工程师、商务副经理、质量总监、安全总监、专业管理经理等领导层，分别对技术、设计优化、质量保证、计划及总平面协调管理、商务合约管理部、生产协调管理及安全环境管理等部门进行管理，各专业作业队及分包商由对应的管理部门进行管理。根据具体工程实际确定组织管理机构和人员的配置。

（4）项目主要成员及各部门的岗位职责。可以最大限度地实现劳动用工的科学配置；有效地防止因职务重叠而发生的工作扯皮现象；提高内部竞争活力，更好地发现和使用人才；是组织考核的依据；提高工作效率和工作质量意思；规范操作行为；减少违章行为和违章事故的发生。

（5）施工管理机构的运行机制。是否建立健全各项管理制度将直接影响项目管理各项活动的顺利进行，做到规范管理行为、有章可循、奖优罚劣。

（6）主要分部分项工程的施工部署

①施工准备

技术准备图纸会审。承包合同签订后，由技术负责人组织工程技术人员认真审核图纸，做好图纸会审的前期工作，针对有关施工技术和图纸存在的疑点做好记录。工程开工前及时与发包人、设计单位联系，做好设计交底及图纸会审工作。

备齐技术规范、验收标准。根据施工图纸，现场备齐与本工程有关的《施工质量验收规范》系列、《施工技术规范》系列、标准图集系列、施工手册等技术规范、验收标准。

技术工作计划。施工组织设计、方案编制计划；施工试验工作计划；拟组织的专家论证审查方案；高程引测与定位；物资准备工作；制订物资计划；设备器具备案。

②现场准备

根据临水、临电设计方案，搞好施工现场临时用水、用电管线敷设工作；修建并硬化场地临时道路，修建办公、生活、生产临时设施，搞好工程通信工作。做好施工现场道路、水、电、通讯，按规定设置围墙，并进行美化装饰，做好邻近建筑物、道路等安全防护工作。

③施工班组准备

以满足工程施工需要为原则，选择有同类工程施工经验并有较强施工组织能力、工作效率高、机械设备先进有良好声誉的队伍作为专业施工班组。达到提高工程质量，保证施工安全，有效降低成本的目的

④其他方面的准备工作

协调场外工作，创造良好环境。项目部设专人联系、协调对外工作。

岗位培训。包括管理人员的培训和劳务人员的培训。根据开工日期和进度计划安排、劳动力需用量计划，组织劳动力进场，并对进场人员进行入场教育。

（7）分部分项工程施工方案。分部分项工程施工方案编制的内容主要包括：分部分项工程施工工艺流程，技术标准，具体的操作规程、方法，施工中注意事项，成品保护等。下面列出的分部分项工程是一般性工程包含的内容，施工方案的重点组织内容应依据工程实际。

①地基与基础工程

土方开挖，土方回填，桩基工程，基础工程，防水工程等。

②主体结构工程

模板工程，钢筋工程，混凝土工程，预制装配工程，砌筑工程等。

③装饰工程

楼地面工程，墙面装饰工程，天棚工程，门窗工程，油漆、涂料、裱糊工程等。

④安装工程施工方案

电器工程，工业管道，给排水采暖工程，通风空调工程，消防工程，智能化建工程，电梯安装工程等。

⑤节能保温工程

墙体、幕墙节能工程，门窗节能工程，屋面节能工程，地面节能工程，采暖节能工程，通风与空调调节节能工程，配电与照明节能工程，监测与控制节能工程等。节能保温工程该分部是《建设工程施工质量验收统一标准》（GB50300—2013）系列标准新增分部工程，投标人在编制标前施工设计中要特别重视。

⑥冬、雨期施工措施

冬、雨施工措施要突出冬、雨期施工的特殊性，重点要描述工程所在地冬、雨期的特点。基于引制定切实可行的冬、雨期专项施工方案。

⑦工程质量保证措施

工程质量保证措施的主要内容，确定工程质量目标，完善质量管理体系、建立健全质量责任制，建立各项质量管理度及实施办法包括：人力资源管理、材料进场检验、机械设备保障管理，思想教育保证措施，技术管理保证措施，施工保证措施，质量控制技术措施等内容。

⑧安全生产保证措施

安全生产保证措施的主分内容，确定安全生产、文明施工目标，建立健全安全保证体系，建设安全生产岗位责任制，制定安全生产、文明施工各项管理制度，建立安全保证计划，安全教育措施，特种作业人员上岗办法，现场临时用电安全等分项工程安全施工方案，制定安全检查及安全隐患和安全事故的处理的办法，突发事件的应急救援方案等内容。

⑨施工进度计划及措施

施工进度计划可以以横道图表示或双代号网络图、时标网络图表示均可，具体要满足招标文件的要求。施工进度计划保证措施，确定工程工程时历天数，计划拟开工时间、竣工时间。对工程施工进度计划进行逐级分解，通过阶段性目标的实现、保证最终工期目标的完成。明确施工管理组织的进度控制职责，制定相应管理制度，针对不同施工阶段的特点，分别制定进度管理的施工组织措施、技术措施和合同措施等。建立施工进度动态管理机制，及时纠正施工过程中的进度偏差，并制定特殊情况下的赶工措施根据项目周边环境特点，制定相应的协调措施，减少外部因素对施工进度的影响。

⑩施工总平面布置图

施工现场的平面布置图作为施工组织设计的重要部分，对施工计划具有十分重要的作用。通过施工总平面图就能显现出工程施工方案编制是否科学，是否节省成本，施工方法、组织计划、专业协调安排是否最佳合理。

A．施工总平面图设计的编制内容

建设项目施工总平面图上的一切地上、地下已有的和拟建的建筑物、构筑物以及其他设施的位置和尺寸。

一切为全工地施工服务的临时设施的布置位置，包括施工用地范围，施工用的各种道路；加工厂、制备站及有关机械的位置。

各种建筑材料、半成品、构件的仓库和生产工艺设备主要堆场、取土弃土位置。

行政管理房、宿舍、文化生活福利建筑等。

水源、电源、变压器位置，临时给排水管线和供电、动力设施、机械站、车库位置。

一切安全、消防设施位置。

永久性测量放线标桩位置。

许多规模大的建筑项目，其建设工期往往很长。随着工程的进展，施工现场的面貌将不断改变。在这种情况下，应按不同阶段分别绘制若干张施工总平面图，或者根据工地的变化情况，及时对施工总平面图进行调整和修正，以便符合不同时期的需要。这样才能显示投标人高超的科学的管理能力和技巧。

B．施工总平面图设计的原则

尽量减少施工用地，少占农田，使平面布置紧凑合理。

合理组织运输，减少运输费用，保证运输方便通畅。

施工区域的划分和场地的确定，应符合施工流程要求，尽量减少专业工种和各工程之间的干扰。

充分利用各种永久性建筑物、构筑物和原有设施为施工服务，降低临时设施的费用。

各种生产生活设施应便于工人的生产生活。

满足安全防火、劳动保护的要求。

C. 施工总平面图设计的依据

各种设计资料，包括建筑总平面图、地形地貌图、区域规划图、建筑项目范围内有关的一切已有和拟建的各种设施位置。

建设地区的自然条件和技术经济条件。

建设项目的建筑概况、施工方案、施工进度计划，以便了解各施工阶段情况，合理规划施工场地。

各种建筑材料构件、加工品、施工机械和运输工具需要量一览表，以便规划工地内部的储放场地和运输线路。

各构件加工厂规模、仓库及其他临时设施的数量和外廓尺寸。

4.2.3 投标文件编制的步骤

编制投标文件，首先要满足招标文件的各项实质性要求，再次要贯彻企业从实际出发决策确定的投标策略和技巧，按招标文件规定的投标文件格式文本填写。具体步骤如下：

一、准备工作

编制投标文件的准备工作主要包括：熟读招标文件、踏勘现场、参加答疑会议、市场调查及询价、定额资料和标准图集的准备等。

1. 组建投标班子，确定该工程项目投标文件的编制人员。一般由三类人员组成：经营管理类人员、技术专业类人员、经济标编制人员。

2. 收集有关文件和资料。投标人应收集现行的技术、计价规范、消耗量定额、费用定额、政策调价文件，以及各类标准图等。上述文件和资料是编制投标报价书的重要依据。

3. 分析研究招标文件。招标文件是编制投标文件的主要依据，也是衡量投标文件响应性的标准，投标人必须仔细分析研究。重点放在投标须知、合同专用条款、技术规范、工程量清单和图纸等部分。要领会业主的意图，掌握招标文件对投标报价的要求，预测到承包该工程的风险，总结存在的疑问，为后续的踏勘现场、标前会议、编制标前施工组织设计和投标报价做准备。

4. 踏勘现场。投标人的投标报价一般是在现场考察的基础上，考虑了现场的实际情况，结合投标的管理水平、技术水平、机械装备等因素后编制的，在合同履行中不允许承包人因现场考察不周方面的原因调整价格。投标人应做好下列现场勘察工作：

（1）现场勘察前充分准备。认真研究招标文件中的发包范围和工作内容、合同专用条款、工程量清单、图纸及说明等，明确现场勘察要解决的重点问题。

（2）制订现场考察提纲。按照保证重点、兼顾一般的原则有计划地进行现场勘察，重点问题一定要勘察清楚，一般情况尽可能多了解一些。

5. 市场调查及询价。材料和设备在工程造价中比例很大，报价时应谨慎对待材料和设备供应。通过市场调查和询价，了解市场建筑材料价格和分析价格变动趋势，随时随地能够报出体现市场价格和企业定额的各分部分项工程的综合单价。

二、编制施工组织设计

标前施工组织设计又称施工规划，内容包括工程概况，施工部署，施工进度计划，施工准备，资源配置计划，主要施工方案，施工现场总平面图等，由投标班子中的专业技术人员编制。

三、核对清单工程量

1．校核或计算工程量

（1）一般施工招标时，招标文件同时提供工程量清单和图纸，投标人一定根据图纸对工程量清单的工程量进行校对，因为它直接影响投标报价和中标机会。

（2）工程施工招标投标实际清单招标基本原则是实行量价分离，发包人承担量的风险，投标人承担价的风险。工程量清单作为招标文件的组成部分，工程量视为是准确的、完整的。从实践中可以看出，清单工程量由于施工图质量、招标前的时间安排不合理、清单编制人对现场环境了解不详细等原因清单工程量偏差往往和实际出入较大。实际招标工程量清单所列的工程量只是一个预计工程量，一方面是各投标人进行投标报价的共同基础，是对各投标人的投标报价进行评审的共同平台，也能够体现了招投标活动中的公开、公平、公正和诚实信用原则。

（3）工程结算中的工程量是以承包人按照现行国家计量规范规定的工程量计算规则计算的实际完成应予计量的工程量确定，而非招标工程量清单所列的工程量。工程结算工程量应按承包人在改造合同义务中实际完成的工程量计算，由工程量清单中出现缺项、工程量偏差，或因工程变更引起工程量的增减由发包人承担责任。

（4）校核工程量的目的。

据以上原因，投标人应根据招标文件规定的范围和内容进行核对，清单工程量与实际计算工程量比照以后，投标人才能准确确定投标策略和投标方法。实现投标人的预期目的。

2．计算投标报价

（1）从实际情况出发，通过投标决策确定投标期望利润率和风险费用。

（2）按照招标文件的要求、现场环境和工程量核对情况确定采用投标报价的方法。

四、编制投标文件

投标人按招标文件提供的投标文件格式，填写投标文件。

投标人在投标文件编制全部完成后，应认真进行核对、整理和装订成册，再按照招标文件的要求进行密封和标识，并在报送所规定的截止时间以前将投标文件递交给招标人。

4.2.4 投标文件编制注意事项

1．投标文件必须使用招标人提供的投标文件格式，不能随意更改。

2．规定格式的每一空格都必须填写，如有空缺，则被视为放弃意见。若有重要数字不填写的，比如工期、质量、价格未填，将被作为废标处理。

3．保证计算数字及书写正确无误，单价、合价、总标价及其大、小写数字均应仔细反复核对。按招标人要求修改的错误，应由投标文件原签字人签字并加盖印章证明。

4．投标文件必须字迹清楚，签名及印鉴齐全，装帧美观大方。

5．编制投标文件正本一份，副本按招标文件要求份数编制，并注明“正本”“副本”；当正本与副本不一致时，以正本为准。

6．投标文件编制完成后应按招标文件的要求整理、装订成册、密封和标志。做好保密工作。

7．投标书编制完成后，不宜装订成册太早，通常在截止日期前 1 天内完成，在确定各个渠道信息不再有大的变化导致修改标书内容装订成册。

4.2.5 投标文件主要格式样表

一、投标函及投标函附录

（一）投标函

（招标人名称）：

1．我方已仔细研究了__________（项目名称）招标文件的全部内容，愿意以人民币（大写）__________（¥__________）的投标总报价，工期__________日历天，按合同约定实施和完成承包工程，修补工程中的任何缺陷，工程质量达到__________。

2．我方承诺在招标文件规定的投标有效期内不修改、撤销投标文件。

3．随同本投标函提交投标保证金一份，金额为人民币（大写）________（¥_______）。

4．如我方中标：

（1）我方承诺在收到中标通知书后，在中标通知书规定的期限内与你方签订合同。

（2）随同本投标函递交的投标函附录属于合同文件的组成部分。

（3）我方承诺按照招标文件规定向你方递交履约担保。

（4）我方承诺在合同约定的期限内完成并移交全部合同工程。

5．我方在此声明，所递交的投标文件及有关资料内容完整、真实和准确，且不存在第二章“投标人须知”第 1.4.2 项和第 1.4.3 项规定的任何一种情形。

6．____（其他补充说明）。

投 标 人：____________________（盖单位章）

法定代表人或其委托代理人：_________（签字）

地址：________________________________

网址：________________________________

电话：________________________________

传真：________________________________

邮政编码：____________________________

年_______月_______日

（二）投标函附录

序号	条款名称	合同条款号	约定内容	备注
1	项目经理	1.1.2.4	姓名：	
2	工期	1.1.4.3	天数：______日历天	
3	缺陷责任期	1.1.4.5		
……	……	……	……	
……	……	……	……	
……	……	……	……	
……	……	……	……	
……	……	……	……	

二、法定代表人身份证明

投标人名称：________________________

单位性质：__________________________

地址：______________________________

成立时间：________年________月________日

经营期限：__________________________

姓名：________ 性别：________年龄：________职务：________

系________________________（投标人名称）的法定代表人。

特此证明。

投标人：______________（盖单位章）

______年______月______日

三、授权委托书

本人_______（姓名）系________（投标人名称）的法定代表人，现委托________（姓名）为我方代理人。代理人根据授权，以我方名义签署、澄清、说明、补正、递交、撤回、修改____________（项目名称）投标文件、签订合同和处理有关事宜，其法律后果由我方承担。

委托期限：___________。

代理人无转委托权。

附：法定代表人身份证明

投标人：____________________________（盖单位章）

法定代表人：____________________________（签字）

身份证号码：__________________________________

委托代理人：________________________________（签字）

身份证号码：__________________________________

年_______月_______日

四、投标保证金

__________（招标人名称）：

鉴于_______（投标人名称）（以下称“投标人”）于____年___月___日参加________（项目名称）的投标，_______（担保人名称，以下简称“我方”）保证：投标人在规定的投标文件有效期内撤销或修改其投标文件的，或者投标人在收到中标通知书后无正当理由拒签合同或拒交规定履约担保的，我方承担保证责任。收到你方书面通知后，在 7 日内向你方支付人民币（大写）________。

本保函在投标有效期内保持有效。要求我方承担保证责任的通知应在投标有效期内送达我方。

担保人名称：____________________________（盖单位章）

法定代表人或其委托代理人：__________________（签字）

地　　址：____

邮政编码：____

电　　话：____

传　　真：____

______年______月______日

附表一：

拟投入本项目的主要施工设备表

序号	设备名称	型号规格	数量	国别产地	制造年份	额定功率（kW）	生产能力	用于施工部位	备注

附表二：

劳动力计划表

单位：人

工种	按工程施工阶段投入劳动力情况						

附表三：进度计划

1．投标人应递交施工进度网络图或施工进度表，说明按招标文件要求的计划工期进行施工的各个关键日期。

2．施工进度表可采用网络图或横道图表示。

附表四：施工总平面图

投标人应递交一份施工总平面图，绘出现场临时设施布置图表，并注明临时设施、加工车间、现场办公、设备及仓储、供电、供水、卫生、生活、道路、消防等设施的情况和布置。

五、项目管理机构

（一）项目管理机构组成表

职务	姓名	职称	执业或职业资格证明					备注
			证书名称	级别	证号	专业	养老保险	

（二）项目经理简历表

应附注册建造师执业资格证书、身份证、职称证、学历证、养老保险复印件，管理过的项目业绩须附合同协议书复印件。

姓　名		年 龄		学历	
职　称		职 务		拟在本合同任职	
毕业学校	年毕业于　　　学校　　　专业				
主要工作经历					
时　间	参加过的类似项目			担任职务	发包人及联系电话

六、资格审查资料

（一）投标人基本情况表

投标人名称						
注册地址				邮政编码		
联系方式	联系人			电话		
	传　真			网址		
组织结构						
法定代表人	姓名		技术职称		电话	
技术负责人	姓名		技术职称		电话	
成立时间			员工总人数			
企业资质等级			其中	项目经理		
营业执照号				高级职称人员		
注册资金				中级职称人员		
开户银行				初级职称人员		
账号				技工		
经营范围						
备注						

（二）近年完成的类似项目情况表

项目名称	
项目所在地	
发包人名称	
发包人地址	
发包人电话	
合同价格	
开工日期	
竣工日期	
承担的工作	
工程质量	
项目经理	
技术负责人	
项目描述	
备注	

（三）正在实施的和新承接的项目情况表

项目名称	
项目所在地	
发包人名称	
发包人地址	
发包人电话	
签约合同价	
开工日期	
计划竣工日期	
承担的工作	
工程质量	
项目经理	
技术负责人	
项目描述	
备注	

4.3 建设工程施工投标报价

4.3.1 投标报价的概念

投标人响应招标人发出的工程量清单，结合施工现场条件，自行制定施工技术方案和施工组织设计，按招标文件的要求，以企业定额或者参照本省建设行政主管部门发布的综合基价及其计价办法、工程造价管理机构发布的市场价格信息，计算和确定承包投标工程的投标总价格。

4.3.2 建设工程施工投标报价编制的依据

1. 《建筑工程施工发包与承包计价管理办法》（住房和城乡建设部令第 16 号）、现行《建设工程工程量清单计价规范》。

2. 国家或省级、行业建设主管部门颁发的计价办法；

3. 企业定额，国家或省级、行业建设主管部门颁发的计价定额和计价办法；

4. 招标文件、招标工程量清单及其补充通知、答疑纪要；

5. 建设工程设计文件及相关资料；

6. 施工现场情况、工程特点及投标时拟定的施工组织设计或施工方案；

7. 与建设项目相关的标准、规范等技术资料；

8. 市场价格信息或工程造价管理机构发布的工程造价信息。

4.3.3 建设工程施工投标报价编制原则。

1. 投标报价由投标人自主报价、自行编制或受其委托具有相应资质的工程造价咨询人编制。

2. 投标报价是投标人希望达成工程承包交易的期望价格，不能高于招标人设定的招标控制价。

3. 投标人的投标报价不得低于成本。

工程成本包含在企业成本中，二者的概念不同，涵盖的范围不同，某一单个工程的盈与亏，并不必然表现为整个企业的盈或亏。

建设工程施工合同是特殊的加工承担合同，以施工企业成本本判定单一工程施工成本对发包人也是不公平的。因发包人需要控制和确定的是其发包的工程项目造价，无须考虑承包该工程的企业成本。

4. 投标报价要以招标文件中设定的承发包双方责任划分，作为考虑投标报价费用项目和费用计算的基础，承发包双方的责任划分不同，会导致合同风险不同的分摊，从而导致投标人选择不同的报价；根据工程承发包模式考虑投标报价的费用内容和计算深度。

5. 招标文件中提供工程量清单是使各投标人在投标报价中具有共同的竞争平台。投标人必须按招标工程量清单填报价格。项目编码、项目名称、项目特征、计量单位、工程量必须与招标工程量清单一致。

6. 以施工方案、技术措施等作为投标报价计算的基本条件。

7. 以施工方案、技术措施等作为投标报价计算的基本条件；以反映企业技术和管理水平的企业定额作为计算人工、材料和机械台班消耗量的基本依据。

8. 充分利用现场考察、调研成果、市场价格信息和行情资料，编制基价，确定调价方法。

9. 报价计算方法要科学严谨，简明适用。

4.3.4 工程投标报价的影响因素

投标前进行调查研究，找出影响工程投标报价的因素，进行分析，以利于正确投标。主要是对投标和中标后履行合同有影响的各种客观因素、业主和监理工程师的资信以及工程项目的具体情况等进行深入细致的了解和分析。具体包括以下内容。

1. 政治和法律方面

投标人应当了解在招标投标活动中以及在合同履行过程中有可能涉及的法律、法规，了解与项目有关的政治形势、国家政策等，即国家对该项目采取的是鼓励政策还是限制政策。

2. 自然条件

自然条件包括工程所在地的地理位置和地形、地貌，气象状况，包括气温、湿度、主导风向、年降水量等，洪水、台风及其他自然灾害状况等。

3. 市场状况

投标人调查市场情况是一项非常艰巨的工作，其内容也非常多，主要包括：建筑材料、施工机械设备、燃料、动力、水和生活用品的供应情况、价格水平、物价指数以及今后的变化趋势和预测；劳务市场情况，如工人技术水平、工资水平、有关劳动保护和福利待遇的规定等；金融市场情况，如银行贷款的难易程度以及银行贷款利率等。

对材料设备的市场情况尤需详细了解、包括原材料和设备的来源方式，购买的成本，来源国或厂家供货情况；材料、设备购买时的运输、税收、保险等方面的规定、手续、费用；施工设备的租赁、维修费用；使用投标人本地原材料、设备的可能性以及成本比较。

4. 工程项目方面的情况

工程项目方面的情况包括工作性质、规模、发包范围；工程的技术规模和对材料性能及工人技术水平的要求；总工期及分批竣工交付使用的要求；施工场地的地形、地质、地下水位、交通运输、给排水、供电、通信条件的情况；工程项目资金来源；对购买器材和雇佣工人有无限制条件；工程价款的支付方式、外汇所占比例；监理工程师的资历、职业道德和工作作风等。

5. 业主情况

包括业主的资信情况、履约态度、支付能力，在其他项目上有无拖欠工程款的情况，对实施的工程需求的迫切程度等。

6. 投标人自身情况

投标人对自己内部情况、资料也应当进行归纳管理。这类资料主要用于招标人要求的资格审查和本企业履行项目的可能性。

7. 竞争对手资料

掌握竞争对手的情况，是投标策略中的一个重要环节，也是投标人参加投标能否获胜的重要因素。投标人在制定投标策略时必须考虑到竞争对手的情况。

4.3.5 建设工程施工投标报价的步骤

一、投标报价计算的程序不论采用何种报价结构体系，大致都要按照下面所示的程序进行投标报价工作。

1．成立投标报价编制小组

2．研究招标文件，进行各项调查研究投标环境。

3．参加标前会议

4．核算工程量

5．初步估价，制订计划进度和施工方案

6．单价、总价项目价格确定

7．计算间接费标价分析和投标报价决策；考虑上级企业管理费、风险费，预计利润

8．确定投标价格编制正式工程报价单

二、各编制步骤的工作

1．投标报价小组的工作

投标报价小组成立后，要立即紧张有序地进行工作。要在公司有关各部门和当地代理人的帮助下开展项目投标报价前的种种调查研究工作，积累有关资料；同时对招标文件进行深入研究和领会的工作，决定投标策略，计算标价；另外还要在公司财务部门的协助下做准备投标保函等工作。

2．研究招标文件

（1）研究招标文件商务、技术、经济等各部分的要求及相互联系。在投标准备的过程中与市场调研的同时，还应认真细致地阅读招标文件，认真领会和理解招标文件的全部内容，包括商务条件、投标的范围、技术条件等，以便在编制投标书和标价计算时做到心中有数，防止投标报价不符合业主要求或投标报价不合理或漏项。投标报价编制人要全面消化招标文件内容，不可放过任何一个细节。当发现招标文件中有含糊不清的问题，如图纸、技术规范、工程量清单之间在范围、做法或数量上的矛盾，应及时请招标人解释或修正，或在招标文件中寻找投标依据。

（2）研究评标办法。分析评标办法和授予合同标准，据以采取投标策略。常用的评标和授予合同标准有两种方式，即综合评法和经评审的最低合理报价法。综合评标法又分为定性和定量两种。

定性综合评议法是在不能将报价、工期、质量等因素定量化的情况下，评标人根据经验判断各投标方案优劣的方法。采用综合评议法时，投标人应在各得分因素间平衡考虑，例如可适度提高标价，换得更高的质量或更短的工期，进而提高综合分；这种替换需要投标人具有丰富的投标经验，才能判断替换的优劣；替换的目的是要获得最高的综合分。

定量综合评议法是根据投标人的投标报价、施工组织设计或施工方案（工期、信誉、质量、项目经理的素质）等因素综合评分，选择综合分最高的投标人中标的方法。

经评审的最低合理报价法是在质量、工期满足招标文件要求的条件下，明确选择响应招标文件经评审的最低报价法。

（3）研究合同协议书、专用条款和通用条款。首先，研究合同形式，是单价合同或者总价合同，价格是否可调整。其次，分析拖延工期的罚款，保修期的长短和保证金的额度。最后，研究付款方式、币种、违约责任等。根据权利义务对比分析风险，确定对策。

3．调查投标环境

（1）勘察施工现场。从以下几点了解对费用和时间的影响：现场形状和性质，包括地表下的条件；水文和气候条件；工程施工及竣工修补缺陷所需的工作和材料的范围和性质；进入现场的手段，施工需要的食宿条件等。

（2）调查环境。投标人不仅要了解施工现场还要了解、工程项目所在地的政治经济形势、法律法规、风俗习惯、自然条件、生产和生活条件等。

政治形势主要是工程和投资方所在地社会的稳定性；经济形势方面主要了解工程和投资方所在地的经济发展状况，工程所在银行存贷款利率等；自然条件主要是工程所在地的水文地质、交通运输条件、气候状况等；对法律法规和风俗习惯的调查应放在工程所在地政府对施工的安全、环保、时间限制等各项管理规定上，以及当地的宗教信仰和节假日等；对生产生活条件重点调查施工现场周围情况，如道路情况、水电气情况及生活用品供应情况。

（3）调查发包人和竞争对手。第一，调查项目资金来源的可靠性，避免风险；第二，调查项目开工手续齐备性，避免免费为招标人估价、避免违规建设。第三，是否有明显的授标倾向，避免陪标。第四，调查竞争对手的数量、同类工程的经验、其他优势、惯用的投标策略等。通过调查，采取相应对策，提高中标可能性。

4．参加标前参议，提出疑问

参加标前会议的投标报价人员，应重点考虑投标报价的问题，提出问题时要讲究技巧。

（1）注意方式方法，特别要注意不能引起招标人反感。对招标文件中出现的对承包人有利的矛盾或漏洞，可不提请澄清，否则失去中标后索赔的机会。

（2）对招标文件中出现的对我方有利的矛盾或含糊不清的条款，不要在标前会议上提出澄清。

（3）注意不使竞争对手从我方提出的问题中窥探出我方投标报价的设想方案。

（4）招标工程内容范围不清的影响投标报价问题应提请说明。

5．核算工程量

工程量清单是招标文件重要组成部分，它包含了招标的大量信息，从中可以推理出招标人的对项目建设思路。投标报价编制者应根据图纸仔细核算量。

（1）工程量清是否做到了项目编码、项目名称、项目特征、计量单位、工程量等 5 个方面和清单计价规范做到了统一。

（2）项目特征的描述是否同招标图纸内容保持致，是否有附加条件，是否有遗漏等。

（3）工程量的数量偏差是否在正常区间内，整个量差是高是低，估算出招标是否有压低工程量的迹象。

6．初步估价，制订计划进度和施工方案

（1）物资询价。招标文件中指明的特殊物资应通过询价作采购方案比较。材料和设备在工程造价中所占比例很大，报价时应谨慎对待材料和设备供应。建筑材料价格波动很大，应调查了解和分析近年建材价格变动趋势，决定采用近年平均单价或当期单价时，应考虑物价上涨因素，降低价格波动导致的损失。

（2）分包询价。承包商会把部分专业工程分包给专业承包商。分包价格的高低直接影响招价。而且招标文件亦会要求投标人将拟定的分包商资质、信誉、价格要求等作为投标文件的内容。它直接影响投标人中标的可能性。

（3）估算初步报价。报价是投标的核心，它不仅影响能否中标，也是中标后盈亏的重要因素之一。

投标人应根据前期搜集到的信息结合自身条件确定出一个初步的施工方案，根据此方案确定人工消耗、材料消耗、机械消耗，由此确定管理费用、利润等计算出估算价款。

通过经济指标由工程技术人员确定施工进度计划和施工方案。

7．单价、总价项目价格确定

（1）分析报价。初步报价提出后，应对其进行多方面分析，探讨初步报价的合理性、竞争性、营利性和风险性，做出最终报价决策。分析时可从静态分析和动态分析两方面进行。

（2）确定分项工程单价的前题是响应招标文件要求。投标人不得变更招标文件，但应分析招标文件隐藏机会。招标文件中提供的图纸和规范往往是初步概念性的文件，以此为基础投标，中标后发包人会提供详细的图纸和规范。这样，概念性文件和详细文件之间会有许多变化、补充，价格也会调整。有经验的投标人为便于对投标书公平评价，会严格按招标人要求编制投标书，对招标文件中隐藏的巨大风险不会正面变更或要求减少条件，而是利用详细说明、附加解释等谨慎地附加某些条件。这是经验丰富的投标人常用的投标技巧，为中标后的索赔留下了伏笔。

编制分部分项工程单价确定的方法：

①确定计算基础。依据定额或其他资料确定施工项目的人、材、机单位用量各种人工、材料、机械台班的单价。

②分析每一清单项目的工程内容。

③计算工程内容的工程数量与清单单位的含量。

④分部分项工程人工、材料、机械费用的计算。以完成每一计量单位的清单项目所需的人工、材料、机械用量为基础计算。

⑤计算综合单价。管理费和利润的计算可按照人工费、材料费、机械费之和按照一定的费率取费计算。

例如，管理费=（人工费+材料费+机械使用费）×管理费费率

利润=（人工费+材料费+机械使用费+管理费）×利润率

将 5 项费用汇总之后并考虑合理的风险用后即可得到分部分项工程量清单综合单价。

根据计算出的综合单价可编制分部分项工程量清单与计价分析表。

由于我国目前主要采用经评审的合理低标价法进行评标，为表明分部分项工程量综合单价的合理性投标人应对其进行单价分析以作为评标时判断综合单价合理性的主要依据。

综合单价分析表的编制应反映出上述综合单价的编制过程并按照规定的格式进行。

（3）替代报价方案。有些业主欢迎投标人在按招标文件要求之外根据其经验制定科学合理的替代方案，再报一份投标报价。但一定注意：提交了替代方案报价，也必须提交按招标文件要求编制的报价，否则将被视为无效标书。

（4）投标人价格风险防范。投标人面临很大的价格风险，可能由于对风险估计或预防不足、对策不力而导致亏损。因此，投标人必须会防范风险，尤其是报价风险。投标人应克服两种心理障碍：一是为求生存，消极对待风险，甚至采用以毒攻毒的做法，甚至违法经营；二是期望环境改善，盼望将低价发包、索要回扣、垫资承包、拖欠工程款“四把刀”从自己头上拔掉。风险是客观存在的，面对激烈且残酷的市场竞争，必须建立风险意识，靠自身实力、水平、谋略进行经营，才能赢得竞争胜利。

搜集项目资料，进行风险分析，决定是否投标；实地考察，继续搜集资料，分析风险；

研究招标文件，参加答疑会，澄清问题，做出风险管理规划；

做好风险管理规划。风险管理规划是在识别和评估风险基础上为防范风险设计的方案。它包括：回避、预防风险的风险控制方案；为克服已发生的风险并为此需要的财务支出——风险保留方案；风险转移方案，包括合同转移、保险转移、担保转移及索赔转移等。

投标前的风险管理规划应与投标书中的施工组织设计的编制相结合；回避风险，力争改招标文件中的合同建议条款。取消不利条款，增加利于保护自己、约束业主的条款；采取担保、保险、风险分散等办法转移风险。

（5）措施项目报价。技术措施费的报价与分部分项工程综合单价的计算方法一样，就是根据需要消耗的实物工程量与实物单价计算措施费，适用于可以计算工程量的措施项目，主要是指一些与工程实体有紧密联系的项目，如混凝土模板、脚手架、垂直运输等。与分部分项工程不同，并不要求每个措施项目的综合单价必须包含人工费、材料费、机械费、管理费和利润中的每一项。

组织措施费。组织措施费包括安全文明施工费、二次搬运费、冬雨期施工费、夜间施工增加费等。安全文明施工费属于不可竞争费，必须足额计取，能高不低的计取。其他类组织措施费属于竞争性措施费，根据招标文件要求结合投标人情况计取。招标文件要求计取的计取，招标文件没有明确要求的最好不计取。

措施项目清单与计价表的原则

①投标人可根据工程实际情况结合施工组织设计，自主确定措施项目费。

②措施项目清单计价应根据拟建工程的施工组织设计可以计算工程量适宜采用分部分项工程量清单方式的措施项目应采用综合单价计价其余的措施项目可以“项”为单位的方式计价应包括除规费、税金外的全部费用。

③措施项目清单中的安全文明施工费应按照国家或省级、行业建设主管部门的规定计价不得作为竞争性费用。

4.3.6　建设工程施工投标报价的方式

现行《建设工程工程量清单计价》规定计价方式：工程量清单计价和定额计价种方式。

1．工程量清单计价模式投标报价

这是与市场经济相适应的投标报价方法，是一种竞争性招标方式。由业主或受业主委托的工程造价咨询机构，将拟建招标工程全部项目和内容按相关的计算规则计算出工程量，列在清单上作为招标文件的组成部分，投标者填报单价，单价应完全依据企业技术、管理水平等企业实力而定，计算出总价，作为投标报价，然后通过评标竞争，最终确定合同价。工程量清单报价由招标人给出工程量清单，以满足市场竞争的需要。

2．以定额计价模式投标报价

定额计价是采用消耗量定额来编制，即按照定额规定的分部分项工程子目逐项计算工程量，套用定额基价或根据市场价格确定直接费，然后再按规定的费用定额计取各项费用，最后汇总形成标价。

4.3.7　建设工程施工投标报价的内容

目前市场工程招标采用工程量清单计价是主流，因此这里只介绍工程量清单计价模式下投标报价内容。

1．封面（投标总价）

封面包括工程名称、投标人（承包商）、法定代表人、造价工程师及注明证号、编制时间等内容。

2．投标总价扉页

投标总价扉页应该填写内容，招标人名称、工程名称、投标总价小写和大写、投标人名称（盖章）、法定代表人或其授权人（签字或盖章）、造价人员签字盖专用章。

3．投标报价说明

投标报价说明，应由投标人参照《建设工程工程量清单计价规范》填写相应内容，并作为投标文件的组成部分，一旦中标且签订合同，即成为工程合同的组成部分。投标报价说明主要涉及以下内容：

（1）工程概况。建设规模、工程特征、投标工期、施工现场考察情况、自然地理条件、环境保护要求等。

（2）投标范围和内容

（3）投标报价的编制依据

（4）工程质量等级、施工方案情况等。

（5）人工、材料、机械价格取定情况。

4．汇总表

（1）建设项目投标报价汇总表

建设项目投标报价汇总表内容包括各单项工程名称、金额（其中暂估价、安全文明施工费、规费），各单项工程金额汇总（其中暂估价、安全文明施工费、规费）。

（2）单项工程投标报价汇总表

单项工程投标报价汇总表内容包括各单项工程名称、金额（其中暂估价、安全文明施工费、规费），单项工程金额汇总（其中暂估价、安全文明施工费、规费）。

（3）单位工程投标报价汇总表

单位工程投标报价汇总表内容包括分部分项工程费、措施项目费（其中安全文明施工费）、其他项目费（其中：暂列金额、专业工程暂估价、计日工、总承包服务费）、规费和税金。

（4）分部分项工程和单价措施项目清单与计价表

分部分项工程和单价措施项目清单与计价表内容包括项目编码、项目名称、项目特征、计量单位、工程量、综合单价和综合合价（其中暂估价）等。如果工程量清单中没有提供暂估价，投标人不填写此栏。

（5）总价措施项目清单与计价表

总价措施项目清单与计价表内容包括计算基础，费率、金额，调整费率、调整后金额（如发生）。主要项目包括安全文明施工费（不可竞争费用）、夜间施工增加费、二次搬运费、冬雨季施工增加费和已完工程及设备保护费（根据招标文件要求项目填写）。

（6）其他项目清单表

编制投标报价，应按招标文件工程量清单提供的“暂列金额”和“专业工程暂估价”填写金额，不得变动。“计日工”“总承包服务费”自主确定报价。

（7）规费、税金项目清单与计价表

规费、税金项目清单与计价表内容包括各项规费名称、计算基础、计算基数、计算费率和金额。现行规费包括社会保险费（养老保险费、失业保险费、医疗保险费、工伤保险费、生育保险费）、住房公积金、工程排污费和税金。

（8）主要材料、工程设备一览表

主要材料、工程设备一览表内容由发包人提供材料和工程设备一览表、承包人提供主要材料和工程设备一览表和承包人提供主要材料和工程设备一览表等三个表格组成。

发包人提供材料和工程设备一览表内容填写材料（工程设备）名称、规格、型号，单位、数量、单价，交货方式、送达地点等。

承包人提供主要材料和工程设备一览表（适用于造价信息差额调整法）内容填写材料和工程设备名称、规格、型号，单位、数量，风险系数、基准单价，投标单价、发承包人确认单价等。

承包人提供主要材料和工程设备一览表（适用于价格指数差额调整法）内容填写材料和工程设备名称、规格、型号，变值权重、基本价格指数、现行价格指数等。

（9）综合单价分析表

综合单价分析表内容首先填写表头内容：项目编码、项目名称、计量单位和工程量，其次填写人工费、材料费、机械费及管理费和利润的定额单价和合价，人工单价、未计价材料费，清单项目综合单价，再次填写主要材料“名称、规格、型号”、单位、数量、单价、合价及暂估价（如有）等。

4.3.8　投标报价的注意事项

1．投标报价汇总表与投标函中投标报价金额应一致。就投标文件的各个组成部分而言，投标函是最重要的文件，其他组成部分都是投标函的支持性文件，投标函是必须经过投标人签字盖章，并且在开标会上必须当众宣读的文件。如果投标报价汇总表的投标总价与投标函填报的投标总价不一致，应当以投标函中填写的大写金额为准。

2．投标报价分、总要一致。分部工程报价要等于各分项工程报价之和，单位工程报价要等于分部分项工程费、措施项目费、其他项目费、规费和税金之和；单项工程报价等于各单位工程报价之和；建设项目报价等于各单项工程报价之和。

3．分部分项工程清单报价的编制

①必须按招标工程量清单填报价格。项目编码、项目名称、项目特征、计量单位、工程量必须与招标工程量清单一致。编制投标报价时，投标人对表中的“项目编码”“项目名称”“项目特征”“计量单位”“工程量”均不应改动。一旦出现不一致的情况，就是违背规范强制性条文，按废标处理。

②注意清单工程量计算规则与计价定额工程量计算规则的区别。工程量清单没有考虑施工过程中的施工损耗，编制综合单价时，材料消耗量要考虑施工损耗，以便准确计价。必须复核工程量清单中的工程量，应以实际工程量（施工量）来计算工程造价，以招标人提供的工程量（清单量）进行报价。工程量清单所列的分部分项工程量系招标人（业主）确定的，仅作为投标报价计价的共同基础。工程付款则应以投标人（承包商）的计量、监理工程师核准的实际完成工程量为依据。

③分部分项工程和措施项目中的单价项目，应依据招标文件及其招标工程量清单项目中的特征描述确定综合单价计算。在招投标过程中当出现招标文件中分部分项工程量清单特征描述与设计图纸不符时投标人应以分部分项工程量清单的项目特征描述为准确定投标报价的综合单价。

④工程量清单应采用综合单价计价。报价不得低于工程成本。综合单价除计算各分部分项工程的直接工程费（人、材、机）之外，还必须计入各分部分项工程所需的企业管理费，利润并考虑风险因素。

⑤应包括承包人承担的合理风险。

招标文件中要求投标人承担的风险费用投标人应考虑进入综合单价。在施工过程中当出现的风险内容及其范围幅度在招标文件规定的范围幅度内时综合单价不得变动工程价款不作调整。对于主要由市场价格波动导致的价格风险如工程造价中的建筑材料、燃料等价格风险，承发包双方应当在招标文件中或在合同中对此类风险的范围和幅度予以明确约定进行合理分摊。根据工程特点和工期要求建议可一般采取的方式是承包人承担 5%以内的材料价格风险 10%以内的施工机械使用费风险。对于法律、法规、规章或有关政策出台导致工程税金、规费、人工发生变化并由省级、行业建设行政主管部门或其授权的工程造价管理机构根据上述变化发布的政策性调整，承包人不应承担此类风险应按照有关调整规定执行。承包人管理、经营风险、对于承包人根据自身技术水平、管理、经营状况能够自主控的风险如承包人的管理费、利润的风险，承包人应结合市场情况根据企业自身的实际合理确定、自主报价，该部分风险由承包人全部承担。

⑥投标报价的人、材、机消耗量应根据企业定额确定，现阶段，应按照各省、自治区、直辖市的《计价定额》计算。投标报价的人、材、机单价应根据市场价格（暂估价除外）自主报价。

⑦材料暂估价的处理。

招标文件中在其他项目清单中提供了暂估单价的材料应按其暂估的单价计入分部分项工程量清单项目的综合单价中。

⑧“综合单价”“合价”自主决定填写，对其中的“暂估价”栏，投标人应将招标文件中提供了暂估材料单价的暂估价进入综合单价，并应计算出暂估单价的材料在“综合单价”及其“合价”中的具体数额，因此，为更详细反应暂估价情况，也可在表中增设一栏“综合单价”其中的“暂估价”。

⑨为计取规费等项目的方便使用，可在表中增设其中：“定额人工费”栏目。

4．措施项目中的安全文明施工费、规费和税金必须按国家或省级、行业建设主管部门的规定计算，不得作为竞争性费用。其他措施项目是可竞争性费用，可根据投标施工组织设计自主报价。按施工方案计算的措施费，若无“计算基础”和“费率”的数值，也可只填“金额”数值，但应在备注栏说明施工方案出处或计算方法。

5．其他项目费用。暂列金额、材料（工程设备）暂估价应按招标工程量清单中列出的金额填写。计日工应按招标工程量清单中列出的项目和数量，自主确定综合单价并计算计日工金额。总承包服务费应根据招标工程量清单中列出的内容和提出的要求自主确定。材料（工程设备）暂估单价进入清单项目综合单价，在其他项目清单与计价汇总表中只显示金额，不参与汇总。

6．建设部、财政部印发的《建筑安装工程费用项目组成》（建标[2013]44 号）列举的规费项目列项，在施工实践中，有的规费项目，如工程排污费，并非每个工程所在地都要征收，实践中可作为按实计算的费用处理。

7．主要材料、工程设备一览表代由三个表组成，表格如何选用，由招标人根据工程所在地的地方规定结合工程实际自主确定，如招标文件中没有提供此表格式，投标文件中便不存在此表。

发包人提供材料和工程设备一览表，此表由招标人填写，供投标人在投标报价、确定总承包服务费时参考。

承包人提供主要材料和工程设备一览表（适用于造价信息差额调整法）由招标人填写“投标单价”栏的内容，投标人在投标时自主确定投标单价；招标人应优先采用工程造价管理机构发布的单价作为基准单价，未发布的，通过市场调查确定其基准单价。

承包人提供主要材料和工程设备一览表（适用于价格指数差额调整法）中，“名称、规格、型号”“基本价格指数”栏由招标人填写，基本价格指数应首先采用造价管理机构发布的价格系数，没有时，可发布的价格代替。“变值权重”栏由投标人根据该项人工、机械费和材料、工程设备价值在投标总报价中所占的比例填写。“现行价格指数”按约定的付款证书相关周期最后一天的前 42 天的各项指数填写，该指数应首先采用工程造价管理机构发布的价格指数，没有时可采用发布的价格代替。

8．综合单价分析表。《建设工程工程量清单计价规范》中综合单价分析表放到了分部分项工程和单价措施项目清单与计价表后。但在工程实践过程中，为了保持内容的连续性且为了在评标时便于评标专家查阅，一般情况下施工已计价清单的最后。分项工程内容较多的工程，也可以把综合单价分析表单独装订成册。综合单价分析表在使用时，如投标人不使用省级或行业建设主管部门发布的计价依据，可不填写定额编号、名称等；招标文件提供了暂估单价的材料，按暂估的单价填入表内“暂估单价”栏及“暂估合价”栏，招标文件不提供此栏空白。

本 章 小 结

本学习情境主要介绍了建设工程招标投标的准备与决策、投标文件的编制及报价编制；了解建设施工投标的策略与技巧，了解投标文件编制注意事项、表格样式等，熟悉投标文件编制步骤；掌握建设工程施工投标报价的编制。

复习思考题

1．建设工程施工投标的准备工作有哪些？
2．简述建设施工投标程序。
3．简述选择投标对象的策略。
4．请论述投标前调查工作的重点。
5．常用的投标报价的技巧有哪几种？
6．简述建设施工投标报价的步骤。
7．简述编制建设工程投标文件时应注意事项。
8．简述综合单价分析表中应填写的主要内容。

学习情景 5　合同法律概述

5.1　合同与合同法

5.1.1　《合同法》概述

《合同法》是 1999 年 3 月 15 日第九届全国人民代表大会第二次会议通过，中华人民共和国主席令第十五号于 1999 年 3 月 15 日颁布并于 1999 年 10 月 1 日起开始正式施行的。同时，《中华人民共和国经济合同法》《中华人民共和国涉外经济合同法》《中华人民共和国技术合同法》废止。

《合同法》由总则、分则、附则三部分组成，共计二十三章，四百二十八条。

（1）《合同法》总则部分分为八章，共一百二十九条。分别对合同的订立、合同的效力、合同的履行、合同的变更和转让、合同的权利义务终止、违约责任作了规定。

（2）《合同法》分则部分分为十五章，分别对买卖合同、供用水电气热力合同、赠予合同、借款合同、租赁合同、融资租赁合同、承揽合同、建设工程合同、运输合同、技术合同、保管合同、仓储合同、委托合同、行纪合同、居间合同等进行了专门的规定。

《合同法》分则中的第十六章为建设工程合同，共十九条，专门对建设工程中的合同关系作了法律规定。除《合同法》对建设工程合同做了专章规定外，《中华人民共和国建筑法》《中华人民共和国招标投标法》也有许多涉及建设工程合同的规定，这些法律是我国建设工程合同管理的依据。

5.1.2　合同的概念

根据《中华人民共和国合同法》（以下简称《合同法》）第 2 条规定：合同是指平等主体的自然人、法人、其他组织之间设立、变更、终止民事权利义务关系的协议。

建设工程合同简称工程合同，它是指工程建设中的各个平等主体之间，为达到一定的目标而明确各自权利义务关系的协议。对于工程合同，有广义和狭义的两种不同的理解。广义的工程合同是一项工程项目实施过程中所有与建筑活动有关的合同的总称，包括勘察设计合同、施工合同、监理合同、咨询合同、材料供应合同、贷款合同、工程担保合同等。这些合同形成一个“合同群”，互相依存和制约，以此促进工程建设顺利开展。

5.1.3　《合同法》的基本原则

合同法的基本原则是合同当事人在合同的签订、执行、解释和争执的解决过程中应当遵守的基本准则，也是人民法院、仲裁机构在审理、仲裁合同纠纷时应当遵循的原则。合同法关于合同订立、效力、履行、违约责任等内容，都是根据这些基本原则规定的。

1．自愿原则

自愿原则是合同法重要的基本原则，是市场经济的基本原则之一，也是一般国家的法律准则。自愿原则体现了签订合同作为民事活动的基本特征。

自愿原则贯穿于合同全过程，在不违反法律、行政法规、社会公德的情况下：

（1）当事人依法享有自愿签订合同的权利。合同签订前，当事人通过充分协商，自由表达意见，自愿决定和调整相互权利义务关系，取得一致而达成协议。不容许任何一方违背对方意志，以大欺小、以强凌弱，将自己的意见强加于人，或通过胁迫、欺诈手段签订合同。

（2）在订立合同时，当事人有权选择对方当事人。

（3）合同自由构成。合同的形式、内容、范围由双方在不违法的情况下自愿商定。

（4）在合同履行过程中，当事人可以通过协商修改、变更、补充合同内容，双方也可以通过协议解除合同。

（5）双方可以约定违约责任。在发生争议时，当事人可以自愿选择解决争议的方式。

2．平等原则

合同当事人的法律地位平等，即享有民事权利和承担民事义务的资格是平等的，一方不得将自己的意志强加给另一方。在订立建设工程合同中，双方当事人的意思表示必须是完全自愿的，不能是在强迫和压力下做出非自愿的意思表示。因为建设工程合同是平等主体之间的法律行为，发包人与承包人的法律地位平等，因此只有订立建设工程合同的当事人平等协商，才有可能订立意思表示一致的协议。

3．诚实信用原则

合同是在双方诚实信用的基础上签订的，合同当事人在订立或者履行合同中讲究信用，恪守诺言，诚实不欺。在工程合同中，诚实信用原则体现在以下几个方面：

（1）双方互相了解并尽力让对方了解己方的要求、意图、情况。业主要尽可能地提供详细的工程资料、信息，并尽可能详细地解答承包方的问题；承包商应提供真实可靠的资格预审文件，各种报价文件、实施方案、技术组织措施文件。

（2）提供真实的信息，对所提供的信息的正确性承担责任，双方彼此信任，也有权相信对方提供的信息是真实、正确的。

（3）不误导、不欺诈。承包商按照自己的实际能力和情况正确报价，不盲目压价，明白业主的意图和自己的工程责任。

（4）双方真诚合作。承包商积极地全面地完成合同责任，认真施工，遭到干扰应尽力避免业主损失，防止损失的发生和扩大。

4．公平原则

当事人应当遵循公平的原则确定各方的权利和义务，在合同的订立和履行中，合同当事人应当正当行使合同权利和履行合同义务，在享有某项权利的同时必须履行对应的义务，要兼顾他人利益，使当事人的利益能够均衡。工程合同中的公平原则体现在以下几个方面：

（1）承包商提供的工程与业主支付价格之间应当体现公平，其公平价格的准绳通常以市场价格为依据。

（2）风险的分担应当合理。工程建设是业主和承包商合力完成的任务，风险也应当由双方合力承担，而这种风险的分担也应当尽量的保证公平合理，应与双方的责权利相对应。

（3）工程合同的公平原则还应当体现工程惯例。工程惯例指工程中通常采用的做法，一般比较公平合理，如果工程中规定或条款严重违反惯例，往往就违反了公平合理原则。

5．遵守法律法规和公序良俗原则

工程合同的订立和履行，应当遵守法律法规和公序良俗的原则。工程合同的当事人应当遵守《民法通则》《建筑法》《合同法》《招标投标法》等法律法规，在法律的约束下行使自己的权利，并不能违反公共秩序和社会公共利益。

5.1.4 合同的法律关系

1．合同法律关系的概念

合同法律关系指由合同法律规范调整的当事人在民事流转过程中形成的权利义务关系。合同法律关系包括合同法律关系主体、合同法律关系客体、合同法律关系内容三个要素。这三个要素构成合同法律关系，缺少其中任何一个要素都不能构成合同法律关系。

2．合同法律关系的主体

合同法律关系的主体是参加合同法律关系、享有相应权利、承担相应义务的当事人。合同法律关系的主体可以是自然人、法人或其他组织。

（1）自然人。自然人是指基于出生而成为民事法律关系主体的有生命力的人。

（2）法人。法人是相对于自然人而言的社会组织，是法律上的“拟制人”。

1）依法成立。尽管由于法人的性质、业务范围不同，法人的设立程序也有区别，但都必须依法定程序设立。社会组织只有依法成立，才能取得法人资格，这有别于有些法律关系主体，如公民，无须经过法定程序即可取得主体资格。

2）有必要的财产或者经费。法人必须具有一定的财产或独立经营管理的活动经费，这是法人参与经济活动、完成法人任务、从事经营管理活动的物质基础，也是法人独立承担经济责任的前提。所谓独立支配的财产，包括法人享有独立支配权的财产或者独立所有权的财产。

3）有自己的名称、组织机构和场所。法人的名称或字号是代表法人的符号，是使法人特定化、区别于其他法人的标志。法人只有以自己的名义进行经济活动才能为自己取得经济权利、设定经济义务。法人应当具有健全的组织机构，如法人应有自己的组织章程；有产生法人意志的机关；有实现法人意志的机构等。这些机构相互配合，相互制约，组成一个有机整体。场所是指法人从事生产、经营活动的固定地点，法人要有固定的场所作为其享有权利和承担义务的法定住所地，有利于开展生产经营和服务活动，同时也有利于国家主管机关进行监督。

4）能独立承担民事责任。这要求法人以自己拥有的全部财产对债务负责。除法律有特别规定外，法人的发起人、股东对法人的债务不承担无限连带责任。

（3）其他社会组织。其他社会组织是指依据有关法律规定能够独立从事一定范围生产经营或服务活动，但不具备法人条件的社会组织。主要有：法人的分支机构、不具备法人资格的联营体、合伙企业、个人独资企业等。

3．合同法律关系的客体

合同法律关系的客体是指参加合同法律关系的主体享有权利和承担义务所共同指向的对象。法律关系的客体有物、财、行为和智力成果。

（1）物，是指法律关系主体支配的、在生产上和生活上所需要的客观实体。施工中使用的各种建筑材料、施工机械就都属于物的范围。

（2）财，一般指资金及各种有价证券。建设法律关系中表现为财的客体主要是建设资金工程款等。

（3）行为。在合同法律关系中，行为表现为完成一定的工作，如勘察设计、施工安装、监理单位提供的服务等，这些行为都可以成为合同法律关系的客体。

（4）智力成果。是通过人的智力活动所创造出的精神成果，包括知识产权、技术秘密等。如专利技术、计算机软件等，都可能成为合同法律关系的客体。

4．合同法律关系的内容

合同法律关系的内容是指合同约定和法律规定的权利和义务，合同法律关系的内容是合同的具体要求，决定了合同法律关系的性质，它是连接主体的纽带。

（1）权利，是指合同法律关系主体在法定范围内，按照合同的约定有权按照自己的意志做出某种行为。

（2）义务，是指合同法律关系主体必须按照法律规定或约定承担相应的责任。

5.1.5　合同的分类

可以从不同的角度对合同进行分类。

1.《合同法》的基本分类。《合同法》分则部分将合同分为买卖合同、供电（水、气、热力）合同、赠予合同、借款合同、承揽合同、租赁合同、建设工程合同等15类，并对每类合同都做了详细的规定。

2．其他分类。其他分类是侧重学理分析的，《合同法》中也有涉及。

（1）计划合同与非计划合同。计划合同是依据国家有关计划签订的合同；非计划合同则是当事人根据市场需求和自己的意愿订立的合同。虽然在市场经济中，依计划订立的合同比重降低了，但仍然有一部分合同是依据国家有关计划订立的。对于计划合同，有关法人、其他组织之间应当依照有关法律、行政法规规定的权利和义务订立合同。

（2）双务合同与单务合同。双务合同是当事人双方相互享有权利和相互负有义务的合同。大多数合同都是双务合同，如建设工程合同。单务合同是指合同当事人双方并不相互享有权利、负有义务的合同，如赠予合同。

（3）诺成合同与实践合同。诺成合同是当事人意思表示一致即可成立的合同。实践合同则要求在当事人意思表示一致的基础上，还必须交付标的物或者其他给付义务的合同。在现代经济生活中，大部分合同都是诺成合同。这种合同分类的目的在于确立合同的生效时间。

（4）主合同和从合同。主合同是指不依赖其他合同而独立存在的合同。从合同是以主合同的存在为存在前提的。主合同无效、终止将导致从合同无效、终止，但是从合同无效、终止不能影响主合同。担保合同是典型的从合同。

（5）有偿合同与无偿合同。有偿合同是指合同当事人双方任何一方均需给予另一方相应权益方能取得自己利益的合同。而无偿合同的当事人一方无须给予相应权益即可从另一方取得利益，绝大多数合同都是有偿合同。

（6）要式合同与不要式合同。如果法律要求必须具备一定形式和手续的合同，称为要式合同。反之，法律要求不具备一定形式和手续的合同，称为不要式合同。工程合同的签订必须采用书面形式，所以说工程合同就是要式合同。

5.1.6　法律关系的产生、变更与终止

1．合同法律关系的产生。合同法律关系的产生是指由于一定客观情况的存在，合同法律关系主体之间形成一定的权利义务关系。如业主与承包商协商一致，签订了建设工程合同，就产生了合同法律关系。

2．合同法律关系的变更。合同法律关系的变更是指已经形成的合同法律关系，由于一定

的客观情况的出现而引起合同法律关系的主体、客体、内容的变化。

（1）主体变更。主体的变更有两种形式：

1）主体数目的变化。主体数目发生变化表现为主体数目增加或者减少。如总承包商依法将所承揽的工程进行了分包，就导致了主体数目的增加。

2）主体改变。主体改变称为合同转让，即在合同中，客体不变，相应的权利和义务也不变，此时仅仅是主体的改变。

（2）客体变更。客体的变更是指法律关系中权利义务所指向的事物发生变化，客体的变更可以是范围的变更，也可以是性质的变更。

（3）内容的变更。包括权利的增加和权利的减少。

3．合同法律关系的终止。合同法律关系的终止是指法律关系主体之间的权利和义务不复存在，彼此丧失了约束力。法律关系的终止可以分为自然终止、协议终止和违约终止。

（1）自然终止。法律关系的自然终止，是指某类法律关系所规范的权利义务顺利履行。取得了各自的利益，从而使法律关系达到完结。工程合同的自然终止就表现在，施工单位按时竣工，建设单位依合同支付工程款。

（2）协议终止。法律关系的协议终止，是指法律关系主体之间协商解除某类法律关系规定的权利义务，致使该法律关系归于消灭。

（3）违约终止。法律关系的违约终止，是指法律关系主体一方违约，或者发生不可抗力，致使守约方的权利不能实现。

5.1.7 代理关系

1．代理的含义。代理人在代理权限内，以被代理人名义实施民事法律行为，被代理人对代理人的行为承担民事责任。代理涉及三方当事人，分别是被代理人、代理人和代理关系的第三人。

2．代理的种类代理包括委托代理、法定代理和指定代理。

（1）委托代理，是代理人根据被代理人授权而进行的代理。

（2）法定代理，是基于法律的直接规定而产生的代理。如父母代理未成年人进行民事活动就属于法定代理。

（3）指定代理，是根据人民法院或者有关机关指定而产生的代理。这种代理主要是为无行为能力人和限制行为能力的人而设立的。

3．代理人与被代理人的责任承担

（1）授权不明的责任承担。委托书授权不明的，被代理人应向第三人承担民事责任，代理人负连带责任。

（2）无权代理的责任承担。没有代理权、超越代理权或者代理权终止后的行为，只有经过被代理人的追认。被代理人才承担民事责任。未经追认的行为，由行为人承担民事责任。本人知道他人以本人名义实施民事行为而不做否认表示的，视为同意。

第三人知道行为人没有代理权、超越代理权或者代理权已经终止还与行为人实施民事行为给他人造成损害的。由第三人和行为人负连带责任。

（3）代理不履行职责的责任。承担代理人不履行职责而给被代理人造成损害的，应当承担民事责任。代理人和第三人串通，损害被代理人的利益的，由代理人和第三人负连带责任。如工程实践中的委托监理合同，监理单位和施工单位串通，损害建设单位的利益时，由监理单位和承包单位对其损害负有连带责任。

（4）代理事项违法的责任。承担代理人知道被委托代理事项违法仍然进行代理活动的，或者被代理人知道代理人的代理行为违法而不表示反对的，由被代理人和代理人负连带责任。

4．委托代理的终止有下列情形之一的，委托代理终止：

（1）代理期间届满或者代理事务完成；

（2）被代理人取消委托或者代理人辞去委托；

（3）代理人死亡；

（4）代理人丧失民事行为能力；

（5）作为被代理人或者代理人的法人终止。

5.2 合同的订立

5.2.1 合同的形式和内容

1．合同的形式

合同的形式可以分为书面形式、口头形式和其他形式。其中书面形式是指合同书、信件和数据电文（包括电报、电传、传真、电子数据和电子邮件）等可以有形地表现所载内容的形式。其他形式则包括公证、审批、登记等形式。

2．合同形式的原则

《合同法》在一般情况下对合同形式并无要求。只是在法律、行政法规和当事人有约定的情况下要求采用书面形式，即《合同法》在合同形式上的要求是以不要式为原则。《合同法》规定的合同形式的不要式原则的一个重要体现还在于：即使法律、行政法规规定或当事人约定采用书面形式订立合同。当事人未采用书面形式，但一方已经履行了主要义务，对方接受的，该合同成立。采用书面形式订立合同的，在签字盖章之前，当事人一方已经履行主要义务，对方接受的，该合同成立。

3．合同的内容。合同的内容由当事人具体约定，以下为《合同法》规定的一般条款，但具备这些条款不是合同成立的必备条件。

（1）当事人的名称或者姓名及住所。当事人的名称或者姓名，是指法人和其他组织的名称，住所是指它们的主要办事机构所在地。

（2）标的。依据合同种类的不同，合同的标的也各有不同。例如，买卖合同的标的是货物；建筑工程合同的标的是工程建设项目；货物运输合同的标的是运输劳务；借款合同的标的是货币；委托合同的标的是委托人委托受托人处理委托的事物等。

标的是合同的核心，它是合同当事人权利和义务的焦点。尽管当事人双方签订合同的主观意向各有不同，但最后必须集中在一个标的上。因此，当事人双方签订合同时，首先要明确合同的标的，没有标的或者标的不明确，必然会导致合同无法履行，甚至产生纠纷。

（3）数量。数量是计算标的多少的尺度。它把标的定量化，以便确立合同当事人之间的义务与权力的量化指标，从而计算价款或报酬。签订合同时，必须使用国家法定计量单位，作为计量标准化、规范化。如果计量单位不统一，一方面会降低工作效率；另一方面也会发生误解而产生纠纷。

（4）质量。质量是标的物价值和实用价值的集中表现，并决定着标的物的经济效益和社会效益，还直接关系到生产的安全和人身健康。因此，当事人签订合同时，必须对标的物的质量做出明确的规定。标的物的质量有国家标准的按国家标准签订，没有国家标准而有行业标准的按行业标准签订，或者有地方标准的按地方标准签订；如果标的物是没有上述标准的新产品时，可按照企业新产品鉴定的标准（如产品说明书、合格证载明的），写明相应的质量标准。国家鼓励企业采用国际质量标准。

（5）价款或者报酬。价款通常是指当事人一方为取得对方的标的物，而支付给对方一定数额的货币；报酬，通常是指当事人一方为另一方提供劳务、服务等，从而向对方收取一定数额的货币报酬。在社会主义市场经济条件下，当事人签订合同时，应接受有关部门的监督，不得违反有关规定，扰乱社会经济制度。

（6）履行期限、地点和方式。履行期限，是指当事人交付标的和支付价款或报酬的日期。也就是依据合同的约定，权利人要求义务人履行义务的请求权发生的时间。合同的履行期限，是一项重要条款，当事人必须写明具体的履行起止日期，避免因履行期限不明确而产生纠纷。倘若合同当事人在合同中没有约定履行期限，则按照有关规定处理。

履行地点，是指当事人交付标的和支付价款或报酬的地点。它包括标的的支付、提取地点；服务、劳务或工程项目建设的地点；价款和报酬结算的地点等。合同履行地点也是一项重要条款，它不仅关系到当事人现实权利和承担义务的发生地，还关系到人民法院受理合同纠纷案件的管辖地问题。因此，合同当事人签订合同时，必须将履行地点写明，并且要写得具体、准确，以免发生差错而产生纠纷。

履行方式，是指合同当事人双方约定以哪种方式转移标的物和结算价款。履行方式应根据可签订合同的类别而定。例如，买卖货物、提供服务、完成合同，其履行方式均有所不同。此外，在某些合同中还应当写明包装、结算方式，以利于合同的更好履行。

（7）违约责任。违约责任包括支付违约金、偿付赔偿金以及发生意外事故的处理等其他责任。法律有规定责任范围的按规定处理；法律没有规定责任范围的，由当事人双方协商议定办理。

（8）解决争议的方法。合同履行的过程中不可避免的产生争议，应当在合同条款中对解决争议的方式作出规定。根据我国现行法律规定，争议解决的方法有和解、调解、仲裁和诉讼。仲裁和诉讼是最终解决争议的两种不同方法，当事人只能在这两种方法中选择其一。

5.2.2 要约与承诺

当事人订立合同，采用要约、承诺方式。要约与承诺，是当事人订立合同必经的程序，也是当事人双方就合同的一般条款经过协商一致并签署书面协议的过程。订立合同的过程，一般先由当事人一方提出要约，再由另一方做出承诺，经签字、盖章后，合同即告成立。在法律程序上，把订立合同全过程划分为要约与承诺两个阶段。要约与承诺属于法律行为，当事人双方一旦做出相应的意思表示，就要受到法律的约束，否则必须承担法律责任。

1．要约邀请。要约邀请不是一种意思表示，而是一种事实行为，在发出要约邀请时，当事人处于订约的准备阶段。要约邀请只是引诱他人发出要约，它不能因相对人的承诺而使合同成立。在发出要约邀请以后，要约邀请人撤回其邀请，只要没有给相对人造成信赖利益的损失，要约邀请人一般不承担法律责任。寄送的价目表、拍卖公告、招标公告、商业广告等属于要约邀请。

2．要约

（1）要约的主要构成要件

1）要约是由具有订约能力的特定人做出的意思表示；

2）要约必须具有订立合同的意图；

3）要约必须向要约人希望与其缔结合同的受要约人发出；

4）要约的内容必须具体确定。

（2）要约生效

采用数据电文形式订立合同，收件人指定特定系统接收数据电文的，该数据电文进入该特定系统的时间，视为到达时间；未指定特点系统的，该数据电文进入收件人的任何系统的首次时间，视为到达时间。

（3）要约的撤回和撤销

要约撤回，是指要约在发生法律效力之前，欲使其不发生法律效力而取消该项要约的意思表示。要约人可以撤回要约，撤回要约的通知应当在要约到达受要约人前或同时到达受要约人。

要约撤销，是要约在发生法律效力之后，要约人欲使其丧失法律效力而取消该项要约的意思表示。要约可以撤销，撤销要约的通知应当在受要约人发出承诺通知之前到达受要约人。

要约撤回与要约撤销其主要区别在于，前者是要约没有发生法律效力，后者是要约发生了法律效力。

3．承诺

（1）承诺的概念和条件。承诺是指受要约人同意要约的意思表示。承诺具有以下条件。

1）承诺须由受要约人向要约人做出。非受要约人向要约人做出的意思表示不是承诺而是一种要约。

2）承诺的内容应当与要约的内容一致。在承诺中，受要约人必须表明其愿意按照要约的全部内容与要约人订立合同。也就是说，承诺对要约的同意，其同意内容须与要约的内容一致，才构成意思表示的一致即合意，从而使合同成立。承诺的内容与要约的内容一致，意味着承诺不得限制、扩张或者变更要约的内容。

3）承诺人必须在要约有效期限内做出承诺。受要约人超过承诺期限发出的承诺，除要约人及时通知受要约人该承诺有效的以外，为新要约。

在建设工程合同的订立过程中。招标人发出中标通知书的行为就是承诺。因此，作为中标通知书必须由招标人发出，并且其内容应当与招标文件、投标文件的内容一致。

（2）承诺的方式、期限和生效。

1）承诺的方式。承诺应当以通知的方式做出，但根据交易习惯或者要约表明可以通过行为做出承诺的除外。

2）承诺期限。承诺应当在要约确定的期限内到达要约人。要约没有确定承诺期限的，承诺应当依照下列规定到达。

①要约以对话方式做出的，应当及时做出承诺，但当事人另有约定的除外；

②要约以非对话方式做出的，承诺应当在合理期限到达。

3）承诺生效。承诺生效与合同成立是密不可分的法律事实。

承诺生效，是指承诺发生法律效力，也即承诺对承诺人和要约人产生法律约束力。承诺人做出的有效承诺，在事实上合同已经成立，已经成立的合同对合同当事人双方具有约束力。

（3）承诺撤回、超期和延迟。

1）承诺撤回。承诺可以撤回，撤回承诺的通知应当在承诺通知到达要约人之前或者与承诺通知同时到达要约人。承诺的撤回，是指承诺人主观上欲阻止或者消灭承诺发生法律效力的意思表示。承诺可以撤回，但不能因承诺的撤回而损害要约人的利益。因此，承诺的撤回是有条件的，即撤回承诺的通知应当在承诺生效之前或者与承诺通知同时到达要约人。

2）承诺超期。承诺的超期，也即承诺的迟到，是指受要约人超过承诺期限而发出的承诺。按照迟到的原因不同，《合同法》对承诺的有效性做出了区别对待，也因此产生了不同的法律后果。

①受要约人超过承诺期限发出承诺。除非要约人及时通知受要约人该承诺有效否则该超过期限的承诺视为新要约，对要约人不具备法律效力。

②非受要约人的责任原因延误到达的承诺。受要约人在承诺期限内发出承诺，按照通常的情况能够及时到达要约人，但因其他原因承诺到达要约人时超过了承诺期限。除非要约人及时通知受要约人因承诺超过期限不接受该承诺，否则承诺有效。

3）承诺延误。受要约人在承诺期限内发出承诺，按照通常情形能够及时到达要约人，但因为其他原因承诺到达要约人时超过承诺期限的，除要约人及时通知受要约人因承诺超过期限不接受该承诺的以外，该承诺有效。

5.2.3 缔约过失责任

缔约过失责任是指当事人在订立合同过程中，因违背“诚实信用原则”，给对方造成损失时，应承担的法律责任。缔约过失责任不同于违约责任，也有别于侵权责任，是一种独立的责任。

1．缔约过失责任的构成要素

（1）缔约当事人有违反先合同义务的行为。先合同义务，是自缔约人双方为签订合同而互相接触磋商开始逐渐产生的注意义务。先合同义务包括互相协助、互相照顾、互相保护、互相通知、诚实信用等义务。

（2）违反先合同义务的一方当事人在主观上存在过错。在合同订立过程中，缔约一方或双方具有故意或者过失的主观心理状态。在过错认定时，采用过错推定和过错相抵原则。侵害人一方有过错而受害人一方无过错时适用缔约过失责任。双方当事人都有过错时，先适用过错相抵原则，侵害人的过错大于受害人的过错的，由侵害人就大于的部分承担缔约过失责任。

（3）违反先合同义务的行为给对方造成了信赖利益的损失。当事人信赖利益的损失是对方当事人承担缔约过失责任的重要条件。

（4）一方当事人信赖利益的损失与对方当事人违反先合同义务的行为之间具有因果关系。损害结果的出现必须是因为对方当事人的缔约过错行为引起的。否则，即使出现了信赖利益的损害，当事人也不应承担责任。

以上是四个要件，缺一不可，否则就不能产生缔约过失责任。同时四要件间又是彼此联系的有机整体，缔约过失责任的认定必须严格按照这四个构成要件来进行。

2．缔约过失责任适用的情形

（1）假借订立合同，恶意进行磋商。所谓的恶意磋商，指一方没有订立合同的诚意，而假借订立合同与对方磋商导致了另一方遭受损失的行为。

（2）故意隐瞒与订立合同有关的重要事实或提供虚假情况。故意隐瞒重要事实或者提供虚假情况，是指对缔约当事人负有如实告知义务，如告知自身财务状况和履约能力、告知标的物真实状况等。如施工企业在投标过程中提供假的资质等级证书；代理人隐瞒无权代理这一事实而与相对人进行磋商，故意隐瞒标的物的瑕疵等。

（3）有其他违背诚实信用原则的行为

1）违反有效要约或者要约邀请，违反初步协议，未尽保护、照顾、通知等随附义务，违反强制缔约义务。

2）泄露或者不正当使用商业秘密。如发包人在建设工程招投标中或者在合同谈判中知悉对方的商业秘密，如果泄露或者不正当使用，给承包人造成损失的，应当承担损害赔偿责任。

5.3　合同的效力

5.3.1　合同的成立与生效

1．合同成立的条件

（1）订约主体应为双方或多方当事人。所谓订约主体是指实际订立合同的人，他们既可以是未来的合同当事人，也可以是合同当事人的代理人，订约主体与合同主体是不同的，合同主体是合同关系的当事人，他们是实际享受合同权利并承担合同义务的人。

（2）具备法律规定的要约与承诺这两个阶段或过程。要约承诺是合同成立的基本规则，也是合同成立必须经过的两个阶段。如果合同没有经过承诺，而只是停留在要约阶段，则合同未成立。合同是从合同当事人之间的交涉开始，由合同要约和对此的承诺达成一致而成立。

（3）订约当事人对主要条款达成合意。即当事人就合同的内容意思表示一致。合同成立又叫作合意，是当事人协商后，就双方提出的订入合同的条款达成一致意见。这当中要经过要约和承诺的过程，通过反要约以及承诺对要约的修改等许多步骤，才能使合同成立。

此外，对于实践性合同来说还应把实际交付物作为成立要件。以上只是合同的一般成立条件。实际上由于合同的性质和内容不同，许多合同都具有其特有的成立要件。

2．合同生效应当具备的条件

（1）当事人具有相应的民事权利能力和民事行为能力。行为人只有具备相应的民事权利能力和民事行为能力，能够正确理解自己行为的性质和后果、独立表达自己意思的能力，才能成为合同的主体，其合同行为才能发生法律效力。

（2）意思表示真实。合同双方签订合同时，必须处于自身真实的意思在合同上签字，没有重大误解，没有欺诈、胁迫等情况。在一般误解等情况下，合同仍为有效。在重大误解时，合同则可被变更或者撤销。

（3）合同的内容、合同所确定的经济活动必须合法，必须符合国家的法律、法规和政策要求，不得损害国家和社会公共利益。不违反法律或者社会公共利益，是合同有效的重要条件。所谓不违反法律或者社会公共利益，是就合同的目的和内容而言的。合同的目的，是指当事人订立合同的直接内心原因；合同的内容，是指合同中的权利义务及其指向的对象。不违反法律或者社会公共利益，实际上是对合同自由的限制。

3．合同的生效时间

（1）合同生效时间的一般规定。一般来说，依法成立的合同，自成立时生效。具体地讲：

口头合同自受要约人承诺时生效；书面合同自当事人双方签字或者盖章时生效；法律规定应当采用书面形式的合同，当事人虽然未采用书面形式但已经履行全部或者主要义务的，可以视为合同有效。合同中有违反法律或社会公共利益条款的，当事人取消或改正后，不影响合同其他条款的效力。

（2）附条件和附期限合同的生效时间。当事人可以对合同生效约定附条件或者约定附期限。附条件的合同，包括附生效条件的合同和附解除条件的合同两类。附生效条件的合同，自条件成就时生效；附解除条件的合同，自条件成就时失效。当事人为了自己的利益不正当阻止条件成就的，视力条件已经成就；不正当促成条件成就的，视为条件不成就。附生效期限的合同，自期限届至时生效；附终止期限合同，自期限届满时失效。

（3）合同成立地点。合同成立的地点可能成为确定法院管辖的依据。确定合同成立地点，遵守如下原则：承诺生效的地点为合同成立的地点。采用数据电文形式订立合同的，收件人的主营业地为合同成立地点；没有主营业地的，其经常居住地为合同成立的地点，当事人另有约定的，按照其约定。当事人采用合同书形式订立合同的，双方当事人签字或者盖章的地点为合同成立的地点。

5.3.2 无效合同

1．无效合同的特征

无效合同，是指合同虽然已经成立，但是因不符合法律要求的要件而不予承认和保护的合同。无效合同具有以下几个特征：

（1）合同自始无效。无效合同自订立时起就不具有法律效力。不是从合同无效的原因发现之日或者合同无效的确定之日起，合同才失去效力，这种无效的确认要溯及合同的订立时。

（2）合同绝对无效。合同自订立时无效，当事人不能通过同意或追认使其生效。

（3）合同当然无效。无论当事人是否知道其无效也无论当事人是否提出主张无效，法院或者仲裁机构可以主动审查决定该合同无效。

（4）合同无效，可能是全部无效，也可能是部分无效。如果合同部分无效，不影响其他部分的效力的，其他部分仍然有效。

（5）合同无效，不影响合同中独立存在的有关解决争议方法的条款的效力。

2．合同无效的原因

（1）一方以欺诈、胁迫手段订立的合同，损害国家利益。所谓欺诈是指一方当事人故意告知对方虚假情况，或者故意隐瞒真实情况，诱使对方当事人做出错误的意思表示。如施工企业伪造资质等级证书与发包人签订施工合同。

（2）一方以胁迫手段订立的合同，损害国家利益。胁迫是以给自然人及其亲友的生命健康、名誉、荣誉、财产等造成损害或者以给法人的荣誉、名誉、财产损失等造成的损害为要挟，迫使对方做出违背真实意思表示的行为。如材料供应商以败坏施工企业的名誉为要挟，迫使施工企业与其订立材料买卖合同。

（3）恶意串通、损害国家、集体或第三人利益的合同。恶意串通是指当事人同谋，共同订立某种合同，造成国家、集体或者第三人利益损害的合同。这种情况在建设工程领域中较为常见的是投标人串通投标或者招标人与投标人串通损害国家、集体或第三人利益的合同。投标人、招标人通过这种方式订立的合同是无效的。

（4）以合法形式掩盖非法目的。是指当事人实施行为在形式上是合法的，但在内容上或者目的上是非法的，以合法形式掩盖非法目的的合同并不要求造成损害后果，即无论造成损害与否，只要符合上述特征，即可构成无效。

（5）损害社会公共利益。社会公共利益有助于弥补现行法律、行政法规规定的缺失，主要是针对违反公序良俗的行为。如某施工单位在劳动合同中规定：雇员应当接受搜身检查的条款，或者在施工合同中的履行中规定以债务人的人身作为担保的约定，都属于无效合同条款。

（6）违反法律、行政法规的强制规定的合同。违反法律、行政法规的强制性规定的合同是无效的。如建设工程的质量标准是《标准化法》《建筑法》规定的强制性标准，如果建设工程合同当事人约定的质量标准低于国家标准，则该合同是无效的。

在司法实践中，当事人签订的下列合同也属无效合同：

1）无法人资格且不具有独立生产经营资格的当事人签订的合同；

2）无行为能力人签订的或者限制行为能力人依法不能签订合同时所签订的合同；

3）代理人超越代理权限签订的合同或以被代理人的名义同自己或同自己所代理的其他人签订的合同；

4）盗用他人名义签订的合同；

5）因重大误解订立的合同。

6）一方以欺诈、胁迫的手段或者乘人之危，使对方在违背真实意愿的情况下订立的合同。

对于第5）、6）两种情形，根据《合同法》的规定，受损方有权请求人民法院或者仲裁机构撤销合同。即使合同无效，但当事人请求变更的，人民法院或仲裁机构不得撤销。

3．无效的免责条款

免责条款是指合同旨在排除或限制当事人未来应付责任的合同条款。免责条款根据不同的划分标准可做不同的分类。

（1）按排除和限制的责任范围可划分为：

1）完全免责条款，如“货经售出，概不退换”。

2）部分免责，可以表现为规定责任的最高限额、计算方法，如洗涤、冲晒，合同规定，如有遗失、损坏，最高按收取费用的10倍赔偿；有的列明免责的具体项目，如保险单；有的两者同时使用。

（2）按免责条款的运用，可划分为格式合同中的免责条款和一般合同中的免责条款。一般而言，国家对格式合同的规定较严，对其中的免责条款效力的认定，条件从严；对于一般合同相对较宽。

当然，并不是所有免责条款都有效，合同中的下列条款无效：

1）造成对方人身伤害的；

2）因故意或者重大过失造成对方财产损失的。

上述两种免责条款具有一定的社会危害性，双方即使没有合同关系也可追究对方的侵权责任。因此这两种免责条款无效。

4．合同无效的法律后果

合同被确认无效后，尚未履行或正在履行的，应当立刻终止履行。对无效合同的财产后果，应本着维护国家利益、社会公共利益和保护当事人合法权益相结合的原则，根据《合同法》的规定予以处理。

1）返还财产。合同被确认无效后，因该合同取得的财产，应当予以返还，不能返还的，应当作价补偿。建设工程合同如果无效一般都无法返还财产，一般应当采用作价补偿的方法处理。

2）赔偿损失。合同被确认无效后，有过错的一方应赔偿对方因此而受到的损失。如果双方都有过错，应当根据过错的大小各自承担相应的责任。

3）收归国库所有。双方恶意串通、损害国家利益或者第三人利益的，国家采取强制措施将双方所取得的财产收归国库或者返还第三人。

5.3.3 可变更、可撤销合同

1．可变更、可撤销合同的概念

可变更、可撤销合同，是指欠缺生效条件，但是当事人可以依照自己的意思使合同的内容变更或者使合同的效力归于消灭的合同。

2．导致合同变更与撤销的原因

（1）重大误解。重大误解是指由于合同当事人一方本身的原因，对合同的主要内容发生误解，产生错误的认识而订立了合同，造成了重大损失的情形。

（2）在订立合同时显失公平。一方当事人利用优势或者利用对方没有经验，致使双方的权利和义务明显违反公平原则的，可以认定为显失公平。

3）因欺诈、胁迫等手段或者乘人之危订立的合同。一方以欺诈、胁迫等手段或者乘人之危，使对方在违背真实意思的情况下订立的合同，受害方有权请求人民法院或者仲裁机构变更或者撤销合同。

3．撤销权的行使

（1）行使撤销权的主体。任何一方当事人认为合同是由重大误解订立的或者显失公平订立的，都可以向法院提出变更或者撤销的请求。而以欺诈、胁迫或者乘人之危订立合同的，请求变更、撤销权只有受损害方才能行使。

（2）撤销权使用。对于可变更、可撤销合同，撤销权人可以申请法院或者仲裁机构撤销合同，也可以申请法院或者仲裁机构变更合同，当然还可以不行使撤销权，继续认可该合同效力。

4．撤销权的消灭

法律对撤销权的行使有一定的限制，即行使撤销权有一定的时效要求。有下列情况之一的，撤销权消灭：

（1）具有撤销权的当事人自知道或者应当知道撤销事由之日起一年内没有行使撤销权；

（2）具有撤销权的当事人知道撤销事由后明确表示或者以自己的行为放弃撤销权。

5．合同被撤销后的法律后果

可变更、可撤销合同被撤销后，其法律后果与无效合同相同。有返还财产，赔偿损失，追缴财产、收归国库有三种。

6．可变更、可撤销合同的认定机构

只有人民法院或者仲裁机构有权变更或者撤销合同。可变更或可撤销合同不同于无效合同，当事人提出请求是合同是否变更和撤销的前提，人民法院或仲裁机构不能主动变更或撤销合同。当事人如果只要求变更，人民法院或者仲裁机构不能撤销其合同。

5.3.4 效力待定合同

1．效力待定合同概念

效力待定合同。是指合同成立之后，是否具有效力还未确定，有待于其他行为或者事实使之确定的合同。

（1）效力待定合同不同于无效合同。无效合同具有违法性。效力待定合同并无违法性，仅仅是效力尚不确定，法律并不强制干预，而将选择合同效力的权利赋予相关当事人或者真正权利人。

（2）效力待定合同不同于可撤销、可变更合同。可撤销、可变更合同在未撤销前是具有效力的，效力待定合同是欠缺某种生效要件，是否有效还未确定。可撤销、可变更合同只能通过法院或者仲裁机构进行撤销。效力待定合同不必通过法院或者仲裁机构，而是通过私人之间的行为，诸如追认、催告或者一定的事实来确定合同效力。

2．效力待定合同的类型及其处理

（1）限制民事行为能力人签订的合同。限制民事行为能力人未经其法定代理人事先同意，独立签订了依法不能独立签订的合同，则构成效力待定合同。此类效力待定合同须经限制民事行为能力人的法定代理人行使追认权予以追认后才有效。对于限制民事行为能力人签订纯获利的合同，不需要法定代理人的同意，自然有效，如赠予合同。

（2）无权代理人以代理人名义订立的合同。行为人没有代理权、超越代理权或代理权终止后仍然以被代理人的名义与相对人订立合同，未经代理人追认的，对被代理人不发生效力，由行为人承担责任。

（3）表见代理人订立的合同。表见代理是善意相对人通过被代理人的行为足以相信无权代理人具有代理权的代理。基于此信赖，该代理行为有效。善意相对人与无权代理人订立的合同，其后果由被代理人承担。

（4）法定代表人、负责人越权签订的合同。法人或者其他组织的法定代表人、负责人超越权限订立的合同，除相对人知道或应当知道其超越权限外，该代表行为有效。

（5）无处分权人所订立的合同。无处分权人只能对财产享有占有、使用权。无处分权人处分他人财产与相对人订立的合同，经权利人追认或者无处分权人订立合同后取得处分权的，该合同有效。无处分权人与相对人订立的合同，若未获追认或者无处分权人在订立合同后未获取处分权，则合同不生效。

5.4 合同的履行

5.4.1 合同履行的概念及原则

1．合同履行的概念

合同履行是合同中最具实质性的一步。是指合同各方当事人按照合同的规定，全面履行各自义务，实现各自的权利的行为。

2．合同履行的原则

（1）全面、适当履行的原则。全面、适当履行，是指合同当事人双方应当按照合同约定全面履行自己的义务，包括履行义务的主体、标的、数量、质量、价款或者报酬以及履行方式、地点、期限等，都应当按照合同的约定全面履行。

（2）遵循诚实信用的原则。诚实信用原则是我国《民法通则》的基本原则，也是《合同法》中一项十分重要的原则，它贯穿于合同的订立、履行、变更、终止等全过程。因此，当事人在订立合同时，要讲诚实，要守信用，要善意，当事人双方要互相协作，合同才能圆满地履行。

（3）协作履行原则。协作履行原则，是指当事人不仅适当履行自己的合同债务，而且应基于诚实信用原则的要求协助对方当事人履行其债务的履行原则。合同的履行，只有债务人的给付行为，没有债权人的受领给付，合同的内容仍难实现。不仅如此，在建筑工程合同、技术开发合同、技术转让合同、提供服务合同等场合，债务人实施给付行为也需要债权人的积极配合；否则，合同的内容也难以实现。因此，履行合同，不仅是债务人的事，也是债权人的事，协助履行往往是债权人的义务。

（4）情势变更原则。情势变更，是指在合同有效成立后，履行前，因不可归责于双方当事人的原因而使合同立的基础发生变化，如继续履行合同将会造成显失公平的后果。在这种情况下，法律允许当事人变更合同的内容或者解除合同，以消除不公平的后果。

5.4.2 合同履行中条款空缺的法律适用

1．合同条款空缺

当事人订立合同时，对合同条款的约定应当明确、具体，以便于合同履行。由于有些当事人因合同法律知识欠缺，对事物认识上的错误以及疏忽大意等原因，而出现欠缺某些条款或者条款约定不明确，致使合同难以履行，为了维护合同当事人的正当权益，法律规定允许当事人间可以约定，采取措施，补救合同条款空缺的问题。

2．协议补充按照有关规定或者交易习惯

合同生效后，当事人就质量、价款或者报酬、履行地点等内容没有约定或约定不明确的，可以协议补充；不能达成补充协议的，按照合同有关条款或者交易习惯确定。

3．合同内容不明确又不能达成补充协议时的法律适用规定

（1）质量要求不明确的，按照国家标准、行业标准履行；没有国家标准、行业标准的，按照通常标准或者符合合同目的的特定标准履行。如：建筑工程合同中的质量标准，大多数是强制性的国家标准，这就要求当事人的约定不能低于国家标准。

（2）价款或者报酬不明确的，按照订立合同时履行的市场价格履行；依法应当执行政府定价或者政府指导价的，按照规定履行。如：建筑工程施工合同中，合同的履行地是不变的，始终是工程所在地。因此，当合同没有明确约定价款或者报酬时，应当执行工程所在地的市场定价。

（3）履行地点不明确，给付货币的，在接受货币一方的所在地履行；交付不动产的，在不动产所在地履行；其他标的在履行义务一方所在地履行。

（4）履行期限不明的，债务人可以随时履行，债权人也可以随时要求履行，但应当给对方必要的履行时间。

（5）履行方式不明确的，按照有利于实现合同目的的方式履行。

（6）履行费用的负担不明确的，由履行义务一方负担。

（7）适用于政府定价或者政府指导价商品的具体规定，政府定价或者政府指导价的商品由于其具有特殊性，《合同法》做出了单独的规定：执行政府定价或者政府指导价的，在合同约定的交付期限内政府价格调整时，按照交付时价格计价。逾期交付标的物的，遇到价格上涨时，按照原价格执行，价格下降时，按照新价格执行。逾期提取标的物或者逾期付款的，遇到价格上涨时，按照新价格执行，新价格下降时，按照原价格执行。

5.4.3 合同履行方式

合同履行方式是指债务人履行债务的方法。合同采取何种方式履行，与当事人有着直接的利害关系。因而，在法律有规定或者双方有约定的情况下，应严格按照法定的或约定的方式履行。没有法定或约定，或约定不明确的，应当根据合同的性质和内容，按照有利于实现合同目的的方式履行。合同的履行方式主要有：

1．分期履行

分期履行是指当事人一方或双方不在同一时间和地点以整体的方式履行完毕全部约定义务的行为，是相对于一次性履行而言的，如分期交货合同、分期付款买卖合同、按工程进度付款的工程建设合同等。如果一方不按约定履行某一期次的义务，则对方有权请求违约方承担该期次的违约责任；如果对方也是分期履行的，且没有履行先后次序，一方不履行某一期次义务，对方可作为抗辩理由，也不履行相应的义务。分期履行的义务，不履行其中某一期次的义务时，对方是否可以解除合同？这需要根据该期次的义务对整个合同履行的地位和影响来区别对待。

2．部分履行

部分履行是就合同义务在履行期届满后的履行范围及满足程度而言的。履行期届满，全部义务得以履行为全部履行，但是其中一部分义务得以履行的，为部分履行。部分履行同时意味着部分不履行。在时间上适用的是到期履行。履行期限表明义务履行的时间界限，是适当履行的基本标志。作为一个规则，债权人在履行期届满后有权要求其权利得到全部满足，对于到期合同，债权人有权拒绝部分履行。

3．提前履行

提前履行是债务人在合同约定的履行期限届至以前就向债权人履行给付义务的行为。在多数情况下，提前履行债务对债权人是有利的。但在特定情况下，提前履行也可能构成对债权人的不利，如可能使债权人的仓储费用增加，对鲜活产品的提前履行，可能增加债权人的风险等。因此，债权人可能拒绝受领债务人提前履行，但若合同的提前履行对债权人有利，债权人则应当接受提前履行。提前履行可视为对合同履行期限的变更。

5.4.4 合同履行中的抗辩权

在双务合同中，如果一方或者双方具有法律规定的事由，法律授权当事人可以私自救济，通过拒绝履行自己的义务来保护自己的合法权益，而不承担违约责任，这就是双务合同中的抗辩权。

1．合同履行顺序的一般规则

合同履行的顺序，表面上看是一个谁先谁后的时间顺序排列问题，由于市场经济中各种机会的存在，它实质上是一种风险的分担与化解机制。履行时间的设定、履行行为的启动，往往都是通过双方反复博弈、精心设计的。作为一般规则，履行顺序可概括如下：

（1）合同的履行顺序一般由当事人自行约定，严格按照约定进行。

（2）当事人的义务有先后履行顺序的，按先后顺序；先履行一方未履行之前，后履行一方有权拒绝其履行请求；先履行一方履行债务不符合约定的，后履行一方有权拒绝其相应的履行。这又称为“后履行抗辩权”或“异时履行抗辩权”。

（3）当事人的义务没有约定先后顺序的，往往适用法律的补缺条款或惯例。

2．履行抗辩权的类型

依其具体情形可以分为同时履行抗辩权、先履行抗辩权和不安抗辩权三种。

（1）同时履行抗辩权。同时履行抗辩权指当事人互负债务，没有先后履行顺序的，应当同时履行，一方在对方履行前有权拒绝其履行要求。一方在对方履行债务不符合约定时，有权拒绝其相应的履行要求。如在施工合同中期付款时，对承包人施工质量不合格部分，发包人有权拒绝支付该部分的工程款，反之，如果建设单位拖欠工程款，则承包人也放慢施工进度，甚至可以停工，产生的后果由违约方承担。

同时履行抗辩权的构成条件是：

1）双方当事人因同一双务合同互负对价义务，即双方的债务必须由同一双务合同产生，且债务具有对价性。两项给付互为条件或互为原因，两项给付的交换即为合同的履行。若双方非因同一合同产生的债务或债务虽系同一合同产生但不具有对价性，都不能成立同时履行抗辩权。

2）两项给付没有履行先后顺序。当事人没有约定，法律也没有规定合同哪一方负有先履行给付的义务，当事人只有在此情况下才可行使同时履行抗辩权。

3）对方当事人未履行给付或未提出履行给付。同时履行的提出是为了催促另一方当事人及时给付，故在一方当事人履行了给付后，同时履行抗辩原因就消失了。对于当事人提出履行给付的，一般来说，对方当事人不产生同时履行抗辩权。但此处的“提出履行给付”应满足两个条件：一是当事人表示要履行给付义务；二是当事人在合同规定的履行期限到来时有充分的能力履行其给付义务。提出履行给付不可能构成对同时履行抗辩权的对抗。

4）同时履行抗辩权的行使，以对方给付尚属可能为限。同时履行抗辩权的行使是期待对方当事人与自己同时履行给付。若对方当事人已丧失履行能力，则合同归于解除，同时履行抗辩权就丧失了存在价值和基础。

（2）后履行抗辩权。后履行抗辩权是指当事人互负债务，有先后履行顺序，应当先履行的一方没有履行时，或者应当先履行的一方履行债务不符合规定的，后履行的一方有权拒绝其相应的履行要求。如材料供应合同按照约定应由供货方先行交付订购的材料后，采购方再行付款结算，若合同履行过程中供货方交付的材料质量不符合约定的标准，采购方有权拒付货款。

后履行抗辩权应满足的条件为：

1）由同一双务合同产生互负的对价给付债务。

2）合同中约定了履行的顺序。

3）应当先履行的合同当事人没有履行债务或者没有正确履行债务。

4）应当先履行的对价给付是可能履行的义务。

（3）先履行抗辩权。先履行抗辩权，又称为不安抗辩权，是指合同中约定了履行的顺序，合同成立后发生了应当后履行合同一方财务状况恶化的情况，应当先履行合同一方在对方未履行或者提供担保前有权拒绝先为履行。

先履行抗辩权的构成条件是：

1）先履行抗辩权的合同属双务合同，在时间上存在前后相继的两个不同履行次序。倘若没有履行上的先后次序之分，应为同时履行，则适用同时履行抗辩权。

2）行使先履行抗辩权必须基于对方有不履行之嫌疑，如后履行一方财务状况恶化，履约能力急剧下降，存在明显的不履行合同的预兆，此时要求先履行一方依约履行合同，只能是无谓地扩大损失，是不公平的。因而先履行一方预料到对方确实不能履行义务时有权行使抗辩权。

3）对方不履行之嫌疑必须建立在确切的证据基础上。由于经济生活极为复杂多变，对后履行一方的担忧不应当是主观上的推测、预料、臆断，而必须通过客观的事实来证明。

应当先履行合同的一方有确切证据证明对方有下列情形之一的，可以中止履行：

1）经营状况严重恶化；

2）转移财产、抽逃资金。以逃避债务的；

3）丧失商业信誉；

4）有丧失或者可能丧失履行债务能力的其他情形。

当事人中止履行合同的，应当及时通知对方，当对方提供适当的担保应当恢复履行。

5.4.5 合同不当履行的处理

1．因债权人致使债务人履行困难的处理

合同生效后，当事人不得因姓名、名称的变更或法定代表人、负责人、承办人的变动而不履行合同义务。债权人分立、合并或者变更住所应当通知债务人。若因没有通知债务人，会使债务人不知道向谁履行债务或者不知道在何地履行债务，致使履行债务发生困难，出现这些情况，债务人可以中止履行或者将标的物提存。

中止履行是指债务人暂时停止合同的履行或者延期履行合同。提存是指由于债权人的原因致使债务人无法向其交付标的物，债务人可以将标的物交给有关机关保存以此消灭合同的制度。

2．提前或者部分履行的处理

提前履行是指债务人在合同规定的履行期限到来之前开始履行自己的义务。部分履行是指债务人没有按照合同约定履行全部义务而只履行自己的一部分义务。提前或者部分履行会给债权人行使权利带来困难或者增加费用、债权，可以拒绝债务人提供提前或者部分履行债务，由此增加的费用由债务人承担，但不损害债权人且债权人同意的情况除外。

3．合同不当履行中的保全措施

保全措施是指为防止因债务人财产不当减少而给债权人带来危害行为，允许债权人为确保其债权的实现而采取的法律措施，这些措施包括代位权和撤销权两种。

（1）代位权。代位权是指因债务人怠于行使其到期的债权，对债权人造成损害，债权人可以向法院请求以自己的名义代位行使债务人的债权。

（2）撤销权是指因债务人放弃到期的债权或者无偿转让财产，对债权人造成损害的，债权人可以请求人民法院撤销债务人的行为。债务人以明显不合理低价转让财产，对债权人造自债权人知道或者应当知道撤销事由之日起 1 年内行使。自债务人的行为发生之日起 5 年内没有行使撤销权的，该撤销权消灭。

5.5 合同的变更、转让及终止

5.5.1 合同的变更

1．合同变更的概念

合同变更是指当事人对已经发生法律效力，但是尚未履行或者尚未完全履行的合同，进行修改或补充所达成的协议。《合同法》规定，当事人协商一致可以变更合同。

2．合同变更的内容

合同的变更是指合同依法成立后，在尚未履行或尚未完全履行时，当出现法定条件时当事人对合同内容进行的修订或调整。当事人协商一致，可以变更合同。法律、行政法规规定变更合同时应当办理批准、登记等手续的，依照其规定办理。其特征有：

（1）合同变更必须双方协商一致，并在原合同的基础上达成新协议。

（2）合同变更必须在原合同履行完毕之前实施。

（3）合同变更只是在原合同存在的前提下对部分内容进行修改、补充，而不是对合同内容的全部变更。合同的解除是指在合同没有履行或没有完全履行之前，因订立合同所依据的主客观情况发生变化，致使合同的履行成为不可能或不必要，依照法律规定的程序和条件，合同当事人的一方或者协商一致后的双方，终止原合同法律关系。

3．合同变更的方法

合同变更的方法包括当事人协商变更和法定变更两种。

（1）当事人协商变更。当事人可以协商一致订立合同，在订立合同后，双方也有权根据实际情况，对权利义务做出合理调整。当事人协商变更合同可能会涉及以下法律问题：

1）对于无效变更的处理。如果当事人的变更行为（如欺诈、胁迫）或变更内容（如价格违法、违反法定质量标准）不合法，则不能产生变更后的法律后果，即变更后的内容不能抵抗原有内容，原来的权利义务继续有效。

2）不要式合同不能变更为要式合同。《合同法》规定，对于应当办理批准、登记手续的合同，变更时应办理相应手续，未办理法定手续的不发生变更的法律后果。

3）内容不明确推定为未变更。当事人对合同变更的内容约定不明确的，不便于推测当事人的真实意图，难以履行。《合同法》规定，应定为未变更。

4）附条件的变更。对权利义务的变更可以是附条件的，最为典型的是“待履行和解”，即债权人与债务人达成协议，对原合同的内容做出调整，其条件是债务人履行特定的义务。债务人没有履行特定义务时，合同按变更前的内容履行，视为未变更；债务人依照约定履行特定义务，则可按照变更后的合同履行。

（2）法定变更。《合同法》规定，在下列情况下，可请求人民法院或仲裁机构变更：

1）重大误解、显失公平订立的合同，一方以欺诈、胁迫的手段或乘人之危，使对方在违背真实意思的情况下订立的合同。

2）约定违约金过分低于造成的损失或过分高于造成的损失，可请求增加或减少。

5.5.2　合同的转让

1．合同转让的概念

合同转让，是指合同成立后，当事人依法可以将合同中的全部权利、部分权利或者合同中的全部义务、部分义务转让或转移给第三人的法律行为。

2．合同转让的类型

合同转让分为合同债权的转让（通知义务）；合同义务的转让（须经债权人同意）；合同权利和义务的全部转让（须经对方同意）。

（1）债权的转让。债权转让，是指合同债权人通过协议将其债权全部或者部分转让给第三人的行为。债权转让又称债权让与或合同权利转让。债权转让的法律规定：

1）债权人可以将合同的权利全部或者部分转让给第三人，但有下列情形之一的除外：

①根据合同法性质不得转让；

②按照当事人约定不得转让；

③按照法律规定不得转让。

当事人转让债权时，必须遵守上述规定，否则，转让行为无效。

2）债权的转让必须通知债务人

《合同法》规定了债权转让对债权人发生效力的要件，即以债权人通知债务人为生效要件。债权转让通知，是指债权转让人向债务人做出转让债权的意思表示，该意思表示属于单方意思表示。通知的方式可以是口头形式或书面形式。但是以书面形式订立的合同债权转让应当采用书面形式。法律、行政法规有规定的，应按规定办理。

3）债权转让有效的条件

①必须有有效存在的债权；

②债权的转让人与受让人必须就债权让与达成合意；

③转让的债权必须具有可让与性；

④必须有转让通知。

（2）债务转移。债务转移，是指合同债务人与第三人之间达成协议，并经债权人同意，将其义务全部或部分转移给第三人的法律行为。债务转移又称债务承担或合同义务转让。债务转移的法律规定：

1）债务人将合同的义务全部或者部分转移给第三人的，应当经过债权人同意。债务转移包括：债务全部转移和债务部分转移。当债务全部转移时，债务人即脱离了原来的合同关系而由第三人取代原债务人而承担原合同债务，原债务人不再承担原合同中的义务和责任；当债务部分转移时，原债务人并完全脱离债务关系，而是由第三人加入原来的债务关系，并与债务人共同向同一债权人承担原合同中的义务和责任。

2）债务转移发生效力后，债务承担人将全部或部分地取代债务人的地位而成为合同的当事人，即新债务人，这是债务承担的效力表现债务承担，是债务以承受时的状态转移于新债务人，因此，为了使新债务人的利益不受损害，基于原债务所产生的抗辩权对于新债务人应当具有法律效力。

3）新债务人应当承担与主债务有关的从债务，是指在当事人没有约定从债务由何人承担时，从债务人应当由新债务人承担；如果经债权人同意，在主从债务可以分开的情况下，主债务由新债务人承担；从债务由原债务人承担也是可以允许的，因为这实际上是将债务分为主债务和从债务两部分，而由新债务人和原债务人共同承担，即并存的债务承担。

5.5.3　合同的终止

1．合同终止的概念

合同终止，是指由于一定的法律事实的发生，使得合同所设定的权利义务在客观上已不再存在。也就是，合同权利和义务的终止，当事人之间的权利义务关系消灭。

有下列情形之一的，合同的权利义务终止：

（1）债务已经按照约定履行；

（2）合同解除；

（3）债务相互抵消；

（4）债务人依法将标的物提存；

（5）债权人免除债务（债权人免除债务人部分或全部债务的，合同部分或全部终止）；

（6）债权债务同归于一人（但涉及第三人利益的除外）；

（7）法律规定或当事人约定终止的其他情形。

合同的权利义务终止后，当事人应当遵循诚实信用原则，根据交易习惯履行通知、协助、保密等义务。合同的权利义务终止，不影响合同中结算和清理条款的效力。

2．合同的解除

合同的解除，是指合同成立后，尚未履行或履行完毕前当事人一方行使法定的解除权而使合同效力归于消灭的行为。合同一经有效成立，就具有法律效力，当事人双方都必须严格遵守，适当履行，不得擅自变更或解除。这是中国法律所规定的重要原则。只有在主客观情况发生变化使合同履行成为不必要或不可能的情况下，合同继续存在已失去积极意义，将造成不适当的结果，才允许解除合同。

（1）约定解除

1）当事人协商一致，可以解除合同。是指合同当事人双方都同意解除合同，而不是单方行使解除权。

2）约定一方解除合同条件的解除。是指当事人在合同中约定解除合同的条件，当合同成立之后，全部履行之前，由当事人一方在某种情形出现后享有解除权，从而终止合同关系。

约定解除是根据当事人的意思表示产生的，其本身具有较大的灵活性，在复杂的事物面前，它可以更确切地适应当事人的需要。当事人采取约定解除的目的虽然有所不同，但主要是考虑到当主客观上的各种障碍出现时，可以从合同的拘束下解脱出来，给废除合同留有余地，以维护自己的合法权益。

（2）合同法定解除。有下列情形之一的，当事人可以解除合同：

1）因不可抗力致使合同目的不能实现的；

2）在履行期限届满之前，当事人一方明确表示或者以自己的行为表明不履行主要债务；

3）当事人一方迟延履行主要债务，经催告后在合理期限内仍未履行；

4）当事人一方迟延履行债务或者有其他违约行为致使不能实现合同目的；

5）法律规定的其他情形。法律针对某些具体合同规定了特别法定解除条件，遵从其规定。

主张解除合同的，应当通知对方。合同自通知到达对方时解除。对方有异议的，可以请求人民法院或者仲裁机构确认解除合同的效力。

合同解除后，尚未履行的，终止履行；已经履行的，根据履行情况和合同性质，当事人可以要求恢复原状、采取其他补救措施，并有权要求赔偿损失。合同的权利义务终止后，不影响合同中结算和清理条款的效力。

3．合同终止与合同解除的区别

（1）二者的效力不同。合同的解除既能向过去发生效力，使合同关系溯及既往地消灭，发生恢复原状的效力，也能向将来发生效力，即不发生溯及既往的效力。而合同的终止只是使合同关系消灭，向将来发生效力，不产生恢复原状的效力。

（2）二者适用的范围不同。合同解除通常被视为对违约的一种补救措施，是对违约方的制裁。因此，合同的解除一般仅适用于违约场合。合同的终止虽然也适用于一方违约的情形，但主要是适用于非违约的情形，如合同因履行、双方协商一致、抵消、混同等终止。由此可见，合同终止的适用范围要比合同解除的适用范围广。

5.6 合同的违约与争议的处理

5.6.1 违约责任

1．违约责任概述

（1）违约责任的概念。违约责任是指当事人任何一方不履行合同义务或者履行合同义务不符合约定而应当承担的法律责任。违约责任的承担方式主要有三种：继续履行、采取补救措施和赔偿损失。

（2）承担违约责任的条件。按照《合同法》规定，承担违约责任的条件采用“严格责任原则”，不论当事人主观是否有过错，只要有违约行为，就应当承担违约责任。

（3）承担违约责任的原则。《合同法》规定的承担违约责任是以“补偿性”为原则的。补偿性是指违约责任旨在弥补或者补偿因违约行为造成的损失。

2．承担违约责任的方式

（1）继续履行。继续履行，是指某合同当事人在违反合同后，非违约方有权要求对方按照合同约定继续履行合同。继续履行包含合同当事人无论是否承担了赔偿金或者承担了其他形式的违约责任，都必须根据对方的要求，在自己能够履行的条件下，对合同未履行的部分继续履行，即该条违约责任可以和其他违约者责任一起适用。

（2）采取补救措。施当事人违反合同事实发生后，为了防止损失发生或者扩大，由违反合同一方依照法律规定或者约定采取的修理、更换、重新制作、退货、减少价格或者报酬等措施，以给非违约方弥补或者挽回损失的责任形式。采取补救措施的责任形式，主要发生在质量不符合约定的情况下。建设工程合同中，采取补救措施是施工单位承担违约责任的常用的方法。

（3）赔偿损失当事人。一方履行合同义务或者履行合同义务不符合约定的，在履行义务或者采取补救措施后，对方还有其他损失的，应当赔偿损失；当事人一方违约后，对方（守约方）应当采取适当措施防止损失扩大，没有采取措施而使损失扩大的，不得就扩大部分的损失请求赔偿，当事人因防止损失扩大而支出的合理费用，由违约方承担。

（4）支付违约金。当事人可以约定一方违约时应当根据违约情况向对方支付一定数额的了违约金，则应当按照支付违约金承担违约责任。

（5）定金罚则。当事人可以约定一方向对方给付定金作为债权的担保。债务人履行债务后定金应当抵作价款或收回。给付定金一方不履行约定债务的，无权要求返还定金；收受定金的一方不履行约定债务的，应当双倍返还定金。

当事人既约定违约金又约定了定金的，一方违约时，对方可以选择适用违约金或定金条款，但是，这两种违约责任不能合并使用。

3．不可抗力无法履约的责任承担

（1）不可抗力的概念。不可抗力是指不能预见、不能避免并不能克服的客观情况，不可抗力包括如下情况：

1）自然事件，如地震、洪水、火山爆发、海啸等；

2）社会事件，如战争、暴乱、骚乱、特定的政府行为等。

（2）责任承担。因不可抗力不能履行合同的，根据不可抗力的影响，部分或者全部免除责任。当事人延迟履行后发生不可抗力的，不能免除责任。当事人因不可抗力不能履行合同的，应当及时通知对方，以减轻给对方造成的损失，并应当在合理的期限提供证明。

5.6.2 合同争议的处理

合同争议也称合同纠纷，是指合同当事人对合同规定的权利和义务产生了不同的理解。合同争议的解决方式有协商、调解、仲裁、诉讼四种。

1．协商

协商是由合同当事人双方在自愿互谅的基础上，按照法律、法规的规定，通过摆事实讲道理解决纠纷的一种办法。

当事人以协商方式解决合同纠纷时，应当遵守下列原则：坚持依法协商；尊重客观事实；争取主动，抓住时机；采用书面和解协议书。

2．调解

调解是指合同当事人对合同所约定的权利、义务发生争议，不能达成和解协议时，在经济合同管理机关或有关机关、团体等的主持下，通过对当事人进行说服教育，促使双方互相做出适当的让步，平息争端，自愿达成协议，以求解决经济合同纠纷的方法。

调解的原则也是自愿、平等、合法。在实践依据调解人的不同，合同调解有民间调解、行政调解、仲裁机关调解和法庭调解

3．仲裁

仲裁又称为公断，就是当发生合同纠纷而协商不成时，仲裁机构根据当事人的申请，对其相互之间的合同争议，按照仲裁法律规范的要求进行仲裁并做出裁决，从而解决合同纠纷的法律制度。

（1）仲裁的原则

1）自愿原则。解决合同争议是否选择仲裁方式以及仲裁机构本身并无强制力。当事人采用仲裁方式解决纠纷，应当贯彻双方自愿原则，达成仲裁协议。如有一方不同意进行仲裁，仲裁机构即无权受理合同纠纷。

2）公平合理原则。仲裁员应依法公平合理地进行裁决。

3）仲裁依法独立进行原则。仲裁机构是独立的组织，相互间也无隶属关系。仲裁依法独立进行，不受行政机关、社会团体和个人的干涉。

4）一裁终局原则。裁决做出后，当事人就同一纠纷再申请仲裁或者向人民法院起诉的，仲裁委员会或人民法院不予受理（依据《仲裁法》规定撤销裁决的除外）。

（2）仲裁委员会。仲裁委员会是我国的仲裁机构。仲裁委员会可以在直辖市和省、自治区人民政府所在地的市设立，也可以根据需要在其他的市设立，不按行政区划，层层设立。仲裁委员会由主任 1 人、副主任 2—4 人和委员 7—11 人组成。仲裁委员会应当从公道、正派的人员中聘任仲裁员。

仲裁委员会应当具备下列条件：

1）有自己的名称、住所和章程；

2）有必要的财产；

3）有该委员会的组成人员；

4）有聘任的仲裁员。

仲裁委员会独立于行政机关，与行政机关没有隶属关系，仲裁委员会之间也无隶属关系。

（3）仲裁协议。仲裁协议是纠纷当事人愿意将纠纷提交仲裁机构仲裁的协议。仲裁协议包括合同中订立的仲裁条款和以其他书面方式在纠纷发生前或者纠纷发生后达成的请求仲裁的协议。

仲裁协议应具有下列内容：请求仲裁的意思表示；仲裁事项；选定仲裁委员会。

仲裁协议是仲裁机构对纠纷进行仲裁的先决条件，合同双方当事人均受仲裁协议的约束，仲裁协议排除了法院对纠纷的管辖权，仲裁机构应按照仲裁协议进行仲裁。

仲裁协议有两种类型：一种是各方当事人在争议发生前订立的，表示愿意将将来发生的争议提交仲裁机构解决的协议，这种协议一般包括在合同当中而作为合同的一项条款，被称为仲裁条款；另一种是当事人在争议发生后订立表示愿意将合同争议提交仲裁机构解决的协议。仲裁协议的内容一般包括仲裁的内容、仲裁地点、仲裁机构等等。申请仲裁需要合同双方当事人订立仲裁协议，没有订立仲裁协议，一方当事人不能申请仲裁。当事人没有订立仲裁协议或者订立的仲裁协议无效，可以向人民法院起诉，通过诉讼解决合同争议。

4．诉讼

诉讼，是指合同当事人依法请求人民法院行使审判权，审理双方之间发生的合同争议，做出有国家强制保证实现其合法权益，从而解决纠纷的审判活动。合同双方当事人如果未约定仲裁协议，则只能以诉讼作为解决争议的最终方式。

值得注意的是，当事人应当根据实际情况选择其中的一种或者几种方式，但是，如果当事人一旦选择了仲裁的方式就不能再向人民法院起诉。人民法院的判决、裁定、调解书和仲裁机构的裁决书是发生法律效力的法律文书，当事人应当自动履行；拒不履行的，对方当事人可以申请人民法院强制执行。

5.7 合同的担保

5.7.1 合同担保概述

市场经济是风险经济，同时也是法制经济。作为市场主体如何依法降低或避免自己的风险就显得非常重要。合同的担保就是一种有效的防范风险之法。

担保，在法律上并无明确规定，一般是指为了保证债务的履行、确保债权的实现，在人的信用或特定的财产之上设定的特殊的民事法律制度。

所谓合同的担保就是指依照法律规定或当事人约定为保障债权实现的法律措施。包括人保、物保和金钱担保。

（1）人保：除债务人财产之外，又附加了债务人以外的第三人的一般财产作为债权实现的总担保。包括：保证；连带债务人以及并存的债务承担。担保法上仅指保证。

（2）物保：以债务人或第三人之特定财产作为抵偿债权的标的，作为债权人之债权优先受偿的对象，包括：抵押权、质押权、留置权和法定优先权，担保法上指前三种。

（3）金钱担保：于债务之外又交付一定数额的金钱，该金钱之得失与债务履行与否联系在一起，包括：定金、押金、保证金。担保法指定金。

5.7.2 合同担保的类型

按照《中华人民共和国担保法》（以下简称《担保法》）的规定，其担保的方式为：保证、抵押、质押、留置和定金五种方式。

1．保证

（1）保证的概念

保证是指第三人为债务人的债务履行作担保，由保证人和债权人约定，当债务人不履行债务时，保证人按照约定履行债务或者承担责任的行为。

注意：在五种担保形式中，只有保证一定是第三人提供的担保，债务人自己不能以保证的形式为自己提供担保。

（2）保证人

保证人是保证合同的债务人，是担保主债务人履行债务的担保人。保证人的范围：

1）可以担当保证人范围。根据《担保法》的规定，具有代为清偿债务能力的法人、其他组织或者公民，可以作保证人。

2）不可以担当保证人的范围。国家机关、学校、幼儿园、医院等以公益为目的的事业单位、社会团体，企业法人的分支机构、职能部门，不得作保证人。但是，下列情形例外：

①在经国务院批准为使用外国政府或者国际经济组织贷款进行转贷的情况下，国家机关可以作保证人；

②企业法人的分支机构有法人书面授权的，可以在授权范围内提供保证。

3）任何单位和个人不得强令银行等金融机构或者企业为他人提供保证；银行等金融机构或者企业对强令其为他人提供保证的行为，有权拒绝。

（3）保证内容和保证方式

1）保证内容。保证的内容应当由保证人与债权人在以书面形式订立的保证合同中加以确定，保证人与债权人可以就单个主合同分别订立保证合同，也可以协议在最高债权额限度内就一定期间连续发生的借款合同或者某项商品交易合同订立一个保证合同。

保证合同应当包括以下内容：被保证的主债权种类、数额；债务人履行债务的期限；保证的方式；保证担保的范围；保证的期间；以及双方认为需要约定的其他事项。保证合同不完全具备上述规定内容的，可以补正。

2）保证方式。保证的方式有一般保证和连带责任保证两种。

①一般保证，是指当事人在保证合同中约定，债务人不能履行债务时，由保证人承担保证责任的保证。也就是说，在主合同纠纷未经审判、仲裁，并就债务人财产依法强制执行仍不能履行债务前，债权人要求保证人承担责任的，保证人有权拒绝。

②连带责任保证，是指当事人在保证合同中约定保证人和债务人对债务承担连带责任的保证。连带责任保证的债务人在主合同规定的债务履行期届满没有履行债务的，债权人可以要求债务人履行债务，也可以要求保证人在其保证范围内承担保证责任。

（4）保证责任

保证责任是指保证人所应当承担的保证债务责任的范围。

1）保证人在约定的保证担保范围内承担保证责任。保证担保的范围包括主债权及利息、违约金、损害赔偿金和实现债权的费用。当事人对保证担保的范围没有约定或者约定不明确的，保证人应当对全部债务承担责任。

2）共同担保。同一债权既有保证又有物的担保的，属于共同担保（既有人保又有物保）。物的担保和保证并存时，如果债务人不履行债务，则根据下列规则确定当事人的担保责任承担：

①债权人应当按照约定实现债权；

②没有约定或者约定不明确，债务人自己提供物的担保的，债权人应当先就该物的担保实现债权；

③第三人提供物的担保的，债权人可以就物的担保实现债权，也可以要求保证人承担保证责任。提供担保的第三人承担担保责任后，有权向债务人追偿。

2．抵押

（1）抵押的概念

抵押是指为担保债务的履行，债务人或者第三人不转移财产的占有，将该财产抵押给债权人的，债务人不履行到期债务或者发生当事人约定的实现抵押权的情形，债权人有权就该财产优先受偿。

债务人或者第三人为抵押人，债权人为抵押权人，提供担保的财产为抵押财产。

（2）抵押财产

1）可以抵押的财产。根据《物权法》和《担保法》的规定，债务人或者第三人有权处分的下列财产是可以抵押的：

①建筑物和其他土地附着物；

②建设用地使用权；

③以招标、拍卖、公开协商等方式取得的荒地等土地承包经营权；

④生产设备、原材料、半成品、产品；

⑤正在建造的建筑物、船舶、航空器；

⑥交通运输工具；

⑦法律、行政法规未禁止抵押的其他财产。

2）不得抵押的财产：

①土地所有权；

②耕地、宅基地、自留地、自留山等集体所有的土地使用权，但法律规定可以抵押的除外；

③学校、幼儿园、医院等以公益为目的的事业单位、社会团体的教育设施、医疗卫生设施和其他社会公益设施；

④所有权、使用权不明或者有争议的财产；

⑤依法被查封、扣押、监管的财产；

⑥法律、行政法规规定不得抵押的其他财产。

（3）抵押财产的其他规定

1）经当事人书面协议，企业、个体工商户、农业生产经营者可以将现有的以及将有的生产设备、原材料、半成品、产品抵押，债务人不履行到期债务或者发生当事人约定的实现抵押权的情形，债权人有权就实现抵押权时的动产优先受偿，但不得对抗正常经营活动中已支付合理价款并取得抵押财产的买受人。上述情形包括：债务履行期届满，债权未实现；抵押人被宣告破产或者被撤销；当事人约定的实现抵押权的情形；严重影响债权实现的其他情形。

2）以建筑物抵押的，该建筑物占用范围内的建设用地使用权一并抵押。以建设用地使用权抵押的，该土地上的建筑物一并抵押。乡镇、村企业的建设用地使用权不得单独抵押。以乡镇、村企业的厂房等建筑物抵押的，其占用范围内的建设用地使用权一并抵押。

3）抵押人所担保的债权不得超出其抵押物的价值，超出的部分不具有优先受偿的效力。财产抵押后，该财产的价值大于所担保债权的余额部分，可以再次抵押，但不得超出其余额部分。

4）以依法获准尚未建造的或者正在建造中的房屋或者其他建筑物抵押的，当事人办理了抵押物登记，人民法院可以认定抵押有效。当事人以农作物和与其尚未分离的土地使用权同时抵押的，土地使用权部分的抵押无效。学校、幼儿园、医院等以公益为目的的事业单位、社会团体，以其教育设施、医疗卫生设施和其他社会公益设施以外的财产为自身债务设定抵押的，人民法院可以认定抵押有效。

5）按份共有人以其共有财产中享有的份额设定抵押的，抵押有效。共同共有人以其共有财产设定抵押，未经其他共有人的同意，抵押无效。但是，其他共有人知道或者应当知道而未提出异议的视为同意，抵押有效。已经设定抵押的财产被采取查封、扣押等财产保全或者执行措施的，不影响抵押权的效力。

3．质押

（1）质押的概念。质押是指债务人或者第三人将其动产或者权利移交债权人占有，将该财产作为债的担保，当债务人不履行债务时，债权人有权依照法律规定，以该财产折价或者以拍卖、变卖该财产的价款优先受偿。该债务人或者第三人为出质人，债权人为质权人，移交的财产为质物。

（2）质押的类型。质押包括动产质押和权利质押两种。

1）动产质押。为了担保债务的履行，债务人或者第三人可以将其动产出质给债权人占有，债务人不履行债务或者发生当事人约定的实现质权的情形时，债权人有权就该动产优先受偿。

质押自出质人交付质押财产时设立。设立质权，当事人应当采取书面形式订立质权合同，并且只能以法律、行政法规允许转让的动产出质。

2）权利质押。根据《物权法》和《担保法》的规定，债务人或者第三人有权处分的下列权利可以出质：①汇票、支票、本票；②债券、存款单；③仓单、提单；④可以转让的基金份额、股权；⑤可以转让的注册商标专用权、专利权、著作权等知识产权中的财产权；⑥应收账款；⑦法律、行政法规规定可以出质的其他财产权利。

4．留置

（1）留置的概念。留置是指债权人按照合同约定占有债务人的动产，债务人不履行到期债务，债权人可以留置已经合法占有的债务人的动产，并有权就该动产优先受偿。

（2）留置担保的类型。留置担保的范围包括主债权及利息、违约金、损害赔偿金、留置物保管费用和实现留置权的费用。

5．定金

（1）定金的概念。定金是指合同当事人约定一方向对方给付一定数额的货币作为债权的担保。债务人履行债务后，定金抵作价款或者收回。给付定金的一方不履行约定的债务的，无权要求返还定金；收受定金的一方不履行约定的债务的，应当双倍返还定金。

（2）定金与主合同

1）当事人约定以交付定金作为订立主合同担保的，给付定金的一方拒绝订立主合同的，无权要求返还定金；收受定金的一方拒绝订立主合同的，应当双倍返还定金。

2）当事人约定以交付定金作为主合同成立或者生效要件的，给付定金的一方未支付定金，但主合同已经履行或者已经履行主要部分的，不影响主合同的成立或者生效。

(3) 定金的效力

1) 实际交付的定金数额多于或者少于约定数额，视为变更定金合同；收受定金一方提出异议并拒绝接受定金的，定金合同不生效。

2) 定金交付后，交付定金的一方可以按照合同的约定以丧失定金为代价而解除主合同，收受定金的一方可以双倍返还定金为代价而解除主合同。

3) 因不可抗力、意外事件致使主合同不能履行的，不适用定金罚则。因合同关系以外第三人的过错，致使主合同不能履行的，适用定金罚则。受定金处罚的一方当事人，可以依法向第三人追偿。

本章小结

本学习情境主要介绍了合同与合同法，学习了合同的订立、效力、履行、变更、转让、终止，以及违约后出现的争议的处理、合同的担保等相关知识，通过学习与工程招投标合同价款的确定，打好基础，为合同的签订、价款的确定，以及合同的管理做好铺垫，为将来从事相关活动或事务做好了指导。重点难点是合同的订立过程、发承包双方如何履行合同、出现争议怎么处理。

复习思考题

1. 合同的订立过程有哪些工作？
2. 合同的条款适应的条件有哪些要求？
3. 与建设工程有关的合同有哪些类型？
4. 合同违约了怎么进行处理？
5. 合同的担保要做好哪些工作，应注意什么问题？

学习情景 6　与建设工程相关的合同

6.1　建设工程合同概述

6.1.1　建设工程合同的基本概念

1．建设工程合同的概念

我国《合同法》规定："建设工程合同是承包人进行工程建设，发包人支付价款的合同。"根据法律规定，建设工程合同的主体是发包人和承包人。发包人，一般为建设工程的建设单位，即投资建设该项目的单位，通常也叫作"业主"，包括业主委托的管理机构；承包人，是指实施建设工程勘察、设计、施工等业务的单位。这里的建设工程是指土木工程、建筑工程、线路管道和设备安装以及装修工程。

2．建设工程合同的特征

（1）合同主体资格的合法性。建设工程合同主体就是建设工程合同的当事人，即建设工程合同发包人和承包人。不同种类的建设工程合同具有不同的合同当事人。由于建设工程活动的特殊性，我国建设法律法规对建设工程合同的主体有非常严格的要求：所有建设工程合同主体资格必须合法，必须为法人单位，并且必须具备相应的资质。

（2）合同客体的层次性。合同客体是合同法律关系的标的，是合同当事人权利和义务共同指向的对象，包括物、行为和智力成果。建设工程合同客体就是建设工程合同所指向的内容，如工程的施工、安装、设计、勘察、咨询和管理服务等。

（3）合同的书面性。虽然我国《合同法》规定合法的合同可以是书面形式、口头形式和其他形式，但我国相关法律均规定建设工程合同应当采用书面形式。由于建设工程合同一般具有合同标的数额大、合同内容复杂、履行期较长等特点，以及在工程建设中经常会发生影响合同履行的纠纷，因此，建设工程合同应当采用书面形式。建设工程合同采用书面形式也是国家工程建设进行监督管理的需要。

（4）合同交易的特殊性。建设工程合同，以施工承包合同为主，在签订合同时确定的价格一般为暂定的合同价格，等合同履行工程全部结束并结算后才最终确定合同的实际价格。建设工程合同交易具有多次性、渐进性，与其他一次性交易合同有很大不同。即使低于成本价格的合同初始价格，在工程合同履行期间，通过工程变更、索赔和价格调整，承包人仍然可能获得可观利润。

（5）合同的行政监督性。建设合同的行政监督性主要表现在，我国建设工程合同的订立、履行和结束等全过程都必须符合基本建设程序，接受国家相关行政主管部门的监督和管理。行政监督既涉及工程项目建设的全过程，如工程建设立项、规划设计、初步设计、施工图纸、土地使用、招标投标、施工、竣工验收等，也涉及工程项目的参与者，如参与者的资质等级、分包和转包、市场准入等。

（6）合同履行的地域性。由于建设工程具有产品的固定性，工程合同履行需围绕固定的工程展开，同时工程咨询服务合同也应尽可能在工程所在地履行。因此，建设工程合同履行具有明显的地域性，这一特性影响合同履行效果、合同纠纷的解决方式。

3．建设工程合同的基本原则

建设工程合同的基本原则是签订和履行建设工程合同的指导思想，与《合同法》的基本原则一致，建设工程合同的基本原则都是《合同法》的基本原则在建设工程合同领域的具体体现。根据《合同法》等相关的规定，在订立和履行建设工程合同时应遵循以下原则：

（1）平等原则。建设工程合同的平等原则，是指当事人的民事法律地位平等，一方不得将自己的意志强加给另一方，贯穿合同的订立、履行、变更、转让、解除、承担违约责任等各个环节。

（2）自愿原则。建设工程合同的自愿原则，是指当事人依法享有自由缔结合同、选择交易伙伴、决定合同内容以及在变更和解除合同、选择合同补救方式等方面的权利。建设工程合同的自愿原则表现在两个方面，一方面，既表现在当事人之间，因一方欺诈、胁迫订立的合同无效或者可撤销；另一方面，也表现在合同当事人与其他人之间，任何单位和个人不得非法干预。

（3）公平原则。建设工程合同的公平原则，是指当事人确定各方的权利和义务应当遵循公平原则。公平原则既表现在订立合同时，显失公平的合同可以撤销，又可以表现在发生合同纠纷时的公平处理；既要保护守约方的合法利益，也不能使违约方因较小的过失承担过重的责任；还表现在当因客观情况发生异常变化，履行合同使当事人之间的利益产生重大失衡时，需要公平地调整当事人之间的利益。

（4）诚实信用原则。建设工程合同的诚实信用原则，是指民事主体在从事民事活动时，应诚实守信，以善意的方式履行其义务，不得滥用权力，规避法律规定的或合同约定的义务。诚实信用主要包括三方面：一是诚实，表里如一，因欺诈订立的合同，无效或可以撤销；二是守信，言行一致；三是从当事人协商合同条款时起，就处于特殊的合作关系中，当事人应当恪守商业道德，履行相互协助、通知、保密等义务。

以上原则体现了合同的基本原则，充分体现出建设工程合同作为合同的一种类型，在建设工程合同订立和管理过程中，遵循着《合同法》规定的基本原则。

6.1.2 建设工程中的主要合同关系

工程建设是一个极为复杂的社会生产过程，它分别经历可行性研究、勘察设计、工程施工和运行等阶段；有土建、水电、机械设备、通信等专业设计和施工活动；需要各种材料、设备、资金和劳动力的供应。由于社会化大生产和专业化分工，一个工程必须有几个、十几个，甚至几十个、成百上千个参加单位，它们之间形成各式各样的经济关系。工程中维系这种关系的纽带就是合同。工程项目的建设过程实质上又是一系列经济合同的签订和履行过程。

在一个工程中，相关的合同可能有几份、几十份，甚至几百份、上千份，形成了一个复杂的合同网络。在这个网络中，业主和承包商是两个最主要的节点。

（1）业主的主要合同关系。业主作为工程或服务的买方，是工程的所有者，它可以是政府部门、企事业单位、几个企业的组合、政府与企业的组合（例如合资项目、BOT 项目等）、私人投资者等。

业主根据对工程的需求，确定工程项目的整体目标。这个目标是所有相关工程合同的核心。通常为了实现工程总目标，业主会将工程的勘察设计、施工、设备和材料供应等工作委托出去，从而形成了如下合同关系。

1）咨询（监理）合同。指业主与咨询（监理）公司签订的合同。咨询（监理）公司负责工程的可行性研究、设计监理、招标和施工阶段监理等某一项或几项工作。

2）勘察设计合同。指业主与勘察设计单位签订的合同。勘察设计单位负责工程的地质勘察和技术设计工作。

3）供应合同。指当由业主负责提供工程材料和设备时，业主与有关材料和设备供货商签订供应（采购）合同。

4）工程施工合同。指业主与工程承包商签订的工程施工合同。一个或几个承包商分别承包土建、机电安装、装饰等工程施工。

5）贷款合同。指业主与金融机构签订的合同，后者向业主提供资金保证。按照资金来源的不同，可能有贷款合同、合资合同或 BOT 合同等。

按照工程承包方式和范围的不同，业主可能将工程分专业、分阶段委托，将材料和设备供应分别委托，也可能将上述几个阶段合并委托，如把土建和安装委托给一个承包商，把整个设备供应委托给一个设备供应企业。业主还可以将整个工程的设计、供应、施工甚至管理等工作委托给一个总承包商负责。

（2）承包商的主要合同关系。承包商是工程施工的具体实施者，是工程承包合同的执行者。承包商要完成承包合同的责任，包括由工程量表所确定的工程范围的施工、竣工和保修，为完成这些工程任务提供劳动力、施工设备、材料，有时也包括技术设计。对于承包商而言，它同样可以将许多专业工作委托出去，从而形成了如下合同关系。

1）分包合同。对于一些大的工程项目，承包商通常要与其他承包商合作才能顺利完成总承包的合同责任。承包商可以将其承接到的工程中的某些分项工程或工作分包给其他承包商来完成，因而要与其签订分包合同。

承包商在承包合同下可能订立许多分包合同，而分包商仅完成总承包商分包给自己的工程任务，向总承包商负责，与业主无合同关系。总承包商仍就整个工程责任向业主负责，并负责工程的管理和所属各分包商工作之间的协调。

2）供应合同。承包商通常与材料、设备供货商签订供应合同，来为工程提供相关的材料和设备。

3）运输合同。这是承包商为解决材料和设备的运输委托而与运输单位签订的合同。

4）加工合同。指承包商将建筑构配件、特殊构件的加工任务委托给加工承揽单位而签订的合同。

5）租赁合同。在建设工程中，承包商需要许多施工设备、运输设备、周转材料，当有些设备、周转材料在现场的使用率较低，或自己购置需要大量资金投入而自己又不具备这个经济实力时，可以采用租赁方式，与租赁单位签订租赁合同。

6）劳务供应合同。建筑产品往往需要花费大量的人力、物力和财力。承包商不可能全部采用固定工来完成该项工程。为了满足工程的临时需要，往往要与劳务供货商签订劳务供应合同，由劳务供货商向工程提供劳务。

7）保修合同。承包商按施工合同要求对工程进行保险，与保险公司签订保修合同。

承包商的这些合同都与工程承包合同相关，都是为了履行承包合同而签订的。

（3）建设工程的合同体系

按照上述的分析和项目任务的结构分解，就可以得到不同层次、不同种类的合同，这些合同都是为了完成业主的工程项目目标而签订和实施的。由于这些合同之间存在着复杂的内部联系，因而构成了工程的合同网络。其中，建设工程施工合同是最有代表性、最普遍，也是最复杂的合同类型。它在建设工程合同体系中处于主导地位，是整个建设工程项目合同管理的重点。无论是业主、监理工程师或承包商都将它作为合同管理的主要对象。

6.1.3 建设工程合同类型

（1）根据承包的内容不同，建设工程合同可分为建设工程勘察合同、建设工程设计合同和建设工程施工合同。

1）建设工程勘察合同，是指勘察人（承包人）根据发包人的委托，完成对建设工程项目的勘察工作，发包人负责支付报酬的合同。

2）建设工程设计合同，是指设计人（承包人）根据发包人的委托，完成对建设工程项目的设计工作，发包人负责支付报酬的合同。

建设工程勘察合同、建设工程设计合同的内容包括提交有关基础资料和文件（包括概预算）的期限、质量要求、费用以及其他协作条件等条款。

3）建设工程施工合同，是指施工人（承包人）根据发包人的委托，完成建设工程项目的施工工作，发包人接受工作成果并支付报酬的合同。

建设工程施工合同的内容包括工程范围、建设工期、中间交工工程的开工和竣工时间、工程质量、工程造价、技术资料交付时间、材料和设备供应责任、拨款和结算、竣工验收、质量保修范围和质量保证期、双方相互协作等条款。

（2）根据合同联系结构不同，建设工程合同可分为总包合同与分包合同，还可分为总承包合同与分别承包合同。

1）总包合同与分包合同。总包合同，是指发包人与总承包人或者勘察人、设计人、施工人就整个建设工程或者建设工程的勘察、设计、施工工作所订立的承包合同。总包合同包括总承包合同与分别承包合同，总承包人和承包人都直接对发包人负责。分包合同，是指总承包人或者勘察人、设计人、施工人经发包人同意，将其承包的部分工作承包给第三人所订立的合同。分包合同与总包合同是不可分离的。

分包合同的发包人就是总包合同的总承包人或者承包人（勘察人、设计人、施工人）。分包合同的承包人即分包人，就其承包的部分工作与总承包人或者勘察、设计、施工承包人向总包合同的发包人承担连带责任。

2）总承包合同与分别承包合同。总承包合同，是指发包人将整个建设工程承包给一个总承包人而订立的建设工程合同。总承包人就整个工程对发包人负责。分别承包合同，是指发包人将建设工程的勘察、设计、施工工作分别承包给勘察人、设计人、施工人而订立的勘察合同、设计合同、施工合同。勘察人、设计人、施工作为承包人，就其各自承包的工程勘察、设计、施工部分，分别对发包人负责。

上述几种承包方式，均为我国法律所承认和保护。但对于建设工程的肢解承包、转包以及再分包这几种承包方式，均为我国法律所禁止。

（3）根据项目管理模式与参与者关系。建设工程合同分为传统模式、设计—建造/EPC/交钥匙模式、施工管理模式、BPT模式等不同模式条件下的合同。

1）建设工程传统模式的合同。在建设工程传统模式下，业主与不同承包人之间的主要合同包括咨询服务合同、勘察合同、设计合同、施工承包合同、设备安装合同、材料设备供应合同、监理合同、造价咨询合同、保险合同等。此外，还包括各承包人与分包人之间签订的大量的分包合同。

2）建设工程项目设计—建造/EPC/交钥匙模式的合同。在建设工程项目设计—建造/EPC/交钥匙模式下，业主与不同承包人之间的主要合同包括咨询服务合同、设计—建造合同、FPC（设计—采购—施工）合同、交钥匙合同、监理合同、保险合同等，此外，还包括工程项目承包人与其他分包人之间的签订的大量的分包合同。

3）建设工程项目施工管理模式的合同。在建设工程项目施工管理模式下，施工管理人作为独立的第四方（除业主、设计人、施工承包人外）参与工程管理。业主与不同承包人之间的主要合同包括咨询服务合同、勘察合同、设计合同、施工管理合同、施工承包合同、设备安装合同、材料设备供应合同、保险合同等。此外，还包括各承包人与分包人之间签订的大量分包合同。

4）建设工程其他模式下的合同。在建设工程项目中还存在许多其他模式，如 PF/PPP 模式、BOT 模式、简单模式等，业主与不同参与者之间签订不同的合同。

6.2 建设工程施工合同

6.2.1 建设工程施工合同概述

1．建设工程施工合同的概念

建设工程施工合同即建筑安装工程承包合同，是发包人与承包人之间为完成商定的建设工程项目，明确双方权利和义务的协议。依据施工合同，承包人应完成一定的建筑、安装工程任务，发包人应提供必要的施工条件并支付工程价款。

施工合同是建设工程合同的一种，与其他建设工程合同一样，是一种劳务合同，在订立时也应遵循自愿、公平、诚实信用等原则。

建设工程施工合同是建筑工程合同中最重要，也是最复杂的合同。在整个建筑工程合同体系中，它起主干合同的作用，是工程建设质量控制、进度控制、投资控制的主要依据。通过合同关系，可以确定建设市场主体之间的相互权利义务关系，对规范建筑市场有重要作用。

2．建设工程施工合同的当事人

施工合同的当事人是发包人和承包人，双方是平等的民事主体。承、发包双方签订施工合同，必须具备相应的资质条件和履行施工合同的能力。对合同范围内的工程实施建设时，发包人必须具备组织协调能力；承包人必须具备有关部门核定的资质等级并持有营业执照等证明文件。

（1）发包人是指在协议书中约定、具有工程发包主体资格和支付工程价款能力的当事人以及取得该当事人资格的合法继承人。发包人可以是具备法人资格的国家机关、事业单位、国有企业，集体企业、私营企业、经济联合体和社会团体，也可以是依法登记的个人合伙、个体经营户或个人，即一切以协议、法院判决或其他合法手续取得发包人的资格，承认全部合同条件，并且愿意履行合同规定义务的合同当事人。与发包人合并的单位、兼并发包人的单位、购买发包人合同和接受发包人出让的单位和个人（即发包人的合法继承人），均可成为发包人，履行合同规定的义务，享有合同规定的权利。发包人既可以是建设单位，也可以是取得建设项目总承包资格的项目总承包单位。

（2）承包人应是具备与工程相应资质和法人资格的、被发包人接受的合同当事人及其合法继承人。

3．建设工程施工合同的类型

（1）根据合同所包括的工程或工作范围分类。建设工程施工合同按合同所包括的工程或工作范围可分为以下几种。

1）施工总承包，即承包商承担一个工程的全部施工任务，包括土建、水电安装、设备安装等。

2）专业承包，即单位工程施工承包和特殊专业工程施工承包。单位工程施工承包是最常见的工程承包合同，包括土木工程施工合同、电气与机械工程承包合同等。在工程发包中，业主可以将专业性很强的单位工程分别委托给不同的承包商，这些承包商之间为平行关系。例如管道工程、土方工程、桩基础工程等。但在我国不允许将一个工程肢解成分项工程分别承包。

3）分包，承包商将施工承包合同范围内的一些工程或工作委托给另外的承包商来完成，他们之间签订分包合同。分包合同是施工承包合同的分合同。

（2）根据合同计价方式分类。建设工程施工合同按合同的计价方式可以分为：固定价格合同、可调价格合同、成本加酬金合同三种类型。

1）固定价格合同是指在约定的风险范围内价款不再调整的合同。这种合同的价款并非绝对不可调整，而是约定范围内的风险由承包人承担。双方应当在专用条件内约定合同价款包括的风险费用、承担风险的范围及风险范围以外的合同价款调整方法。

2）可调价格合同是指合同价格可以调整，合同双方应当在专用条件内约定合同价款的调整方法。

通常，可调价格合同中合同价款的调整范围包括：国家法律、法规和政策变化影响合同价款；工程造价管理部门公布的价格调整；一周内非承包人原因停水、停电、停气造成停工累计超过 8 小时；双方约定的其他调整因素等。

承包人应当在价款可以调整的情况发生后 14 天内，将调整原因、金额以书面形式通知工程师，工程师确认后作为追加合同价款，与工程款同期支付。工程师收到承包人通知后 14 天内不作答复也不提出修改意见，视为该项调整已经被批准。

3）成本加酬金合同是由发包人向承包人支付工程项目的实际成本，并按事先约定的某一种方式支付酬金的合同类型。合同价款包括成本和酬金两部分，合同双方在专用条件中约定成本构成和酬金的计算方法。

（3）根据合同的性质分类。根据合同标的的性质，建设工程合同有以下几种类型：

1）建筑安装工程施工承包合同；

2）装饰工程施工承包合同；

3）劳务合同和技术服务合同；

4）材料或设备供应合同。

4．建设工程施工合同的订立

（1）订立施工合同的条件

1）初步设计已经批准；

2）工程项目已经列入年度建设计划；

3）有能够满足施工需要的设计文件和有关技术数据；

4）建设资金和主要建筑材料设备来源已经落实；

5）招投标工程中标通知书已经下达。

（2）订立施工合同应当遵守的原则

1）遵守国家法律、行政法规和国家计划原则。订立施工合同，必须遵守国家法律、行政法规，也应遵守国家的建设计划和其他计划（如贷款计划等）。建设工程施工对经济发展、社会生活有着多方面的影响，国家有许多强制性的管理规定，施工合同当事人必须遵守。

2）平等、自愿、公平的原则。签订施工合同当事人双方，都具有平等的法律地位，任何一方都不得强迫对方接受不平等的合同条件。当事人有权决定是否订立施工合同和施工合同的内容，合同内容应当是双方当事人真实想法的体现。合同内容应当是公平的，不能损害任何一方的利益，对于显失公平的施工合同，当事人一方有权申请人民法院或仲裁机构予以变更或撤销。

3）诚实信用原则。诚实信用原则要求在订立施工合同时要诚实，不得有欺诈行为，合同当事人应当如实将自身以及工程的实际情况介绍给对方。在履行合同期间，施工合同当事人要守信用，严格履行合同。

（3）订立施工合同的程序。通常，施工合同的订立方式有两种：直接发包和招标发包。对于必须进行招标的建设工程项目，都应通过招标方式确定承包人。中标通知书发出后，中标人应当与建设单位及时签订合同。依据《招标投标法》规定，中标通知书发出 30 天内，中标人应与建设单位依据招标文件、投标书等签订工程承发包合同（施工合同）。签订合同的承包人必须是中标人，投标书中确定的合同条款在签订时不得更改，合同价应与中标价相一致。如果中标人拒绝与建设单位签订合同，则建设单位可没收其投标保证金，建设行政主管部门或其授权机构还可给予一定的行政处罚。

6.2.2 《建设工程施工合同（示范文本）》简介

为了指导建设工程施工合同当事人的签约行为，维护合同当事人的合法权益，依据《中华人民共和国合同法》《中华人民共和国建筑法》《中华人民共和国招标投标法》以及相关法律法规，住房城乡建设部、国家工商行政管理总局对《建设工程施工合同（示范文本）》（GF-1999-0201）进行了修订，制定了《建设工程施工合同（示范文本）》（GF-2013-0201）。

《建设工程施工合同（示范文本）》为非强制性使用文本，适用于房屋建筑工程、土木工程、线路管道和设备安装工程、装修工程等建设工程的施工承发包活动，合同当事人可结合建设工程具体情况，根据《建设工程施工合同（示范文本）》订立合同，并按照法律法规规定和合同约定承担相应的法律责任及合同权利义务。

1.《建设工程施工合同（示范文本）》的组成

《建设工程施工合同（示范文本）》是由《合同协议书》《通用合同条款》《专用合同条款》三部分组成的。

（1）合同协议书。《合同协议书》是《建设工程施工合同（示范文本）》中的总纲性文件。虽然其文字量并不大，但它规定了合同当事人双方最主要的权利义务，规定了组成合同的文件及合同当事人对履行合同义务的承诺，合同当事人要在这份文件上签字盖章，因此具有很强的法律效力。《协议书》的内容包括工程概况、工程承包范围、合同工期、质量标准、合同价款、组成合同的文件及双方的承诺等。

《建设工程施工合同（示范文本）》合同协议书共计 13 条，主要包括：工程概况、合同工期、质量标准、签约合同价和合同价格形式、项目经理、合同文件构成、承诺以及合同生效条件等重要内容，集中约定了合同当事人基本的合同权利义务。

（2）通用条款。《通用条款》是根据《合同法》《建筑法》等法律对承发包双方的权利义务作出规定的文件，除双方协商一致对其中的某些条款作修改、补充或取消外，双方都必须履行。它是将建设工程施工合同中一些具有共性的内容抽出来编写的一份完整的合同文件，《通用条款》具有很强的通用性，基本适用于各类建设工程。

通用合同条款共计 20 条，具体条款分别为：一般约定、发包人、承包人、监理人、工程质量、安全文明施工与环境保护、工期和进度、材料与设备、试验与检验、变更、价格调整、合同价格、计量与支付、验收和工程试车、竣工结算、缺陷责任与保修、违约、不可抗力、保险、索赔和争议解决。前述条款安排既考虑了现行法律法规对工程建设的有关要求，也考虑了建设工程施工管理的特殊需要。

（3）专用条款。考虑到建设工程的内容各不相同，工期、造价也随之变动，承包人、发包人各自的能力、施工现场的环境和条件也各不相同，《通用条款》不能完全适用于各个具体工程，因此，配之以《专用条款》对其做必要的修改和补充，使《通用条款》和《专用条款》成为双方统一意愿的体现。

专用合同条款是对通用合同条款原则性约定的细化、完善、补充、修改或另行约定的条款。

合同当事人可以根据不同建设工程的特点及具体情况，通过双方的谈判、协商对相应的专用合同条款进行修改补充。在使用专用合同条款时，应注意以下事项：

1）专用合同条款的编号应与相应的通用合同条款的编号一致。

2）合同当事人可以通过对专用合同条款的修改，满足具体建设工程的特殊要求，避免直接修改通用合同条款。

3）在专用合同条款中有横道线的地方，合同当事人可针对相应的通用合同条款进行细化、完善、补充、修改或另行约定；如无细化、完善、补充、修改或另行约定，则填写“无”或“/”。

2．词语定义

（1）发包人：指在协议书中约定的具有工程发包主体资格和支付工程价款能力的当事人以及取得该当事人资格的合法继承人。

（2）承包人：指在协议书中约定的被发包人接受的具有工程施工承包主体资格的当事人以及取得该当事人资格的合法继承人。

（3）项目经理：指承包人在专用条款中指定的负责施工管理和合同履行的代表。

（4）设计单位：指发包人委托的负责本工程设计并取得相应工程设计资质等级证书的单位。

（5）工程师：指本工程监理单位委派的总监理工程师或发包人指定的履行本合同的代表，其具体身份和职权由发包人承包人在专用条款中约定。

（6）工程造价管理部门：指国务院有关部门、县级以上人民政府建设行政主管部门或其委托的工程造价管理机构。

（7）费用：指不包含在合同价款之内的，应当由发包人或承包人承担的经济支出。

（8）工期：指发包人、承包人在协议书中约定的按总日历天数（包括法定节假日）计算的承包天数。

（9）开工日期：指发包人、承包人在协议书中约定的承包人开始施工的绝对或相对的日期。

（10）竣工日期：指发包人、承包人在协议书中约定的承包人完成承包范围内工程的绝对或相对的日期。

（11）图纸：指由发包人提供或承包人提供并经过发包人批准、满足承包人施工需要的所有图纸（包括配套说明和有关资料）。

（12）施工场地：指由发包人提供的用于工程施工的场所以及发包人在图纸中具体指定的供施工使用的任何其他场所。

（13）书面形式：指合同书、信件和数据电文（包括电报、电传、传真、电子数据交换和电子邮件等）可以有形地表现所载内容的形式。

（14）违约责任：指合同一方不履行合同义务或履行合同义务不符合约定时所应承担的责任。

（15）索赔：指在合同履行过程中，对于并非自己的过错，而是应由对方承担责任的情况造成的实际损失，可以向对方提出经济补偿和（或）工期延长的要求。

（16）不可抗力：指不能预见、不能避免并不能克服的客观情况。

（17）小时或天：合同中规定按小时计算时间的，从事件有效开始时计算（不扣除休息时间）；规定按天计算时间的，开始当天不计入，从次日开始计算。时限的最后一天是休息日或其他法定节假日的，以节假日次日为时限的最后一天，但竣工日期除外。时限的最后一天的截止时间为当日的 24 时。

3．施工合同文件的组成及解释顺序

建设工程施工合同除了以上所述的基本文件外，还包括所有的在缔约、履约过程中所形成的、所有的一致性的意见，包括所依据的技术规程、图纸、工程量清单、报价单、投标书等。

为了使各种合同文件的内容与意义统一，避免不同文件所造成的歧义与混淆，建设工程施工合同文件的组成及解释顺序是十分重要与必要的。根据实际工程状况，结合国际惯例，我国对于组成建设工程施工合同的文件及其优先次序说明如下：

（1）施工合同协议书；

（2）中标通知书；

（3）投标书及其附件；

（4）施工合同专用条款；

（5）施工合同通用条款；

（6）标准、规范及有关技术文档；

（7）图纸；

（8）工程量清单；

（9）工程报价单或预算书。

另外，合同履行中，发包人和承包人有关工程的洽商、变更等书面协议或文件视为协议书的组成部分。

上述合同文件应能够互相解释、互相说明。当合同文件中出现不一致时，上面的顺序就是合同的优先解释顺序。在不违反法律和行政法规的前提下，当事人可以通过协商变更施工合同内容。这些变更的协议书或文件的效力高于其他合同文件，并且签署在后的协议或文件的效力高于签署在先的协议或文件。当合同文件出现含混不清或当事人有不同理解时，在不影响工程正常进行的情况下，由发包人与承包人协商解决，双方也可以提请负责监理的工程师做出解释；双方协商不成或不同意负责监理的工程师的解释时，按照合同争议的解决方式处理。

6.3 建设工程勘察设计合同

6.3.1 建设工程勘察设计合同概述

1．建设工程勘察设计合同的概念

建设工程勘察设计合同（简称勘察设计合同），是指建设单位或项目管理部门和勘察、设计单位未完成商定的勘察、设计任务，明确相互权利、义务关系的协议。发包人是建设单位或项目管理部门，承包人是勘察、设计单位。根据勘察、设计合同，承包人完成发包人委托的勘察、设计任务，发包人接受符合约定的勘察、设计成果，并支付报酬。

2．建设工程勘察设计合同的特点

工程项目勘察、设计合同除了具有工程合同的基本特征外，还具有以下几方面特征。

（1）合同的订立必须符合工程项目的基本建设程序，实行项目报建制度。勘察、设计合同的签订，应在项目的可行性研究报告及项目计划任务书获得批准后进行。可行性研究是建设前期工作的重要内容之一，它为建设项目的决策和计划任务书的编制提供重要依据。计划任务书是工程建设的大纲，是确定建设项目和建设方案（包括依据、规模、布局、主要技术经济要求等）的基本文件，也是进行现场勘测和编制文件的主要依据。项目报建是对从事工程建设的业主方的资格、能力及项目准备情况的确定。

（2）勘察、设计方应具备合法的资格与等级。工程勘察、设计方必须具备法人条件，并且必须经过资格认证，获得工程勘测证书或工程设计证书。勘察、设计方应具备下列具体条件：

1）有按法定主管部门批准成立勘察、设计机构的文件；

2）由专门从事工程勘察、设计工作的固定职工组成实体；

3）有固定的工作场所和一定的仪器装备；

4）具备独立承担工程勘察、设计任务的能力。

6.3.2 工程项目勘察设计合同的主要内容

1．工程项目勘察合同的主要内容

依据《建设工程勘察合同（示范文本）》（GF-2000-0203）订立工程项目勘察合同时，双方通过协商，应根据工程项目的特点，在相应条款内明确以下方面的具体内容。

（1）发包方应提供的勘察依据文件和资料

1）本工程批准文件（复印件），以及用地（附红线范围）、施工、勘察许可等批件（复印件）；

2）工程勘察任务委托书、技术要求和工作范围的地形图、建筑总平面布置图；

3）勘察工作范围已有的技术资料及工程所需的坐标与标高资料：

4）勘察工作范围地下已有埋藏物的资料（如电力、电信电缆、各种管道、人防设施、洞室等）及具体位置分布图；

5）其他必要的相关资料。

（2）委托任务的工作范围

1）工程勘察任务（内容）。可能包括自然条件观测、地形图测绘、资源探测、岩土工程勘察、地震安全性评价、工程水文地质勘察、环境评价、模型试验等；

2）技术要求；

3）预计的勘察工作量；

4）勘察成果资料提交的份数。

（3）合同工期。合同约定的勘察工作开始和终止时间。

（4）勘察费用

1）勘察费用的预算金额；

2）勘察费用的支付程序和每次支付的百分比。

（5）发包方应为勘察人提供的现场工作条件

根据项目的具体情况，双方可以在合同内约定由发包方负责保证勘察工作顺利开展应提供的条件，可能包括：

1）落实土地征用、青苗树木赔偿；

2）拆除地上地下障碍物；

3）处理施工扰民及影响施工正常进行的有关问题；

4）平整施工现场；

5）修好通行道路，接通电源、水源，挖好排水沟渠以及水上作业用船等。

（6）违约责任

1）承担违约责任的条件；

2）违约金的计算方法等。

（7）合同争议的解决。约定合同争议的最终解决方式，约定仲裁委员会的名称。

2. 工程项目设计合同的主要内容

依据《建设工程设计合同（示范文本）》（GF-2000-0209）订立民用建筑设计合同时，双方通过协商。应根据工程项目的特点，在相应条款内明确以下方面的具体内容。

（1）发包方应提供的设计所需资料和文件

1）经批准的项目可行性研究报告或项目建议书；

2）城市规划许可文件；

3）工程勘察资料等。

发包方应向设计人提交的有关资料和文件，在合同内需约定资料和文件的名称、份数、提交的时间和有关事宜。

（2）委托任务的工作范围

1）设计范围。合同内应明确建设规模，详细列出工程分项的名称、层数和建筑面积；

2）建筑物的合理使用年限设计要求；

3）委托的设计阶段和内容。可能包括方案设计、初步设计和施工图设计的全过程，也可以是其中的某几个阶段。

4）设计深度要求。设计标准可以高于国家规范的强制性规定，发包方不得要求设计人违反国家有关标准进行设计。方案设计文件应当满足编制初步设计文件和控制概算的需要；初步设计文件应当满足编制施工招标文件、主要设备材料订货和编制施工图设计文件的需要；施工图设计文件应当满足设备材料采购、非标准设备制作和施工的需要，并注明建设工程合理使用年限。具体内容要根据项目的特点在合同内约定。

5）设计人配合施工工作的要求。这包括向发包方和施工承包方进行设计交底；处理有关设计问题；参加重要隐蔽工程部位验收和竣工验收等事项。

6.3.3 工程项目勘察设计合同的订立

1. 签约前对当事人资格和资信的审查

为了保证合同有效并受法律保护，而且保证合同得到有效实施的必不可少的工作，在合同签订前需要对合同双方当事人资格和资信进行审查。

（1）资格审查。资格审查主要是指审查承包人是否是按法律规定成立的法人组织，有无法人章程和营业执照，承担的勘察设计任务是否在其证书批准的范围之内。同时，还要审查签订合同的有关人员是否是法定代表人或法定代表人的委托代理人，以及代理人的活动是否在代理权限范围内等。

（2）资信审查。资信审查主要是指审查建设单位的生产经营状况和银行信用情况等。

（3）履约能力审查。履约能力审查主要是指审查发包人建设资金的到位情况和支付能力。同时，通过审查承包人的勘察、设计许可证，了解其资质等级、业务范围，以此来确定承包人的专业能力。

2. 建设工程勘察设计合同订立的形式和程序

建设单位的建设工程勘察、设计任务通过招标或设计方案竞赛的方式确定勘察设计单位后，要遵循工程建设的基本建设程序与勘察设计单位签订工程设计合同。

（1）承包人审查工程项目的批准文件。承包人在接受委托勘察或设计任务前，必须对发包人所委托的工程项目的批准文件进行全面审查。这些文件是工程项目实施的前提条件。

（2）发包人提出勘察、设计要求。主要包括勘察设计的期限、进度、质量等方面的要求。勘查工作有效期限以发包人下达的开工通知书或合同规定的时间为准，如遇特殊情况（设计变更、工作量变化、不可抗力影响以及勘察人原因造成的停、窝工等）时，工期相应顺延。

（3）承包人确定收费标准和进度。承包人根据发包人的勘察、设计要求和资料，研究确定收费标准和金额，提出付费方法和进度。

（4）合同双方当事人，就合同的各项条款协商并取得一致意见。

6.4 建设工程委托监理合同

6.4.1 建设工程委托监理合同概述

1. 建设工程委托监理合同的概念

建设工程委托监理合同简称监理合同，它是委托合同的一种，是指工程建设单位聘请监理单位对工程建设实施监督管理，明确双方权利、义务的协议。建设单位称为委托人，监理单位称为受托人。

2. 监理人应完成的监理工作

（1）正常工作：《建设工程监理合同（示范文本）》（GF-2012-0202）的专用条款内注明了委托监理工作的范围和内容，但从工作性质而言属于正常的监理工作。

（2）附加工作：与完成正常工作相关，在委托正常监理工作范围以外监理人应完成的工作。附加工作可能包括：

1）由于委托人、第三方原因，使监理工作受到阻碍或延误，以致增加了工作量或延续时间。

2）增加监理工作的范围和内容等。例如，由于委托人或承包方的原因，承包合同不能按期竣工而必须延长监理工作时间；委托人要求监理人就施工中采用新工艺施工部分编制质量检测合格标准等。

（3）额外工作：正常工作和附加工作以外的工作，即非监理人自己的原因而暂停或终止监理业务，其善后工作及恢复监理业务前不超过42天的准备工作时间。

3．建设工程委托监理合同的特点

（1）建设工程委托监理合同的当事人。建设工程委托监理合同的当事人双方应当是具有民事权利和民事行为能力、取得法人资格的企事业单位、其他社会组织，个人在法律允许范围内也可以成为合同当事人。委托人必须是具有国家批准的工程项目建设文件，落实投资计划的企事业单位、其他社会组织和个人。受托人必须是依法成立的具有法人资格的监理单位，监理单位所承担的工程监理业务应与其资质等级相适应。

（2）建设工程委托监理合同的标的是服务。工程建设实施阶段所签订的其他合同，如勘察设计合同、施工承包合同、物资采购合同、加工承揽合同的标的物是产生新的物质或信息成果。而建设工程委托监埋合同的标的是服务，即监理工程师凭借自己的知识、经验、技能等受建设单位委托为其所签订的其他合同的履行实施监督和管理。因此，我国《合同法》将建设工程委托监理合同划入委托合同的范畴。

我国《合同法》规定，建设工程实施监埋的，发包人应当与监理人采用书面形式订立委托建设工程委托监理合同。发包人与监理人的权利和义务以及法律责任，应当依照委托合同以及其他有关法律、行政法规的规定。

6.4.2 工程项目监理合同的主要内容

监理合同是委托任务履行过程中当事人双方的行为准则，因此内容应全面、用词要严谨。合同条款的组成内容包括以下几个方面：

1．工程项目监理合同的基本条款

（1）委托人委托监理人监理的工程概况，包括工程名称、工程地点、工程规模、总投资；

（2）合同中的有关词语含义与《建筑工程监理合同（示范文本）》第二部分“通用条件”中赋予它们的定义相同；

（3）组成合同的文件包括协议书；中标通知书或委托书；投标文件或监理与相关服务建议书；专用条件；通用条件；附录（附录A相关服务的范围和内容；附录B委托派遣的人员和提供的房屋、资料、设备）；

（4）监理人承诺按合同的约定承担本工程合同专用条件中议定范围内的监理业务；

（5）委托人向监理人承诺按本合同注明的期限、方式、币种向监理人支付报酬；

（6）监理业务执行的起止时间；

（7）双方当事人的签字盖章和签约时间。

2．建设工程监理合同通用条件

建设工程监理合同通用条件包括：定义与解释；监理人的义务；委托人的义务；违约责任；支付；合同生效、变更、暂停、解除与终止；争议解决；其他。

3．建设工程监理合同专用条件

建设工程监理合同专用条件包括：定义与解释；监理人义务；委托人义务；违约责任；支付；合同生效、变更、暂停、解除与终止；争议解决；其他；补充条款。

建设工程委托监理合同在履行过程中发生争议时，委托人与监理人应及时协商解决。协商不成时，双方同意选择某一个仲裁机构进行仲裁或向人民法院起诉。

6.4.3 建设工程委托监理合同双方的权利和义务

1．委托人的权利

（1）委托人有选定工程总承包方以及与其订立合同的权利；

（2）委托人有对工程规模、设计标准、规划设计、生产工艺设计和设计使用功能要求的认定权，以及对工程设计变更的审批权；

（3）监理人调换总监理工程师需事先经委托人同意；

（4）委托人有权要求监理人提供监理工作月报及监理业务范围内的专项报告；

（5）当委托人发现监理人员不按监理合同履行监理职责，或与承包方串通给委托人或工程造成损失的，委托人有权要求监理人更换监理人员，直到解除合同并要求监理人承担相应的赔偿责任或连带赔偿责任。

2．委托人的义务

（1）委托人在监理人开展监理业务之前应向监理人支付预付款；

（2）委托人应当负责工程建设的所有外部关系的协调，为监理工作提供外部条件。如将部分或全部协调工作委托监理人承担，则应在专用条件中明确委托的工作和相应的报酬；

（3）委托人应当在双方约定的时间内免费向监理人提供与工程有关的、监理工作所需要的工程资料；

（4）委托人应当在专用条件中约定的时间内就监理人书面提交并要求做出决定的一切事宜做出书面决定；

（5）委托人应当授权一名熟悉工程情况、能在规定时间内做出决定的常驻代表（在专用条件中约定）负责与监理人联系。更换常驻代表，要提前通知监理人；

（6）委托人应当将授予监理人的监理权利，以及监理人主要成员的职能分工、监理权限及时书面通知已选定的合同承包方，并在与第三人签订的合同中予以明确；

（7）委托人应当在不影响监理人开展监理工作的时间内提供如下资料：

①与本工程合作的原材料、构配件、设备等生产厂家名录；

②提供与本工程有关的协作单位、配合单位的名录。

（8）委托人应免费向监理人提供办公用房、通信设施、监理人员工地住房及合同专用条件约定的设施。对监理人自备的设施给予合理的经济补偿（补偿金额=设施在工程使用时间占折旧年限的比例×设施原值+管理费）。

（9）根据情况需要，如果双方约定由委托人免费向监理人提供其他人员，则应在监理合同专用条件中予以明确。

3．监理人的权利

（1）监理人在委托人委托的工程范围内享有以下权利：

1）选择工程总承包方的建议权；

2）选择工程分包人的认可权；

3）对工程建设有关事项包括工程规模、设计标准、规划设计、生产工艺设计和使用功能要求，向委托人的建议权；

4）对工程设计中的技术问题，按照安全和优化的原则，向设计人提出建议，如果提出的建议可能会提高工程造价或延长工期，应当事先征得委托人的同意。当发现工程设计不符合国家颁布的设计工程质量标准或设计合同约定的质量标准时，监理人应当书面报告委托人并要求设计人更正；

5）审批工程施工组织设计和技术方案，按照保质量、保工期和降低成本的原则，向承包方提出建议，并向委托人提出书面报告；

6）主持工程建设有关协作单位的组织协调，重要协调事项应当事先向委托人报告；

7）征得委托人同意。监理人有权发布开工令、停工令、复工令。但应当事先向委托人报告。如在紧急情况下未能事先报告，则应在 24 小时内向委托人做出书面报告；

8）工程上使用的材料和施工质量的检验权。对于不符合设计要求和合同约定及国家质量标准的材料、构配件、设备，有权通知承包方停止使用。对于不符合规范和质量标准的工序、分部分项工程和不安全施工作业，有权通知承包方停工整改、返工。承包方得到监理机构复工令后才能复工；

9）工程施工进度的检查、监督权，以及工程实际竣工日期提前或超过工程施工合同规定的竣工期限的签认权；

10）在工程施工合同约定的工程价格范围内，工程款支付的审核和签认权，以及工程结算的复核确认权与否决权。未经总监理工程师签字确认，委托人不支付工程款。

（2）监理人在委托人授权下可对任何承包方合同规定的义务提出变更。如果因此会严重影响工程费用或质量或进度，则这种变更须经委托人事先批准。在紧急情况下未能事先报委托人批准时。监理人所做的变更也应尽快通知委托人。在监理过程中如发现工程承包方人员工作不力。监理机构可要求承包方调换有关人员。

（3）在委托的工程范围内，委托人或承包方对对方的任何意见和要求（包括索赔要求），均必须首先向监理机构提出，由监理机构研究处置意见，再同双方协商确定。当委托人和承包方发生争执时，监理机构应根据自己的职能，以独立的身份判断，公正地进行调解。当双方的争议由政府建设行政主管部门调解或仲裁机构仲裁时，应当提供作证的事实材料。

4．监理人的义务

（1）监理人按合同约定派出监理工作需要的监理机构及监理人员，向委托人报送委派的总监理工程师及其监理机构的主要成员名单、监理规划，完成监理合同专用条件中约定的监理工程范围内的监理业务。在履行合同义务期间，应按合同约定定期向委托人报告监理工作。

（2）监理人在履行本合同的义务期间应认真、勤奋地工作。为委托人提供与其水平相适应的咨询意见，公正维护各方面的合法利益。

（3）监理人使用的委托人提供的设施和物品属委托人的财产。在监理工作完成或中止时，应将其设施和剩余的物品按合同约定的时间和方式移交委托人。

（4）在合同期内和合同终止后，未征得有关方同意，不得泄露与本工程、本合同业务有关的保密资料。

6.4.4 建设工程委托监理合同的订立

1．合同签订前双方的相互考察

签订监理合同是一种法律行为，合同一经签订，则委托关系就形成了，双方的行为将受到合同的约束。为慎重起见，在签订合同前，签约双方应对对方的资格、资信及履行能力等情况进行充分调查和了解。

（1）业主对监理单位的资格考察。对监理单位进行考察，主要考察其是否是经工商行政管理机关审查注册、取得营业执照，具有独立法人资格的正式企业；是否有经建设行政主管部门审查并签发的承担建设工程监理的资质等级证书；是否具有对拟委托的建设工程进行监理的实际能力，包括监理人员的素质、主要检测设备情况；是否承担过类似业务的监理业绩、经历及合同的履行情况是否满足要求；是否具有满足要求的财务情况；社会信誉及已承接的监理任务完成情况等。

（2）监理单位对业主的考察。同样，监理单位也要对业主进行考察，往往在决定是否参加某项业务的竞争并与之签订合同之前，对业主进行考察。

首先，考察项目业主是否具有签订合同的合法资格；

其次，考察业主是否具有与签订合同相适应的财产和经费，这是履行合同的基础和承担经济责任的前提；最后，考察监理合同的标的是否符合国家政策，是否违反国家的有关法律法规。

（3）监理单位对工程合同的可行性考察。监理单位对工程合同的可行性进行考察，主要应从自身情况出发，考察竞争项目的可能性。首先，从本企业的技术力量、监理工程的经验、装备等条件出发，实事求是，量力而行，考虑承担项目是否一定有利润；其次，考虑是否能发挥本企业的技术优势，做到扬长避短。对实行招标的项目，要考虑竞争对手的实力及投标报价的动向。

通常在下列情况下，监理单位应放弃对项目的竞争：

1）本单位主营和兼营能力之外的项目；

2）工程规模、技术要求超出本单位资质等级的项目；

3）本单位监理任务饱满、而准备竞争的监理项目赢利水平较低或风险较大。

2．合同的谈判与签订

招标工程中业主应将合同的主要条款（包括在招标文件内）作为要约邀请。监理单位在获得业主的招标或与业主草签协议后，应立即对工程所需费用进行预算提出一个报价。同时，对招标文件中的合同文本进行分析、审查，为合同的谈判和签订提供决策依据。

（1）合同谈判。无论是直接委托还是通过招标选定监理单位，业主和监理人都要对监理合同的主要条款（如业主对工程的工期、质量的具体要求等）和应负责任进行谈判。在使用《建筑工程监理合同（示范文本）》时，要依据《合同条件》结合《协议条款》逐条加以谈判，对《合同条件》的哪些条款要进行修改、哪些条款不采用、还补充哪些条款等都要提出具体的要求或建议。

谈判的顺序通常是先谈工作计划、人员配备、业主的投入等问题，这些问题谈完后再进行价格谈判。

在谈判时，双方应本着诚实信用、公平等原则，内容要具体，责任要明确，对谈判内容双方应达成一致意见，要有准确的文字记录。

（2）合同签订。双方经过谈判就监理合同的各项条款达成一致，即可签订正式的合同文件。签订的合同文件参照《建设工程委托监理合同（示范文本）》

6.5 工程建设有关的其他合同

6.5.1 建设工程物资采购合同

1．建设工程物资采购合同概述

（1）建设工程物资采购合同的概念。建设工程物资采购合同，是指具有平等主体的自然人、法人、其他组织之间为实现建设工程物资买卖，设立、变更、终止相互权利义务关系的协议。按照协议，出卖人（简称卖方）转移建设工程物资的所有权于买受人（简称买方），买方接受该项建设工程物资并支付价款。

（2）建设工程物资采购合同的特征

1）买卖合同的特征。建设工程物资采购合同属于买卖合同，它具有买卖合同的一般特点：

①买卖合同以转移财产的所有权为目的；

②买卖合同中的买方取得财产所有权，必须支付相应的价款；卖方转移财产所有权，必须以买方支付价款为代价；

③买卖合同是双务、有偿合同；

④买卖合同是诺成合同，除法律有特别规定外，当事人之间意思表示一致，买卖合同即可成立，并不以实物的交付为成立条件；

⑤买卖合同是不要式合同，当事人对买卖合同的形式享有很大的自由，除法律有特别规定外，买卖合同的成立和生效并不需要具备特别的形式或履行审批手续。

2）建设工程物资采购合同的特征。建设工程物资采购合同除了其自身的特点，又具有如下特征：

①建设工程物资采购合同应依据施工合同订立。施工合同中确立了关于物资采购的协商条款，即由发包人供应材料和设备，还是由承包人供应材料和设备；根据施工合同的内容来确定所需物资的数量及质量要求等。

②建设工程物资采购合同以转移财物和支付价款为基本内容。

③建设工程物资采购合同的标的品种繁多，供货条件复杂。建设工程物资采购合同的标的是建筑材料和设备，它包括钢材、木材、水泥及其他辅助材料以及机电成套设备等。其特点在于品种、质量、数量和价格差异较大。因此，在合同中必须对各种所需物资逐一明确，以确保工程施工的需要。

④建设工程物资采购合同应实际履行。由于物资采购合同是根据施工合同订立的，物资采购合同的履行直接影响到施工合同的履行，因此，建设工程物资采购合同一旦订立，卖方义务一般不能解除，不允许卖方以支付违约金和赔偿金的方式代替合同的履行，除非合同的延迟履行对买方成为不必要。

⑤建设工程物资采购合同采用书面形式。

2．材料采购合同的订立和履行

（1）材料采购合同的订立方式。材料采购合同的订立可采用以下几种方式：

1）公开招标——即由招标单位通过新闻媒介公开发布招标广告，以邀请不特定的法人或组织投标，按照法定程序在所有符合条件的材料供应商、建材厂家或建材经营公司中择优选择中标单位的一种方式。

2）邀请招标——即招标人以投标邀请书的方式邀请特定的法人或组织投标，只有接到投标邀请书的法人或组织才能参加投标。一般邀请招标必须向三家以上的潜在投标人发出邀请。

3）询价、报价、签订合同——物资买方向若干建材厂商或建材经营公司发出询价函，要求他们在规定的期限内做出报价，在收到厂商的报价后，经过比较，选定报价合理的厂商或公司并与其签订合同。

4）直接订购——由材料买方直接向材料生产厂商或材料经营公司采购，双方商谈价格，签订合同。

（2）材料采购合同的履行。材料采购合同订立后，应依据我国《合同法》的规定予以全面、实际地履行。

1）按约定的标的履行。卖方交付的货物必须与合同规定的名称、品种、规格、型号相一致，除非买方同意，不允许以其他货物代替合同中规定的货物，也不允许以支付违约金或赔偿金的方式代替履行合同。

2）按合同规定的期限、地点交付货物。交付货物的日期应在合同规定的交付期限内，实际交付日期早于或迟于合同规定的交付日期，即视为同意延期交货。提前交付，买方可拒绝接收；逾期交付的，应当承担逾期交付的责任。

交付的地点应在合同指定的地点。合同双方当事人应当约定交付标的物的地点。

3）按合同规定的数量和质量交付货物。当事人对于交付货物的数量应当当场检验，清点账目后，由双方当事人签字。对质量的检验，内在质量，需做物理或化学试验的，试验的结果为验收的依据，外在质量可当场检验。卖方在交货时，应将产品合格证随同产品交买方据以验收。

4）买方的义务。买方在验收材料后，应按合同规定履行支付义务，否则承担法律责任。

5）违约责任。

①买方的违约责任。买方中途退货，应向卖方偿付违约金；逾期付款，应按中国人民银行关于延期付款的规定向卖方偿付逾期付款违约金。

②卖方的违约责任。卖方不能交货的，应向买方支付违约金；卖方所交货物与合同规定不符的，应根据情况由卖方包换、包退、包赔由此造成的买方的损失；卖方承担不能按合同规定期限交货的责任或提前交货的责任。

（3）不当履行合同的处理。卖方多交标的物的，买方可以接收或拒绝接收多交部分。买方接收多交部分的，按照合同的价格支付价款；买方拒绝接收多交部分的，应当及时通知卖方。

因标的物的主物不符合约定而解除合同的，解除合同的效力及于从物。因标的物的从物不符合约定被解除的，解除的效力不及于主物。

3．设备采购合同的订立和履行

（1）建设工程中设备的供应方式。建设工程中设备供应方式主要有以下三种：

1）委托承包。根据发包单位提供的成套设备清单，设备成套公司进行承包供应，并收取一定的成套业务费。双方根据设备供应的时间、供应的难度以及需要进行技术咨询和开展现场服务范围等确定其费率。

2）按设备包干。根据发包单位提出的设备清单及双方核定的设备预算总价，由设备成套公司承包供应。

3）招标投标。发包单位对需要的成套设备进行招标，设备成套公司参加投标，按照中标结果承包供应。

（2）设备采购合同的内容。设备采购合同通常采用标准合同格式，其内容可分为三部分。

1）约首——合同的开头部分，包括项目名称、合同号、签约日期、签约地点、双方当事人名称或、姓名和地址等条款。

2）正文——合同的主要内容，包括合同文件、合同范围和条件、货物及数量、合同金额、付款条件、交货地点和时间、验收方法、现场服务及保修内容及合同生效等条款。

3）约尾——合同的结尾部分，规定本合同生效条件，具体包括双方的名称、签字盖章及签字时间、地点等。

（3）设备采购合同的履行。

1）交付货物。按合同规定，卖方应按时、按质、按量地履行供货义务，并做好现场服务工作，及时解决有关设备的技术质量、缺损件等问题。

2）验收交货。对卖方交货，买方应及时进行验收，依据合同规定，对设备的质量及数量进行核实、检验，如有异议，应及时与卖方协商解决。

3）结算。买方对卖方交付的货物检验没有发现问题，应按合同的规定及时付款；如果发现问题，在卖方及时处理达到合同要求后，也应及时履行付款义务。

4）违约责任。在合同履行过程中，任何一方都不应借故延迟履约或拒绝履行合同义务，否则，应追究违约当事人的法律责任。

6.5.2 加工合同

在建设工程中加工合同是很常见的，加工合同的标的，通常被称为定做物，包括建筑构件或建筑施工用的物品。加工合同的委托方（定做方），该方需要定做物；另一方被称为承揽方，该方完成定做物的加工。

1．加工合同的材料供应方式

加工定做物所需的材料，主要有两种供应方式：

（1）来料加工，即由定做方提供原材料，承揽方仅完成加工工作。

（2）由承揽方提供材料，定做方仅需提出所需定做物的数量、质量要求，双方商定价格，由承揽方全面负责材料供应和加工工作。在实际工作中，通常对不同的材料采用不同的供应方式。

2．加工合同的主要内容

（1）定做物的名称或项目；

（2）定做物的数量、质量、包装和加工方法；

（3）检查监督方式；

（4）原材料的提供以及规格、质量和数量；

（5）加工价款或酬金；

（6）履行的期限、地点和方式；

（7）成品的验收标准和方法；

（8）结算方式、开户银行、账号；

（9）违约责任；

（10）双方商定的其他条款，如交货地点和方式等。

3．加工合同双方的责任

（1）用定做方原材料的加工合同。合同中应当明确规定原材料的消耗定额，定做方应按合同规定的时间、数量、质量和规格提供原材料；承揽方按合同规定及时检测，对不符合要求的材料，应立即通知定做方调换或补充。承揽方对定做方提供的材料不得擅自更换。

（2）用承揽方原材料的加工合同。承揽方必须依照合同规定选用原材料，并接受定做方的检验。承揽方如隐瞒原材料缺陷，或使用不符合合同规定的原材料而影响定做物的质量，定做方有权要求重作、修理、减少价款或退货。

（3）定做方提供的技术资料必须合理。在按照定做方的要求进行工作期间，承揽方如果发现定做方提供的图纸或技术要求不合理，应当及时通知定做方。定做方应当在规定时间内答复，提出修改意见。

在规定的时间内未得到答复，承揽方有权停止工作，并通知定做方，由此造成的损失由定做方承担。

（4）质量标准和技术要求。依据合同规定的质量标准和技术要求，承揽方用自己的设备、技术和人力完成工作。未经定做方同意，不得擅自变更，更不得转让给第三方加工承揽。

（5）检查与验收。定做方在加工期间可以进行必要的检查，但不得妨碍承揽方的正常工作。定做方与承揽方对质量问题发生争议时，由法定质量监督机关检验并提供质量检验证明。

定做方应按合同规定的期限验收。验收前，承揽方应向定做方提交必需的技术资料和有关质量证明，在合同中应明确规定质量保证期限。承揽方应负责修复、退换在保证期限内发生的非定做方使用、保管不当等原因造成的质量问题。

（6）价款与定金。凡是国家或主管部门有规定的，按规定执行；没有规定的，可由当事人双方协商确定。定做方可向承揽方交付定金，定金数额由双方协商确定。定做方不履行合同，则无权要求返还定金；承揽方不履行合同，应当双倍返还定金。

6.5.3 劳务合同

1．劳务合同的内容

劳务合同主要包括以下内容：

（1）签约双方的单位名称、地点、代表姓名；

（2）劳务工种、人数、年龄、资质、人员条件、服务对象、服务地点；

（3）合同期限，双方职责；

（4）合同生效及终止日期；

（5）劳保、卫生保健，保险；

（6）劳务人员权利；

（7）仲裁等条款。

2．劳务内容和规模

劳务内容主要包括：劳务种类、规模及技术要求，具体专业、工种、人数、派遣日期和工作期限，各工种的具体工作任务，工长、工程师、技术员的要求和人数。

在合同后应附上施工细则、进度计划表等文件。合同中应明确规定，派遣方是否需派出行政管理人员，以及他们的人数、职责、权限和业主代表的联系制度等。

3．业主的义务

（1）负责办理劳务人员出入工程项目所在国国境的手续以及居住证和工作许可证等。

（2）办理劳务人员携带工具和个人生活用品出入工程项目所在国国境的报关、免税手续，并做好劳务人员入境到工地和开工之前的一切必要的准备工作，如支付动员费、预付费，准备好住房、办公室以及所需的家具、工具、劳保用品，办理各种保险。

（3）在工程中，负责向劳务人员提供与其工作有关的计划、图纸，提供准确的工程技术指导。

4．派遣方的义务

（1）派遣前的手续。在合同规定的派遣时间前一个月，或按合同规定的时间向业主提交所有派出人员的名单、出生日期、工种、护照号码及其他资料，负责劳务人员离开自己国境和途中过境应办的一切手续。如不能按期派出，必须承担业主蒙受的损失。

（2）派遣前的培训。负责教育劳务人员遵守工程项目所在国或第三国的法律、法令，尊重其宗教和风俗习惯，保证派出人员不在工程项目所在国进行任何政治活动。

（3）派遣前的技术要求。负责教育劳务人员严格执行业主提出的工程技术要求，并接受其施工指导，按时、按质、按量完成商定的任务；派遣方应定期向业主提交工作报告，并做出必要的建议。

5．费用和支付

合同中必须明确规定各项费用的范围、标准、承担者、支付期限、支付方法、手续以及派遣方的收款银行、账号等。对于动员、交通、住宿、膳食、工资、加班、医疗、预付款等有关费用要有专门的规定。

6．节假日

双方协商劳务人员是同时享受两国法定节日，还是只享受某一国法定节日，并在合同中规定。

7．病、事假和休假

通常，劳务人员工作期满 11 个月（或 1 年），可以享受带薪回国休假 1 个月。经双方协商决定休假的具体时间。由业主支付休假的往返交通费和出入境手续费。病假的规定在国际上不尽相同。有些合同规定，派遣方劳务人员每年在现场可享受带薪病假 15 天、30 天或 60 天不等。

8．人身伤残

一般规定，如遇到意外不幸或工伤事故，在头 3 个月业主照付技术服务费，以后每月支付技术服务费的 1/3—1/2，直至能重新工作。如因此造成派出人员部分或全部失去工作能力，业主应支付一笔抚恤金。

9．人员更换

由于各种原因引起派遣人员更换，在合同履行期间，所发生的费用由谁承担，应针对不同情况做出具体规定。

10．涉外事宜

派遣方劳务人员因工作需要同当地政府部门交涉事宜。可由双方一起或单独出面，但由此发生的费用应由业主负担；与工程无关的事宜，由派遣方交涉并承担费用。

劳务合同条款要依据劳务的性质、种类、特点、工作条件确定，不可一概而论。

6.5.4 借款合同

1．借款合同的种类

一般分为三类：银行借款合同、民间借款合同、企业借款合同。

1）银行借款合同

银行借款合同又称信贷合同或贷款合同，是指银行或其他的金融机构将货币出借给借用人使用，借用人于规定期限内返还借款并支付利息的合同。

银行借款合同特征：出借主体必须具备法定资格。必须是经中国人民银行批准设立的银行或其他金融机构；有偿合同；诺成合同。与实践合同相对而言；双务合同；要式合同。

2）民间借款合同

狭义上指自然人之间形成借款关系，广义上包括公民与企业之间的借款关系。

特征：不要式合同；实践合同（自然人之间的借款合同，自贷款人提供借款时生效）；可能单务也可能双务；可能有偿也可能无偿。

3）企业借款合同

一种是企业之间（这里的企业是指非金融机构）的借款，法律明确禁止，属于无效合同。

另一种是公民与企业之间的借款，其定性为民间借贷。

2．利息

1）不得提前预扣；

2）无约定视为无息但逾期还款的仍需负担逾期利息；

3）约定利息最高不得超过银行利率 4 倍，超出部分无效；

4）复利的计算规定：见《人民币利率管理规定》。

3．担保

担保的种类：物的担保、人的担保（保证）、定金。

物的担保包括：抵押、质押、留置。

人的担保包括：一般保证、连带责任保证。

4．民间借贷与刑事犯罪

主要有贷款诈骗罪、集资诈骗罪、非法吸收公众存款罪、高利转贷罪、合同诈骗罪等。

5．借款合同（范本）

借款合同

出借人（甲方）：***********小额贷款有限公司____________

联系地址：______________________________

借款人（乙方）：______________________________

身份证号：______________________________

地址：______________________________

电话：______________________________

乙方因____________向甲方借款，现甲乙双方在平等、自愿、等价有偿的基础上，经友好协商，达成如下一致意见，供各方共同信守。

一、借款用途

____

二、借款金额

乙方向甲方借款金额（大写）人民币__________万元整（小写：￥_________元）。乙方指定的收款账户为：

开户银行：____

账户名称：____

账　　号：____

三、借款期限

借款期限______年，自______年_______月______日起（以甲方实际出借款项之日起算，乙方应另行出具收条）至_______年_______月_______日止，逾期未还款的，按本合同第八条处理。

四、还款方式

乙方应按照本协议规定时间主动偿还对甲方的欠款及利息。乙方到期还清所有本协议规定的款项，甲方收到还款后将借据交给乙方。

甲方指定的还款账户为：

开户银行：__________________________________

账户名称：__________________________________

账　　号：__________________________________

五、借款利息

自支用借款之日起，按实际支用金额计算利息，在合同第三条约定的借款期内月利为______，利息按月结算。借款方如果不按期还款付息，则每逾期一日按欠款金额的每日万分之八加收违约金。

六、权利义务

甲方有权监督借款使用情况，了解乙方的偿债能力等情况，乙方应该如实提供有关的资料。乙方如不按合同规定使用借款，甲方有权收回部分借款，并对违约部分参照银行规定加收罚息。（乙方提前还款的，应按规定减收利息。）

七、担保条款

乙方自愿用____________________________________做抵押，在___日内，与甲方一同办理抵押登记手续。如到期不能归还甲方款项，甲方有权处理抵押品。乙方到期如数归还甲方款项的，抵押权消灭。

八、逾期还款的处理

乙方如逾期还款，除应承担甲方实现债权之费用（包括但不限于甲方支出之律师费、诉讼费、差旅费等）外，还应按如下方式赔偿甲方之损失：逾期还款期限在30日以内的部分，按逾期还款金额每日_________的比例赔偿甲方损失；超过30日以上部分，按照逾期还款金额每日______________的比例赔偿甲方损失。

前款约定的损失赔偿比例，系各方综合各种因素确定。在主张该违约金时，甲方无须对其损失另行举证，同时双方均放弃《中华人民共和国合同法》第一百一十四条规定的违约金或损失赔偿金调整请求权。

九、合同争议的解决方式

本合同履行过程中发生的争议，由当事人对双方友好协商解决，也可由第三人调解，协商或调解不成的，可由任意一方依法向出甲方所在地人民法院起诉。

十、本合同自双方签章之日起生效。本合同一式_____份，双方各持_____份。每份均具有同等法律效力。

十一、本合同项下的一切形式的通知、催告均采用书面形式向本合同各方预留的地址发送，如有地址变更，应及时通知对方，书面通知以发送之日起三日届满视为送达。

甲方：____________________________

乙方：____________________________

签订约日期：________年___月___日

6.5.5 租赁合同

1．租赁合同概述

所谓租赁合同，就是指出租人将租赁物交付承租人使用、收益，承担人支付租金的合同。在租赁合同中，把自己的财产交给他人使用的人叫出租人；使用他人财产并支付租金的人叫作做承租人。

租赁合同的法律特征主要有：

1）租赁合同是转移财产使用权的合同；

2）租赁合同是承租人须交付租金的合同；

3）租赁合同为诺成合同、双务合同、有偿合同；

4）租赁合同是以有体、特定的消费物为标的合同；

5）租赁合同终止后承担承租人须返还原物；

6）租赁合同具有临时性。

2．租赁合同的内容

1）租赁物的名称；

2）租赁物的数量和质量；

3）租赁期限；

4）用途；

5）租金的支付方式和期限；

6）租赁物维修保养责任。

3．租赁合同的效力

1）对出租人的效力：交付租赁物并在租赁期间保持租赁物使其符合约定用途；维修租赁物的义务；物的瑕疵担保义务；权利瑕疵担保义务。

2）对承租人的效力：依约定方法或租赁物的性质使用租赁物的义务；妥善保管租赁物的义务；不作为义务；支付租金的义务；返还租赁物的义务。

4．租赁合同的责任

1）租赁人的责任

① 由于使用保管和维护保养不当，造成租用财产损失、灭失，可以恢复原状的，恢复原状，不可以恢复原状的，赔偿损失；

② 不得擅自拆改房屋、设备、机器等财物；

③ 不得擅自将租赁财产转租或进行非法活动；

④ 逾期不返还租赁财产的应赔偿出租人；

2）出租人的责任

① 未按合同规定提供财产的违约行为，赔偿对方当事人损失；

② 应按合同规定的数量、质量提供出租财产；

③ 应按合同规定提供有关设备、附件等；

④ 出租船舶、车辆等大型工具如因出租方操作不当或服务人员的过失，造成逾期的承租人可以解除合同，如给承租人造成损失的，应赔偿损失。

6.5.6 融资合同

2015年8月26日，国务院总理李克强主持召开国务院常务会议，确定加快融资租赁和金融租赁行业发展的措施，更好服务于实体经济。会议指出，加快发展融资租赁和金融租赁，是深化金融改革的重要举措，有利于缓解融资难融资贵，拉动企业设备投资，带动产业升级。会议确定：

一是厉行简政放权，对融资租赁公司设立子公司不设最低注册资本限制。对船舶、农机、医疗器械、飞机等设备融资租赁简化相关登记许可或进出口手续。在经营资质认定上同等对待租赁方式购入和自行购买的设备。

二是突出结构调整，加快发展高端核心装备进口、清洁能源、社会民生等领域的租赁业务，支持设立面向小微企业、“三农”的租赁公司。鼓励通过租赁推动装备走出去和国际产能合作。

三是创新业务模式，用好“互联网+”，坚持融资与融物结合，建立租赁物与二手设备流通市场，发展售后回租业务。

四是加大政策支持，鼓励各地通过奖励、风险补偿等方式，引导融资租赁和金融租赁更好服务于实体经济。同时，有关部门要协调配合，加强风险管理。融资租赁是新的金融模式，融资公司和承租人所承担的风险都相对比较低。

1．融资合同定义

融资合同即融资租赁合同，是指出租人根据承租人对出卖人、租赁物的选择，向出卖人购买租赁物，提供给承租人使用，承租人支付租金的合同。融资租赁集借贷、租赁、买卖于一体，是将融资与融物结合在一起的交易方式。融资租赁合同是由出卖人与买受人（租赁合同的出租人）之间的买卖合同和出租人与承租人之间的租赁合同构成的，但其法律效力又不是买卖和租赁两个合同效力的简单叠加。

租赁合同的主体为三方当事人，即出租人（买受人）、承租人和出卖人（供货商）。承租人要求出租人为其融资购买承租人所需的设备，然后由供货商直接将设备交给承租人。其法律特征是：

1）与买卖合同不同，融资合同的出卖人是向承租人履行交付标的物和瑕疵担保义务，而不是向买受人（出租人）履行义务，即承租人享有买受人的权利但不承担买受人的义务。

2）与租赁合同不同，融资租赁合同的出租人不负担租赁物的维修与瑕疵担保义务，但承租人须向出租人履行交付租金义务。

3）根据约定以及支付的租金数额，融资租赁合同的承租人有取得租赁物之所有权或返还租赁物的选择权，即如果承租人支付的是租赁物的对价，就可以取得租赁物之所有权，如果支付的仅是租金，则须于合同期间届满时将租赁物返还出租人。

2．发展历程和现状

1）起源

现代融资租赁产生于第二次世界大战之后的美国。第二次世界大战以后，美国工业化生产出现过剩，生产厂商为了推销自己生产的设备，开始为用户提供金融服务，即：以分期付款、寄售、赊销等方式销售自己的设备。由于所有权和使用权同时转移，资金回收的风险比较大。于是有人开始借用传统租赁的做法，将销售的物件所有权保留在销售方，购买人只享有使用权，直到出租人融通的资金全部以租金的方式收回后，才将所有权以象征性的价格转移给购买人。这种方式被称为“融资租赁”，1952 年美国成立了世界第一家融资租赁公司——美国租赁公司（现更名为美国国际租赁公司），开创了现代租赁的先河。

2）国内的发展现状

企业数量和注册资金的狂热聚集，使得融资租赁行业成为 2012 年最受瞩目的“蒙头赚大钱”的行业，融资租赁将成为未来金融发展的新的亮点，发展空间较大，因为不管是从融资租赁在 GDP 所占比重还是渗透率来看，我国现阶段和国际社会都有较大的差距，未来提升空间较大。融资租赁在各个国家 GDP 中占比不断波动，整体来看，发达国家占比都较高，金砖四国的占比在 1%左右波动，但是中国的占比一直在 1%以下，未来的发展潜力较高。

3．融资租赁的权利和义务

☆ 出卖人的义务

1）向承租人交付租赁物

2）承租标的物之瑕疵担保义务和损害赔偿义务

☆ 出租人的义务

相对于出卖人，出租人就是买受人，其主要义务有：

1）向出卖人支付标的物的价金。

2）在承租人向出卖人行使索赔权时，负有协助义务。

3）不变更买卖合同中与承租人有关条款的不作为义务。

4）取回权。“出租人享有租赁物的所有权。承租人破产的，租赁物不属于破产财产”（《合同法》第 242 条[1]）。当承租人破产时，出租人可以取回；当租赁期间届满时，可以取回；当承租人重大违约出租人解除合同时，当然也可以取回。

5）租赁物不符合租赁合同目的时的责任。

“租赁物不符合约定或者不符合使用目的的，出租人不承担责任，但承租人依赖出租人的技能确定租赁物或者出租人干预选择租赁物的除外”（《合同法》第 244 条）。

6）权利瑕疵担保责任。

“出租人应当保证承租人对租赁物的占有和使用”（《合同法》第 245 条）。这是关于权利瑕疵担保责任的规定，即出租人担保标的物不被第三人（出卖人等）所追夺，不被第三人所主张任何权利（包括不被第三人主张知识产权）。

7）对第三人造成侵害的免责。

“承租人占有租赁物期间，租赁物造成第三人的人身伤害或者财产损害的，出租人不承担责任。”（《合同法》第 246 条）

☆ 承租人的义务

1）根据约定，向出租人支付租金；

2）妥善保管和使用租赁物并担负租赁物的维修义务；

3）依约定支付租金，并于租赁期间届满时返还租赁物。

4．融资合同范本

融资合同范本

签约地点：

签约时间：

甲方（资金方）：

乙方（借款方）：

一、总则

甲方以公司法人全部的经济和法律责任保证，安排好清洁、干净、无犯罪性质的资金为乙方的项目融资。

乙方以公司法人全部的经济和法律责任保证，有能力从银行开出存款单，作为乙方项目开发的融资条件，并同意以相应项目担保，采取项目托管的方式融资。

二、融资及其相关条件

1．币种：美元、欧元、人民币……

2．融资总金额：

3．融资条件：有效期一年以上的银行存款单或信用证或保函。

4．开证银行：中国四大商业银行、交通银行或民生银行、中信实业银行等；国际知名银行。

5．借款年限：3—20 年期。

6．一次性贴息 6%—8%（各种费用：美国银行操作费、美国投资公司佣金、中方中介费等）。

7．融资年利率：2.95%（暂定）。最终确定的利率以甲方打入第一笔款时美联储公布的长期贷款利率为准，而且该利率在借款期限内不变。

8．首批过款：　　　　万美元。

9．后续过款：按双方商定的过款计划执行。

10．查询方式：SWIFT。

11．操作方式：银行对银行。

12．为了监控资金更好地运作，甲方派出两名人员进入项目公司领导层，参与项目的建设和运营（宏观）。

13．如因乙方经营不善而造成亏损，到期不能偿还借款时，按中国有关法律进行核定乙方相关资产，以其相关资产划给甲方。

三、操作程序

1．双方完成一切融资条件条款谈判前期工作后，首先通过电子邮件或传真对本合同进行签约确认。

2．经传真签约确定后 3 个银行工作日内，双方正式签订本合同，同时乙方提供接款银行坐标及公司有效的法律文本，公司营业执照复印件、法人代码证书复印件、法人代表身份证复印件、董事会关于融资的决议书、全权委托书等。

3．正式签订合同后，乙方应在半个月内从银行开出正本银行存款单，并将银行存款单原件扫描件 E-mai1 给甲方。

4．甲方银行收到乙方银行开出的正本银行存款单扫描件 E-mai1 后，通过 SWIFT 进行查询，经查询无误后在 15 个银行工作日内按乙方要求向接款银行发出付款通知。

5．甲方付款通知发出后在 21 个银行工作日内将首批款打到乙方指定的接款银行。

6．在第一笔款到位后，余款在3—5个月内全部付清。

7．乙方收到全款后，甲方在每年12月15号之前，凭乙方开户的相关银行向甲方开出的利息单取息，同时银行开出第二年的利息单交由甲方。

8．乙方开出的银行存款单在一年零一个月后自行解冻。

四、法律依据

巴黎国际商会ICC500（1993年）最后修订版条款。

五、共同遵守条款

本合同一经签约，任何一方不得以任何理由终止或撤销此合同。

六、违约责任

1．甲乙双方认真执行合同条款；根据ICC500条款，违约方向守约方赔偿合同金额的1%违约金，并承担相应的法律责任。

2．本合同执行ICC500条款中，因不可抗力因素、天灾、动乱、战争而造成本协议无法履行时甲乙双方均不承担违约责任。

3．不按合同条款操作而导致交易终止或违反合同条款者视为违约。

4．乙方保证开出的存款单和有关资料文件为合法真实，如经甲方银行查证发现虚假不实，则视为违约。

5．甲方如未能按合同条款向乙方拨款，则视为违约。

七、解决纠纷终止

双方发生违约纠纷时，任何一方均有权提出仲裁，仲裁地为北京，仲裁机关为中国国际经济贸易仲裁委员会/中国国际商会仲裁院。

八、生效及终止

1．本合同为中文版，一式两份，双方各执壹份。

2．本合同签订后立即生效，双方一致书面同意本合同全部内容，履行完毕即告终止。

3．本合同未尽事宜另行制定合同副本，合同副本是本合同不可分割的一部分，与本合同具有同等法律效力。

甲方：　　　　　　　　　　　　　　乙方：

盖章　　　　　　　　　　　　　　　盖章

代表签字　　　　　　　　　　　　　代表签字

年　　月　　日　　　　　　　　　　年　　月　　日

本章小结

本学习情境主要介绍了与建设工程相关的合同，包括施工合同、勘察设计合同、监理合同、采购合同以及其他的一些合同（劳务合同、借款合同、租赁合同、融资合同等），通过学习掌握了相关合同的基本知识，对今后开展相关业务打好了基础，重点难点是掌握施工合同、勘察设计合同、监理合同、采购合同。

复习思考题

1．建设工程合同的类型有哪几种？
2．建设工程施工合同由哪几部分组成？
3．建设勘察设计合同的主要内容有哪几点？
4．建设监理合同的主要内容有哪些？
5．工程采购合同的内容有哪些？
7．劳务合同的内容有哪些？
8．融资租赁合同与传统的合同有哪些区别？

学习情景 7　建设工程施工合同管理

7.1　建设工程施工合同管理概述

7.1.1　建设工程合同管理的概念

建设工程施工合同的管理，是指各级工商行政管理机关、建设行政主管机关和金融机构，以及工程发包单位、监理单位、承包单位依据法律和行政法规、规章制度，采取法律的、行政的手段，对建设工程施工合同关系进行组织、指导、协调及监督，保护合同当事人的合法权益，调解合同纠纷，防止和制裁或减少合同违法、违约行为，保证施工合同的贯彻实施等一系列活动。

可将这些监督管理划分为以下两个层次：第一个层次为国家机关及金融机构对建设工程施工合同的管理；第二个层次为合同当事人及监理单位对建设工程施工合同的管理。各级工商行政管理机关、建设行政主管机关对合同的管理侧重于宏观的依法监督，而发包单位、监理单位、承包单位对合同的管理则是具体的管理，也是合同管理的出发点和落脚点。发包单位、监理单位、承包单位对建设工程施工合同的管理体现在合同从订立到履行的全过程。

7.1.2　建设工程合同管理的特点和工作内容

1．建设工程施工合同管理的特点

①施工合同管理周期长；

②施工合同管理与效益风险密切相关；

③施工合同的管理变量多；

④施工合同管理是综合性、全面性、高层次的管理工作；

2．施工合同管理的工作内容

（1）建设行政主管部门在施工合同管理中的主要工作。建设行政主管部门主要对建设工程施工合同进行以下监管。

①合同主体资格的确认；

②招投标资格的合法性、有效性的确认；

③施工合同签订过程中，国家制定的《建设工程施工合同（示范文本）》的应用；

④合同实施过程中合同当事人合同行为的合法性的确认；

⑤合同当事人违法违规行为及处罚。

（2）业主及监理工程师在施工合同管理中的主要工作

①业主的主要工作：对合同进行总体策划和总体控制，对授标及合同的签订进行决策，为承包商的合同实施提供必要的条件，委托监理工程师负责监督承包商履行合同。

②监理工程师的主要工作：招投标阶段和施工实施结算的进度管理、质量管理、投资管理和组织协调的全部或部分管理。

（3）承包商在施工合同管理中的主要工作。承包商在施工合同管理中的主要工作有确定工程项目合同管理组织，对合同文件、资料的管理以及建立合同管理系统。

7.1.3 建设工程合同管理的签约管理

1．建设工程施工承包合同最后文本的签约应注意的问题

（1）合同风险评估。在签订合同之前，承包人应对合同的合法性、完备性，合同双方的责任、权益以及合同风险进行评审、认定和评价。

（2）合同文件内容。建设工程施工承包合同文件的构成：合同协议书；工程量及价格；合同条件，包括合同一般条件和合同特殊条件；投标文件；合同技术条件（含图纸）；中标通知书；双方代表共同签署的合同补遗（有时是合同谈判会议纪要形式）；招标文件；其他双方认为应该作为合同组成部分的文件。对所有在招标投标及谈判前后各方发出的文件、文字说明、解释性资料进行清理。对凡是与上述合同构成内容有矛盾的文件，应宣布作废。可以在双方签署的《合同补遗》中，对此做出排除性质的声明。

（3）关于合同协议的补遗。在合同谈判阶段双方谈判的结果一般以《合同补遗》的形式，有时也可以以《合同谈判纪要》的形式，形成书面文件。同时应该注意的是，建设工程施工承包合同必须遵守法律。对于违反法律的条款，即使由合同双方达成协议并签了字，也不受法律保障。

（4）签订合同。对方在合同谈判结束后，应按上述内容和形式形成一个完整的合同文本草案，经双方代表认可后形成正式文件。双方核对无误后，由双方代表草签，至此合同谈判阶段即告结束。此时，承包人应及时准备和递交履约保函，准备正式签署施工承包合同。

2．加强和完善建设工程施工合同的签约、履约管理是市场对建筑企业提高经营管理水平的必然要求

①市场经济就是法制经济，依法签订、履行合同，直接体现企业的经营管理水平。合同是平等主体的自然人、法人、其他组织之间设立、变更、终止民事权利义务关系的协议。合同是在自愿、平等基础上所确立的一种权利与义务关系，这种权利与义务关系的确立必须遵守法律、行政法规，尊重社会公德，不得扰乱社会经济秩序，不得损害社会公共利益。依法签订的合同，对双方当事人就产生了法律上的约束力，并且受到法律的保护。建设工程施工合同签约、履约的前提应建立在依法签约、依法履约的基础上，在此前提下，良好的签约、履约管理又是实现合同目的的保障。建设工程施工合同是建筑企业联结市场的纽带，全部的经营成果都离不开合同，加强和完善建设工程施工合同的签约、履约管理，是避免纠纷，预防和减少纠纷的有效手段，对维护自身合法权益，实现利润最大化，提高经营管理水平，具有重大意义。

②建设工程施工合同签约、履约管理，是以市场为中心不断提高经营管理水平的过程。市场总是在不断变化着的，竞争十分激烈，建筑市场僧多粥少，形成了发包方占主动地位的市场，承包方讨价还价的能力，明显较差。在这种情况下，承包方签订合同，往往享受着一种不公平的待遇，形成了低价中标、垫资的结局，稍有不慎，搞不好就变成了一个死合同。承包方想以一个较高的合同价格中标，也许是不可能的，但是，通过加强和完善建设工程施工合同的签约、履约管理，以一个较高的价格结算，提高合同的效益，将是大有可观的。客观上，建设工程施工合同的签约、履约中，发包方先进后退，承包方先退后进，是符合低中标、勤签证、高结算国际惯例的。承包方如何先退后进，依法、依约实现其自身合法权益，

最终不是一个结果，而是一个不断提高经营管理水平的过程。

3．加强签约管理，提高签约质量

建设工程施工合同签订的目的，是为了履行，签订合同是履行合同的前提和基础，签订一个有效、条款完备的合同，将有利于合同的履行和目的的实现。

（1）在具体签订合同的过程中，有必要收集签订合同所需资料及信息，为签订合同做好准备一切的决策都是建立在大量事实和资料之上的，实践证明，掌握了解的资料和信息越多，决策的准确性就越高。收集涉及整个合同发包方工程项目的各种基础资料和背景资料，如合同发包方资信状况、履约能力、工程项目的来由、土地使用情况、资金来源组成等。

（2）审查发包方有无签订合同的主体资格及资信状况。审查发包方有无法人资格、资质，是否为该工程项目的合法主体，是否对拟建项目持有立项批文、建设工程规划许可证、建设用地规划许可证、土地使用证等证件；审查发包方是否有足够的履约能力，资金来源是如何组成的，是自有资金还是银行贷款或其他来源，是否会出现垫资和拖欠工程款的严重情形，风险到底有多大。

（3）审查合同的效力。合同的效力是合同依法成立所具有的约束力。我国《合同法》规定，依法成立的合同，自成立时生效，法律、行政法规规定应当办理批准、登记手续生效的，按照其规定。

对建设工程施工合同的效力进行审查，是签订合同时必须考虑的重要问题，因无效合同不受法律的保护，权利难以实现。

（4）审查合同的组成文件及主要条款是否完备。建设工程施工合同有其自身的特点，合同的标的物较为特殊、履行期限周期长、金额大、合同条款内容多、涉及方方面面的问题。合同的组成文件一般包括合同协议书；中标通知书；投标书及其附件；合同专用条款；合同通用条款；标准、规范及有关技术文件；图纸；工程量清单；工程报价书或预算书。一般合同的主要条款包括工程范围、建设工期、中间交工工程的开工和竣工时间、工程质量、工程造价、技术资料交付的时间、材料和设备供应责任、拨款和结算、竣工验收、质量保修范围和质量保修期、双方相互协助等条款。针对建设工程施工合同经常容易发生纠纷的三大核心问题：工程造价、工期、质量问题，应在合同做出更为明确、具体的约定。工程造价条款是建设工程施工合同的必备和关键性条款，约定不明或者计算方法不确定，都会导致将来履行中产生纠纷，一旦协商不成，往往会形成诉讼，而法院审理此类案件，一般都会对工程进行造价鉴定，且鉴定的准确性对双方来说都是难以把握或极其不利的，并且诉讼的期限将旷日持久。关于工期条款的确定，作为承包方应结合整个工程的实际情况来考虑，因工期问题也较容易产生纠纷，工期过短，劳动的强度无形增加了，为了赶工期，工程质量很难以保证，工期如果过长，相对成本就越高，能否确定合理的工期，在约定的期间内完成承包任务，是一个关键问题。工程质量条款的约定，也应引起高度重视，有时，约定不明，导致纠纷，质量纠纷会变成责任纠纷。

7.1.4 建设工程合同管理的履约管理

1．合同履约概念

合同履约是指工程建设项目的发包方和承包方根据合同规定的时间、地点、方式、内容及标准等要求，各自完成合同义务的行为。根据当事人履行合同义务的程度，合同履行可分为全部履行、部分履行和不履行。

2．建设工程施工合同履行原则

（1）实际履行原则。任何一方违约时，不能以支付违约金或赔偿损失的方式来代替合同的履行，守约一方要求继续履行的，应当继续履行。

（2）全面履行原则。当事人应当严格按合同约定的数量、质量、标准、价格、方式、地点、期限等完成合同义务。

（3）协作履行原则。合同当事人各方在履行合同过程中，应当互谅、互助，尽可能为对方履行合同义务提供相应的便利条件。

（4）诚实信用原则。诚实信用原则既是制定合同的基本原则，也是履行合同应该遵循的基本原则。

3．建设工程施工合同履约过程中的管理

变更是合同履约中的基本特征，是《合同法》规范调整的重要内容。《合同法》中涉及的合同变更有广义和狭义之分，广义的合同变更包括合同内容的变更和合同主体的变更；狭义的合同变更仅指合同内容的变更，合同的变更原则上面向将来发生效力。未变更的权利义务继续有效，已经履行的债务不因合同的变更而丧失法律依据。

建设工程施工合同履约过程中，同样存在大量的工程变更。既包括传统的以工程变更指令形式产生的工程变更，也包括由业主违约和不可抗力等因素被动形成的工程变更。国内的研究学者通常更习惯于将后一部分工程变更视为工程索赔的内容。FIDIC 施工合同条件中的变更通常包括以下内容。

①合同中包括的任何工作内容的数量的改变；

②任何工作内容的质量或其他特性的改变；

③任何部分工程的标高、位置和（或）尺寸的改变；

④任何工作的删减，但要交他人实施的工作除外；

⑤永久工程所需的任何附加工作、生产设备、材料或服务，包括任何有关的竣工试验，钻孔及其他试验和勘探工作；

⑥实施工程的顺序或时间安排的改变。

（1）工程变更的分类

1）设计变更。设计变更是指建设工程施工合同履约过程中，由工程不同参与方提出，最终由设计单位以设计变更或设计补充文件形式发出的工程变更指令。设计变更包含的内容十分广泛，是工程变更的主体内容，约占工程变更总量的 70%以上。常见的设计变更有：因设计计算错误或图示错误发出的设计变更，因设计遗漏或设计深度不够出现的设计补充变更，以及应业主、承包商或监理方请求对设计所做的优化调整等。

2）施工方案变更。施工方案变更是指在施工过程中承包方因工程地质条件变化、施工环境或施工条件的改变等因素影响，向监理工程师和业主提出的改变原施工措施方案的过程。施工措施方案的变更应经监理工程师和业主审查同意后实施，否则引起的费用增加和工期延误将由承包方自行承担。重大施工措施方案的变更还应征询设计单位意见。在建设工程施工合同履约过程中，施工方案变更存在于工程施工的全过程，如人工挖孔桩桩孔开挖过程中出现地下流砂层或淤泥层，需采取特殊支护措施，方可继续施工；公路或市政道路工程路基开挖过程中发现地下文物，需停工采取特殊保护措施。

3）条件变更。条件变更是指施工过程中，因业主未能按合同约定提供必需的施工条件以及不可抗力发生导致工程无法按预定计划实施。

如业主承诺交付的工程后续施工图纸未到，致使工程中途停顿，业主提供的施工临时用电因社会电网紧张而断电导致施工生产无法正常进行；特大暴雨或山体滑坡导致工程停工。这类因业主原因或不可抗力所发生的工程变更统称为条件变更。

4）计划变更。计划变更是指施工过程中，业主因上级指令、技术因素或经营需要，调整原定施工进度计划，改变施工顺序和时间安排。如小区群体工程施工中，根据销售进展情况，部分房屋需提前竣工，另一部分房屋适当延迟交付，这类变更就是典型的计划变更。

5）新增工程。新增工程是指施工过程中，业主动用暂定金额，扩大建设规模，增加原招标工程量清单之外的建设内容。

（2）工程变更程序。在合同履行过程中，监理工程师发出变更指示包括下列三种情形。

1）监理工程师认为可能要发生变更的情形。在合同履行过程中，可能发生变更情形的，监理工程师可向承包商发出变更意向书。变更意向书应说明变更具体内容和发包人对变更的时间要求，并附必要的图纸和相关资料。变更意向书应要求承包商提交包括拟实施变更工作的计划、措施和竣工时间等内容的实施方案。发包人同意承包人根据变更意向书要求提交变更实施方案的，由监理工程师发出变更指示。若承包人收到监理工程师的变更意向书后认为难以实施此项变更，应立即通知监理工程师，说明原因并附有详细依据。监理工程师与承包人和发包人协商后确定撤销、改变或不改变原变更意向书。

2）监理工程师认为发生了变更的情形。在合同履行过程中，发生合同约定的变更情形的，监理工程师应向承包商发出变更指示。变更指示应说明变更的目的、范围、变更的内容以及变更的工程量及其进度和技术要求，并附有关图纸和文件。承包人收到变更指示后，应按变更指示进行变更工作。

3）承包人认为可能要发生变更的情形。承包人收到监理工程师按合同约定发出的图纸和文件，经检查认为其中存在变更情形的，可向监理工程师提出书面变更建议。变更建议应说明变更的依据，并附必要的图纸和相关资料。监理工程师收到承包人书面变更建议后，应与发包人共同研究，确认存在变更的，应在收到承包人书面建议后的14天内做出变更指示。经研究后不同意变更的，应由监理工程师书面答复承包人。

7.2 工程招标投标阶段的合同管理

7.2.1 招投标阶段合同的总体策划

1．建设工程合同策划概述

（1）合同策划及要思考的问题。在建设工程项目的初始阶段必须进行相关合同的策划，策划的目标是通过合同保证工程项目总目标的实现，必须反映建设工程项目战略和企业战略，反映企业的经营指导方针和根本利益。

合同策划需考虑的主要问题有项目应分解成几个独立合同及每个合同的工程范围；采用何种委托方式和承包方式；合同的种类、形式和条件；合同重要条款的确定；合同签订和实施时重大问题的决策；各个合同的内容、组织、技术、时间上的协调。

（2）合同策划的意义。合同的策划决定着项目的组织结构及管理体制，决定合同各方面责任、权力和工作的划分，所以对整个项目管理产生根本性的影响。业主通过合同委托项目任务，并通过合同实现对项目的目标控制。

合同是实施工程项目的手段，通过策划确定各方面的重大关系，无论对业主还是对承包商，完善的合同策划可以保证合同圆满地履行，克服关系的不协调，减少矛盾和争议，顺利地实现工程项目总目标。

（3）合同策划的依据。合同双方有不同的立场和角度，但他们有相同或相似的策划研究内容。合同策划的依据主要有以下几点。

1）业主方面：业主的资信、管理水平和能力，业主的目标和动机，期望对工程管理的介入深度，业主对承包商的信任程度，业主对工程的质量和工期要求等。

2）承包商方面：承包商的能力、资信、企业规模、管理风格和水平、目标与动机、目前经营状况、过去同类工程经验、企业经营战略等。

3）工程方面：工程的类型、规模、特点、技术复杂程度、工程技术设计准确程度、计划程度、招标时间和工期的限制、项目的赢利性、工程风险程度、工程资源（如资金等）供应及限制条件等。

4）影响项目的环境方面：国家宏观经济环境、法律环境、建筑市场竞争激烈程度，物价的稳定性，地质、气候、自然、现场条件的确定性等。

（4）合同策划的程序

1）研究企业战略和项目战略，确定企业及项目对合同的要求；

2）确定合同的总体原则和目标；

3）分层次、分对象对合同的一些重大问题进行研究，列出各种可能的选择，按照上述策划的依据，综合分析各种选择的利弊得失；

4）对合同的各个重大问题做出决策和安排，提出履行合同的措施。在合同策划中有时要采用各种预测、决策方法，风险分析方法，技术经济分析方法。

5）在开始准备每一个合同招标和准备签订每一份合同时都应对合同策划再做一次评价。

2．业主的合同总体策划

业主的合同总体策划的内容包括：①招标方式（公开招标、邀请招标）的确定及分标策划；②合同种类（如总价合同、单价合同或成本加酬金合同）的选择；③合同条件的选择；④重要合同条款的确定，如适用的法律、付款方式、合同价格的调整、材料设备的供应、工程变更、合同风险的分担及违约责任；⑤其他问题，如确定资格预审的标准和允许参加投标的单位的数量，定标的标准，标后谈判的处理，业主的相关合同的协调。

3．承包商的合同总体策划

业主在建筑工程市场中处于主导地位。业主的合同决策，承包商常常必须执行或服从（如招标文件、合同条件）。但承包商有自己的合同策划问题，它服从于承包商的基本目标（取得利润）和企业经营战略。其总体策划的内容包括以下几点：

（1）投标项目的选择，承包商通过市场调查获得许多工程招标信息。依据承包市场情况、该工程竞争者的数量以及竞争对手状况、工程及业主状况、承包商自身的情况等，承包商必须就投标方向做出战略决策，通过情况分析，预测中标的可能性，选择中标可能性大的工程投标。

（2）合作方式的选择，承包商要根据具体情况，选择独立承包、分包或成立联合公司，权衡利弊以选择合适的合作形式。

（3）投标策略与技巧，例如，为中标而提出采用新工艺等有效措施缩短工期或降低成本，以吸引业主，以及不平衡报价、增加建议方案、薄利或零利润报价等。

（4）投标报价和合同谈判策略，例如，分包合同的范围、委托方式、定价方式和主要合同条款的确定，承包合同投标报价策略和合同谈判策略的制订等。

合同策划是一个十分重要而复杂的问题，为保证合同的顺利执行，应注意工程合同体系的协调、不同时间所订立的合同的协调、企业内各部门订立合同时的相互协调、对同一工程所签订的各相关合同间的协调。

7.2.2 招投标文件的分析

1．招标文件的分析

招标文件是招标人根据施工招标项目的特点和需要来编制的，招标文件一般包括投标须知前附表、投标须知、合同主要条款、合同文件格式、工程量清单、技术规范、设计图纸、评标标准和方法、投标文件的格式等。承包商取得（购得）招标文件后主要工作有：

（1）招标文件的总体检查。招标文件检查的重点是完备性，工程招标的法律条件。需要对照招标文件目录检查文件是否有缺页，是否齐全，对照图纸目录检查图纸是否齐全。

（2）招标条件分析。招标条件分析的主要对象是投标人须知。通过分析，承包商不仅要掌握招标过程、评标的规则和各项要求，以对投标报价工作做出具体安排，而且要了解投标风险，以确定投标策略。

（3）对招标工作时间安排的分析。应按时间安排进行各项工作。

（4）工程技术文件分析。即进行图纸审查、工程量复核、图纸和规范中的问题分析。

2．合同文本分析的内容

合同文本是合同的核心，通常指合同协议书和合同条件等文件。合同文本的每项条款都与双方的利益相关，影响到双方的成本、费用和利润。通常合同文本分析主要有以下五个方面的内容。

（1）合法性分析。双方当事人必须在合同的法律基础的范围内签订和实施承包合同，否则会导致承包合同全部或部分无效。承包合同的合法性分析通常包括如下内容：

1）发包人和承包人的资格审查是否合格，例如是否为法人，或合法的代理人，且工程发包在他的代理业务范围内；

2）工程项目是否已具备招标投标、签订和实施合同的一切条件；

3）工程承包合同的条款和所指的行为是否符合《合同法》和其他各种法律的要求；

4）合同是否需要公证，或由有关部门批准才能生效。

（2）完备性分析。工程承包合同是要完成一个确定范围的工程的施工，合同所包含的合同事件（或工程活动），工程本身各种说明，工程施工过程中所涉及的、可能出现的各种问题的处理，以及双方的责任和权益等，应有一定的范围。承包合同的完备性包括相关的合同文件的完备性和合同条款的完备性。

1）承包合同文件的完备性是指属于该合同的各种文件的齐全性，主要包括工程技术、环境、水文地质等方面的说明文件和技术设计文件等。在获取招标文件后应对照招标文件目录和图纸目录做这方面的检查。如果发现不足，则应要求业主（工程师）补充提供。

2）合同条款的完整性是指合同条款是否齐全，对各种问题是否都有规定，不遗漏。这是合同完整性分析的重点。通常它与使用什么样的合同文本有关；对一般的采用标准合同文本（如使用建设工程施工合同示范文本）的工程项目，因为标准文本条款齐全，内容完整，一般可以不做合同的完整性分析。

但对特殊的工程，如采用标准合同文本的补充协议或条款，则应重点分析其内容是否完整、合理，前后是否矛盾；如果未使用标准文本，但存在该类合同的标准文件，则可以以标准文本为样本，将所签订的合同条款与标准文本的对应条款一一对照，就可以发现该合同缺少哪些必需条款；对无标准文本的合同类型（如分包合同、劳务合同），合同起草者应尽可能多地收集实际工程中的同类合同文本，进行对比分析和互相补充，以确定该类合同范围和结构形式，再将被分析的合同按结构拆分开，可以方便地分析出该合同是否缺少，或缺少哪些必需条款。这样起草合同就可能比较完备。

（3）双方责任和权益关系分析。合同应公平合理地分配双方的责任和权益，使它们达到总体平衡。首先按合同条款列出双方各自的责任和权益，在此基础上进行它们的关系分析。在合同中，业主与承包商的责任和权益是互为前提条件的。

1）业主的权益与责任的平衡。如果合同规定业主有一项权利，则要分析该项权利的行使对承包商的影响；该项权利是否需要制约，业主有无滥用这个权利的可能。如果业主（工程师）有权对已覆盖的隐蔽工程进行检查或复检，甚至包括破坏性检查，承包商必须执行；如果检查结果表明施工质量符合图纸、规范的要求，那么业主应承担相应的损失（包括工期和费用补偿）。这就是业主（工程师）的检查权和对业主（工程师）检查权的限制，即若检查权导致的合同责任，以防止工程师滥用检查权。

2）承包商的权益和责任的平衡。承包商的合同责任必须具备一定的前提条件。如果这些前提条件直由业主提供或完成，则应作为业主的一项义务，在合同中做明确规定，进行反制约。如果缺少这些反制约，则合同双方责权利关系不平衡。如对已竣工工程未交付建设单位之前，承包商按协议条款约定负责已完工程的成品保护工作，保护期间发生的损坏，承包商自费予以修复。同时规定发包人应按期组织验收和办理移交手续；发包人不得使用未经竣工验收或验收未通过的工程。发包人如果强行使用，由此发生的质量问题及其他问题，由发包人承担责任。这是前提条件，必须提出作为对业主的反制约。

3）业主和承包商的责任和权益应尽可能具体、详细，并注意其范围的限定做为承包商特别应注意合同中对自己的权益的保护条款，例如，工期延误罚款的最高限额的规定、索赔条件、仲裁条款、在业主严重违约情况下中止合同的权力及索赔权利等。

4）双方权益的保护条款。一个完备的合同应对双方的权益都能形成保护，对双方的行为都有制约，这样才能保证项目的顺利进行。

（4）合同条款之间的联系分析。合同分析通常首先针对具体的合同条款。根据它的表达方式，分析它的执行将会带来什么问题和后果。在此基础上还应注意合同条款之间的内在联系。由于合同条款所定义的合同事件和合同问题具有一定的逻辑关系（如实施顺序关系，空间上和技术上的互相依赖关系等），使得合同条款之间有一定的内在联系，共同构成一个有机的整体，即一份完整的合同。例如，工程变更问题涉及工程范围，变更的权力和程序，有关价格的确定、索赔条件、程序、有效期等。

（5）后果性分析。在合同签订前，必须充分考虑到合同一经签订，付诸实施会有什么样的后果，在此基础上分析合同条款之间的内在联系。同时应注意同一种表达方式在不同的合同环境中可能有不同的风险。例如，在合同实施中会有哪些情况、发生时应如何处理、可能承担的法律责任等。

3．投标文件分析

投标文件分析的过程中，必须重视以下五个方面。

（1）“投标须知”不能弄错。“投标须知”是招标人提醒投标者在投标书中务必全面、正确回答的具体注意事项的书面说明，可以说是投标书的“五脏”（喻指投标书的心脏、肝脏、肾脏等）。因此，投标人在制作标书时，必须对“投标须知”进行反复学习、理解，直至弄懂弄通，否则，就会将“投标须知”理解错，导致投标书成为无效标。例如，某“投标须知”要求投标人在投标书中提供近三年开发某项大型数据率的成功交易业务记录，而某投标者将“近三年”，理解为“近年”。将“成功交易业务记录”理解为“内部机构成功开发记录”，以至于使形成的投标书违背了“投标须知”，成为废纸一张。

（2）“实质要求”不能遗漏。《政府采购法》《招标投标法》《政府采购货物和服务招标投标管理办法》等法律法规都规定：投标文件应当对招标文件提出的实质性要求和条件做出响应。这意味着投标者只要对招标文件中的某一条实质性要求遗漏，未做出响应，都将成为无效标。如某招标文件规定，投标者须具备五个方面的条件。若投标者遗漏了对“招标货物有经营许可证要求的，投标人必须具有该货物的经营许可证”这一要求做出的响应；投标者在授标书中遗漏了对“投标人必须取得对所投设备生产企业的授权文件”这一要求做出的响应，则投标者和投标者，都将因“遗漏”而被淘汰。投标方的有效营业执照，资质等级证书，财务状况，固定资产等一系列资料都应该公开于业主方。

（3）“重要的部分”也不能忽视。“标函”“项目实施方案”“技术措施”“售后服务承诺”等都是投标书的重要部分，也是体现投标者是否具有竞争实力的具体表现。倘若投标者对这些“重要部分”不重视，不进行认真、详尽、完美的表述，就会使投标者在商务标、技术标、信誉标等方面失分，以至于最后落榜。例如，投标者不重视写好“标函”，在“标函”中就不能全面反映本公司的“身价”，不能充分表述本公司的业绩，甚至将获得的重要奖项（鲁班奖、省优、市优等），承建的大型重要项目等在“标函”中没有详细说明，从而不能完全表达本公司对此招标项目的重视程度和诚意。再如，一些投标者对“技术措施”不重视，忽视对拟派出的项目负责人与主要技术人员简历、业绩和拟用于本项目精良设备名称的详细介绍，以至于因在这些方面得分不高而出局。

（4）“细小环节”也绝对不能大意在制作投标书的时候，有一些项目很细小，也很容易做，但稍一粗心大意，就会影响全局，导致全盘皆输。这些细小项目列举如下：

①投标书未按照招标文件的有关要求密封标志的；

②未全部加盖法人或委托授权人印鉴的，如未在所有重要汇总标价旁签字盖章，或未将委托授权书放在投标书中；

③投标者单位名称或法人姓名与登记执照不相符的；

④未在投标书上填写法定注册地址的；

⑤投标保证金未在规定的时间内缴纳的；

⑥投标书的附件资料不全，如设计图纸漏页，有关表格填写漏项等；

⑦投标书字迹不清晰，无法辨认的；

⑧投标书装订不整齐，或投标书上没有目录，没有页码，或文件资料装订前后颠倒的等。

（5）还有一个特殊的情况就是“联合制作”在实际招标采购中，有时会发生两个或两个以上的供应商组成一个投标联合体，以一个投标人的身份投标。这样，投标书就需要几家供应商一起合作。参加联合制作的任何一方都不能轻视，如果大家都持不重视态度，编写标书不认真，以至于形成无效标的情形。例如，在一次大型工程招标中，有 4 个供应商组成联合体投标。由于大家都不重视投标书制作，制作前也没有哪一方询问其他方是否符合《政府采购货物和服务招标投标管理办法》第三十四条所规定的“联合体各方均应当符合政府采购法第二十二条第一款规定的条件”，即“具有独立承担民事责任的能力”。

结果，投标书发出后，被人举报查实，其中有一方不具有独立承担民事责任的能力，其法人资格证书是租的，以至于使这份联合制成的投标书成为无效标，所以，联合体各方千万不可轻视投标书的联合制作，务必做到制作时，首先要验证各方是否具备投标资格，并且当采购人根据采购项目的特殊要求规定投标人特定条件的，联合体各方中至少有一方符合采购人规定的特定条件；其次，联合体各方应当签订共同投标协议，明确约定联合体各方承担的工作和相应的责任，尤其不能缺少出了问题，责任人应当承担多大经济责任的内容；再次，投标书制成后除牵头方认真汇总校对外，还要明确一到两方进行复核，且不能忘记将共同投标协议作为投标书附件一并提交招标采购单位。

7.2.3 施工合同风险分析与对策

由于工程项目建设关系的多元性、复杂性、多变性、履约周期长等特征及金额大、市场竞争激烈等构成了项目承包合同的风险性。因此，慎重分析研究各种风险因素，在签订合同中尽量避免承担风险的条款，在履行合同中采取有效措施，防范风险发生是十分重要的。

1. 合同中的风险

在实际建设工程中，由于合同人员素质不高或由于市场竞争激烈，承包商急于拿下此工程而做出一些不适当的让步等原因，导致签订的合同存在风险，主要表现在以下几个方面。

（1）合同中已明确规定乙方承担的风险大量的承包工程合同中都有对乙方承担风险的条款规定；

（2）合同条文不完整，隐含潜在的风险；

（3）合同中仅对一方规定了约束性条款的不利合同风险。

2. 签订有利的合同

1）合同风险属于不确定事件，可能发生，也可能不发生。但任何承包工程的乙方都愿意签订一个对自己有利的合同，减少工程施工中的风险损失，获得更多的利润。对于承包工程的乙方来说，对自己有利的合同，可以从以下几个方面进行定性的评价：合同的条款、内容要完整、全面。对自己比较有利或比较优惠的条款都已明确表达，不会使对方发生误解。

2）合同价格较高，如在正常管理状态下，施工应有较好的盈利。

3）合同双方责权利关系比较平衡，没有苛刻一方的单方面约束条款。

4）合同内容条理清楚、责权分明、前后一致、概念准确，在执行中不易产生争执。合同风险较少，甲方承担的风险较多或对某些风险明确了乙方承担的责任等。

3. 处理合同风险的对策

合同中的问题和风险总是存在的，不可能绝对的完美和均衡。有利合同的签订，不可能完全杜绝风险的发生。合同一经签订，即使对自己非常不利的条文也是不可能单方面进行修改。因此，合同管理人员在合同实施中，首先是发现合同中的风险，然后是根据工程实际分析风险发生的可能性，采取技术上、经济上和管理上的措施，尽可能避免风险发生，降低风险损失。

（1）采取组织措施。对风险较大的工程项目应派一名得力的项目负责人，配备能力较强的工程技术人员及合同管理人员，组建精明强干的项目管理班子。对风险较大的某一项工程，应成立专门的指挥管理组织，配调经验丰富的专家组织攻关。

（2）采取技术措施。对工程设计变更及费用调整较大的合同款应采取技术措施为主的对策。如设计变更较多且费用调整受限制的工程，应召集有丰富经验的工程技术人员，全面分析可能变更的各种问题，提出甲方能够接受的，且乙方便于施工、费用少调或不调的合理化建议，从而减少乙方增加施工成本而得不到补偿的变更，或提出合理建议后甲方能主动提出修改设计，使问题脱离对乙方有风险的合同条款限制。

（3）采取经济措施。对工程风险较大的某一部分工作，为避免违约承担风险，可相应的采取经济措施减少风险损失。在工程中常见的情况有在雨季施工前抢施地下室及基础工程；在冬季施工前抢施结构及湿作业工程；在竣工交用前大幅度增加人员，增加工作班次以保证工期。所有采取的这些抢施工程无非是增加了机械设备，增加施工及管理人员，增加工资、奖金或加班费用。但这些支出使乙方保证了施工进度，保持了信誉，避免了风险。从经济观点上说，所采取的经济措施费用比承担风险实际损失要合算得多。

（4）加强索赔管理。在工程施工中加强索赔管理，用索赔和反索赔来弥补或减少损失，是施工单位广泛采用的风险对策。认真分析合同，详细划清双方责任，注意合同实施中每一事件的详细过程，寻找索赔机会，通过索赔和反索赔提高合同总价。争取总价的调整，达到风险损失补偿的目的。

（5）组建联合体，共担风险。在一些大型工程项目中，由于专业技术、工程经验和处理工程风险能力的不同，乙方应注意发挥自己的长处，避免自己的弱项，与其他专业工程单位组建联合体，共同分担风险。由于专业公司具有各种情况下的施工经验，都具有较强的处理合同风险的能力。

（6）争取对风险化解的机会。合同中必然存在的风险条款是合同双方中一方对另一方的制约条件。在合同实施中，当双方都能认真执行合同、履行自己的责任、合作满意时，双方都可能在不影响总目标的情况下，不甚计较个别条款的严格程度。乙方有时可利用这种友好的气氛，对一些隐含风险的条款进行有利于自己的解释，并作为合同的补充文件形成资料。使一些本来对自己不利的条款得到化解，使风险分担比较合理。

采取上述措施的效果取决于每一工程的实际情况，针对某一风险可以同时采取多方面的措施，但关键问题是管理人员的实际工程管理经验和对合同风险分析能力及应变能力。

4．风险跟踪，实行动态管理

找出合同中的风险条款，确定了相应的对策，并不意味着风险问题的解决。在工程合同实施错综复杂的变化中，只有进行风险跟踪，才能更好地解决合同风险问题。风险跟踪可以起到以下作用。

①进行风险跟踪，可以及时掌握风险发生、发展的各种情况。当发现与事先预料有较大出入时，可及早采取新的对策，调整工程安排，以控制风险的发展。

②进行风险跟踪，及时对风险损失情况及采取的对策效果进行评价。对风险发展趋势和结果有一个清醒的认识，以便采取果断措施。

③在合同风险跟踪过程中，可能会发现新的索赔机会，为反索赔做准备工作。

④进行风险跟踪，可以积累大量的防止或减少风险的实际资料，为制定新的风险对策，签订对自己有利的合同提供宝贵的经验。

7.3 建设工程施工合同分析

合同分析是指从执行的角度分析、补充、解释合同，将合同目标和合同规定落实到合同实施的具体问题和具体时间上，用以指导具体工作，使合同能符合日常工程管理的需要。

承包商在合同实施过程中的基本任务是使自己圆满地完成合同责任。整个合同责任的完成是在一段段时间内，完成一项项工程和一个个工程活动实现的，所以合同目标和责任必须贯彻落实在合同实施的具体问题上和各工程小组以及各分包商的具体工程活动中。承包商的各职能人员和各工程小组都必须熟练地掌握合同，用合同指导工程实施和工作，以合同作为行为准则。

7.3.1 施工合同分析的必要性和作用

1．合同分析的必要性

项目的建设过程即建设工程合同的履行过程。所谓合同的履行，是指债务人全面的、适当的完成其合同义务，以使债权人的合同债权得到实现的行为。在合同履行前及履行过程中，进行合同分析是必要的，原因如下：

（1）合同条文往往会涉及大量的法律术语，致使非法律专业的工程管理人员在合同条文的理解方面容易出现偏差。

（2）一个工程项目会涉及许多合同，合同主体之间存在复杂的合同关系，这为合同的全面、协作履行带来了相应的困难。

（3）合同对工程建设的施工方法、材料选购、计价方法等进行了详细的约定，进行合同分析有助于经济合理的实现合同目的。

（4）合同履行过程中，会出现因设计变更、不可抗力等引发的变化，进行合同分析有助于减小因为情势变更造成的损失。

（5）在合同的履行过程中，合同双方可能会对一些合同条款有不同的理解，进行合同分析有助于双方对理解分歧条款达成共识。

2．合同分析的要求

（1）准确性与客观性。对合同的分析应准确、全面，如合同分析有误差，可能会导致合同履行的重大失误。合同分析应客观，尽量避免双方对合同理解的偏差。当双方出现分歧时，应科学运用字面解释、目的解释等合同解释方法，以还原合同之本意。

（2）通俗易理解。合同分析结果应使不同层次的工程管理人员充分理解。

（3）合同双方的理解一致性。如双方对合同理解有分歧，应在合同履行前予以解决，以避免在合同履行过程中出现不必要的争执。

（4）全面性合同分析的全面性由两个方面的要求。一方面要求全面、整体地分析理解合同，不能断章取义；一方面要求对全部合同文件做逐一分析，不遗漏。

7.3.2 合同总体分析

1．合同总体分析对象

合同总体分析的主要对象是合同协议书和合同条件等。通过合同总体分析，将合同条款和合同规定落实到一些带有全局性的具体问题上。它通常在以下两种情况下进行。

（1）在合同签订后实施前，承包商必须确定合同规定的主要工程目标，划定权利、义务界限，分析可能的法律后果。合同总体分析的结果是工程施工总的指导性文件，此时分析的重点内容是：

1）承包商的主要合同责任，工程范围；

2）业主（包括工程师）的主要责任；

3）合同价格、计价方法和价格补偿条件；

4）工期要求和补偿条件；

5）工程受干扰的法律后果；

6）合同双方的违约责任；

7）合同变更方式、程序和竣工验收方法等；

8）争议的解决方武等。

在合同分析中应对合同中的风险，执行中应注意的问题做出特别的提示。进行合同总体分析后，应将分析的结果以最简单的形式和最简洁的语言表达出来，传达给各级工程管理人员，以作为日常工程管理活动的指导。

（2）在重大争议处理过程中（例如重大索赔争议），必须进行合同整体分析。这时总体分析的重点是合同文本中与索赔有关的条款，其对索赔工作所起的作用为：

1）提供索赔、反索赔的理由和根据；

2）合同总体分析的结果直接作为索赔报告的一部分；

3）作为索赔事件责任分析的依据；

4）提供索赔额计算方式和计算基础的规定；

5）索赔谈判中的主要攻守武器。

影响合同总体分析内容和详细程度的因素包括以下三方面：

1）分析目的。在合同履行前做总体分析，一般比较详细、全面；而在处理重大索赔和合同争执时做总体分析，一般仅需分析与索赔争执相关的内容。

2）承包商的职能人员、分包商和工程小组对合同文本的熟悉程度。如果是一个熟悉的、经常使用的文本，则分析可简略，重点分析特殊条款和争执条款。

3）工程和合同文本的特殊性。如果工程规模大，结构复杂，使用特殊的合同文本，合同条款复杂，合同风险大，变更多，则应详细分析。

2．合同分析的内容

合同分析在不同时期，为了不同的目的，有不同的内容，通常有以下几方面：

（1）合同的法律基础。分析订立合同所依据的法律、法规，通过分析，承包人了解适用于合同的法律的基本情况（范围、特点等），用以指导整个合同实施和索赔工作。对合同中明示的法律应重点分析。

（2）承包人的主要任务

①明确承包人的总任务，即合同标的。承包人在设计、采购、生产、试验、运输、土建、安装、验收、试生产、缺陷责任期维修等方面的主要责任，施工现场的管理，给发包人的管理人员提供生活和工作条件等责任。

②工作范围。明确合同中的工程量清单、图纸、工程说明、技术规范的定义。工程范围的界限应很清楚，否则会影响工程变更和索赔，特别是对固定总价合同。

在合同实施中，如果工程师指令的工程变更属于合同规定的工程范围，则承包人必须无条件执行；如果工程变更超过承包人应承担的风险范围，则可向发包人提出工程变更的补偿要求。

③关于工程变更的规定。明确工程变更的补偿范围，通常以合同金额一定的百分比表示。通常这个百分比越大，承包人的风险越大。

明确工程变更的索赔有效期，由合同具体规定，一般为 28 天，也有 14 天的。一般这个时间越短，对承包人管理水平的要求越高，对承包人越不利。

（3）发包人责任

①发包人雇用工程师并委托他全权履行发包人的合同责任。

②发包人和工程师有责任对平行的各承包人和供应商之间的责任界限做出划分，对这方面的争执做出裁决，对他们的工作进行协调，并承担管理和协调失误造成的损失。

③及时做出承包人履行合同所必需的决策，如下达指令、履行各种批准手续、做出认可、答复请示、完成各种检查和验收手续等。

④提供施工条件，如及时提供设计资料、图纸、施工场地、道路等。

⑤按合同规定及时支付工程款，及时接收已完工程等。

（4）合同价格。对合同价格主要分析以下几个方面的内容。

①合同所采用的计价方法及合同价格所包括的范围。

②工程计量程序，工程款结算（包括进度付款、竣工结算、最终结算）方法和程序。

③合同价格的调整，即费用索赔的条件、价格调整方法、计价依据、索赔有效期规定。

④拖欠工程款的合同责任。

（5）施工工期。在实际工程中，工期拖延极为常见和频繁，而且对合同实施和索赔的影响很大，所以要特别重视。

（6）违约责任。如果合同一方未遵守合同规定，造成对方损失，应受到相应的合同处罚。承包人不能按合同规定工期完成工程的违约金或承担发包人损失的条款；由于管理上的疏忽造成对方人员和财产损失的赔偿条款；由于预谋或故意行为造成对方损失的处罚和赔偿条款等；由于承包人不履行或不能正确地履行合同责任，或出现严重违约时的处理规定；由于发包人不履行或不能正确地履行合同责任，或出现严重违约时的处理规定，特别是对发包人不及时支付工程款的处理规定。

（7）验收、移交和保修。验收包括许多内容，如材料和机械设备的现场验收、隐蔽工程验收、单项工程验收、全部工程竣工验收等。

在合同分析中，应对重要的验收要求、时间、程序以及验收所带来的法律后果加以说明。竣工验收合格即办理移交。移交作为一个重要的合同事件，同时又是一个重要的法律概念，它表示发包人认可并接收工程，承包人工程施工任务的完结；工程所有权的转让；承包人工程照管责任的结束和发包人工程照管责任的开始；保修责任的开始；合同规定的工程款支付条款有效。

（8）索赔程序和争执的解决。这里要分析索赔的程序、争执的解决方式和程序；仲裁条款，包括仲裁所依据的法律、仲裁地点、方式和程序、仲裁结果的约束力等。

7.3.3 合同详细分析

承包合同的实施由许多具体的工程活动和合同双方的其他经济活动构成。这些活动也都是为了实现合同目的，履行合同责任，也必须受合同的制约和控制。这些工程活动所确定的状态常常又被称为合同事件。对一个确定的承包合同，承包商的工程范围，合同责任是一定的，则相关的合同事件和工程活动也应是一定的。通常在一个工程中，这样的事件可能有几百件，甚至几千件。在工程中，合同事件之间存在一定的技术上的、时间上的和空间上的逻辑关系，形成网络，所以又被称为合同事件网络。

合同事件分析的对象是合同协议书、合同条件、规范、图纸、工作量表。它主要通过合同事件表、网络图、横道图等定义各工程活动。

1．编码

为了计算机数据处理的需要，对事件的各种数据处理都靠编码识别。所以编码要能反映这事件的各种特性，如所属的项目、单项工程、单位工程、专业性质、空间位置等。通常它应与网络事件（或活动）的编码有一致性。

2．事件名称和简要说明

事件名称和简要说明是对发生的事件做简要的说明。

3．变更次数和最近一次的变更日期它记载着与本事件相关的工程变更。在接到变更指令后，应落实变更，修改相应栏目的内容。最近一次的变更日期表示，从这一天以来的变更尚未考虑到。这样可以检查每个变更指令落实情况，既防止重复，又防止遗漏。

4．事件的内容说明

这里主要为该事件的目标，如某一分项工程的数量、质量、技术要求以及其他方面的要求。这由合同的工程量清单、工程说明、图纸、规范等定义，是承包商应完成的任务。

5．前提条件

它记录着本事件的前导事件或活动，即本事件开始前应具备的准备工作或条件。它不仅确定事件之间的逻辑关系，是构成网络计划的基础，而且确定了各参加者之间的责任界限。

6．本事件的主要活动

本事件的主要活动即完成该事件的一些主要活动和它们的实施方法、技术、组织措施。这完全从施工过程的角度进行分析。这些活动组成该事件的子网络，例如上述设备安装由现场准备，施工设备进场、安装，基础找平、定位，设备就位，吊装，固定，施工设备拆卸、出场等活动组成。

7．责任人

责任人即负责该事件实施的工程小组负责人或分包商。

8．成本（或费用）

这里成本（或费用）包括计划成本和实际成本。有以下两种情况。

①若该事件由分包商承担，则计划费用为分包合同价格。如果在总包和分包之间有索赔，则应修改这个值。而相应的实际费用为最终实际结算账单金额总和。

②若该事件由承包商的工程小组承担，则计划成本可由成本计划得到，一般为直接费成本。而实际成本为会计核算的结果，在该事件完成后填写。

9．计划和实际的工期

计划工期由网络分析得到。这里有计划开始时间、结束时间和持续时间。实际工期按实际情况，在该事件结束后填写。

10．其他参加人

其他参加人即对该事件的实施提供帮助的其他人员。

从上述内容可见，合同事件表从各个方面定义了合同事件。合同详细分析是承包商的合同执行计划，它包容了工程施工前的整个计划工作。

①工程项目的结构分解，即工程活动的分解和工程活动逻辑关系的安排。

②技术会审工作。

③工程实施方案，总体计划和施工组织计划。在投标书中已包括这些内容，但在施工前，应进一步细化，做详细的安排。

④工程的成本计划。

⑤合同详细分析不仅针对承包合同，而且包括与承包合同同级的各个合同的协调，包括各个分合同的工作安排和各分合同之间的协调。

所以合同详细分析是整个项目组的工作，应由合同管理人员、工程技术人员、造价人员共同完成。合同事件表对项目的目标分解，任务的委托（分包），合同交底，落实责任，安排工作，进行合同监督、跟踪、分析，处理索赔（反索赔）非常重要。

7.4 建设工程施工合同的实施控制

7.4.1 合同控制概述

1. 合同控制依据

合同控制指承包商的合同管理组织为保证合同所约定的各项义务的全面完成及各项权利的实现，以合同分析的成果为基准，对整个合同实施过程进行全面监督、检查、对比和纠偏的管理活动。合同控制的依据主要有：合同和合同分析的结果，如各种计划、方案、合同变更文件等；各种实际的工程文件，如原始记录、各种工程报表、报告以及验收结果等；工程管理人员每天对现场情况的直观了解，如对施工现场的巡视、检查等情况。

2. 合同控制程序

合同控制程序包括以下几个方面：

（1）工程实施监督是工程管理的日常事务性工作，首先应表现在对工程活动的监督上，即保证按照预先确定的各种计划、设计、施工方案实施工程。工程实施状况反映在原始的工程资料（数据）上，如质量检查报告、分项工程进度报告、记工单、用料单、成本核算凭证等。

（2）跟踪对收集到的工程资料和实际数据进行整理，得到能够反映工程实施状况的各种信息（各种质量报告、各种实际进度报表、各种成本和费用收支报表以及它们的分析报告）。将这些信息与工程目标（如合同文件、合同分析文件、计划、设计等）进行对比分析，就可以发现两者的差异。差异的大小，即为工程实施偏离目标的程度。如果没有差异或差异较小，则可以按原计划继续实施工程。

（3）诊断即分析差异的原因，采取调整措施。差异表示工程实施偏离目标的程度，必须详细分析差异产生的原因和它的影响，并对症下药，采取措施进行调整，否则这种差异会逐渐积累，最终导致工程实施远离目标，甚至可能导致整个工程失败。所以，在工程实施过程中要不断进行调整，使工程实施一直围绕合同目标进行。

合同控制的最大特点是它的动态性，合同实施必须随变化了的情况和目标不断调整具体表现在如下两方面：

（1）合同目标本身不断地变化。例如，在工程施工过程中不断出现合同变更，使工程的质量、工期、合同价格变化，使合同双方的权利和义务发生变化。

（2）合同实施受到外界干扰，常常偏离目标，要不断地进行调整。

3．合同控制方法

在管理学上，按照不同的分类标准，合同控制方法具有不同的分类。按事物发展过程，可分为事前控制、事中控制、事后控制；按照是否形成闭合回路，可分为开环控制和闭环控制；按照纠正措施，可分为前馈控制和反馈控制。但总的说来，控制可分为主动控制和被动控制两大类。

（1）主动控制，是指预先分析目标可能产生的偏差，并拟定和采取各项预防措施，以保证计划得以贯彻落实。主动控制是一种前馈控制和事前控制，也是一种面对未来的控制，它可以解决传统控制中存在的许多弊端，通过掌握可靠的信息，尽最大努力改变即将成为事实的被动局面。主动控制采用的方法或措施主要有：

①通过深入详细的调查研究，充分掌握可靠的信息，认真分析内外环境变化，找出各种有利和不利的或可能发生的潜在影响因素，并将它们考虑到计划和各种管理职能中。

②应用科学的方法做好计划的可行性分析，尽量让计划在技术上、经济上、资源上、财务上可行，确保计划具有可操作性。避免造成不必要的浪费。

③准备应急方案。一方面在制订计划时应考虑有一定的余地，减少例外情况发生，增强实现计划的信心；另一方面为了应付可能出现的意外情况，对计划实现的干扰，在制订计划时，必须准备应急方案，一旦发生意外情况，可及时采取保障措施，确保计划的实现。

④重视组织管理工作。计划是要靠人去落实，建立组织机构，组织精兵强将参与管理，做到分工明确，责、权、利落实，奖惩分明，充分调动全体人员的积极性，为实现总体计划目标而努力。

⑤增强风险识别能力。对可能发生的潜在的影响因素要有充分的考虑，做好计划的风险分析。

⑥保持畅通的信息流通渠道，加强信息的收集、整理和研究工作，为管理预测工作提供全面、及时、可靠的信息支持。

（2）被动控制，（事后控制或反馈控制），是指在计划实施过程中及时发现问题或偏差，反馈给计划管理部门，再制订补救措施或纠偏方案，进行补救或纠偏。主动控制和被动控制都是控制过程中缺一不可的，在合同管理过程中要将主动控制和被动控制有机地结合起来，以便确保计划的实现。

4．合同管理人员在这一阶段的主要工作有以下几个方面。

（1）建立合同实施的保证体系，以保证合同实施过程中的一切日常事务性工作有秩序地进行，使工程项目的全部合同事件处于控制中，保证合同目标的实现。

（2）监督承包商的工程小组和分包商按合同施工，并做好各分合同的协调和管理工作。承包商应以积极合作的态度完成自己的合同责任，努力做好自我监督。同时也应督促和协助业主和工程师完成他们的合同责任，以保证工程顺利进行。

（3）对合同实施情况进行跟踪。搜集合同实施的信息，搜集各种工程资料，并做出相应的信息处理；将合同实施情况与合同分析资料进行对比分析，找出其中的偏离，对合同履行情况做出诊断；向项目经理及时通报合同实施情况及问题，提出合同实施方面的意见、建议，甚至警告。

（4）进行合同变更管理。这里主要包括参与变更谈判，对合同变更进行事务性处理；落实变更措施，修改变更相关的资料，检查变更措施落实情况。

（5）进行日常的索赔和反索赔。这里包括两个方面：与业主之间的索赔和反索赔，与分包商及其他方面之间的索赔和反索赔。

7.4.2 合同实施的保证体系

现代工程的特点，使得施工中的合同管理极为困难和复杂，日常的事务性工作极多。为了使工作有秩序、有计划地进行，必须建立工程承包合同实施的保证体系。做“合同交底”，落实合同责任，实行目标管理，合同和合同分析的资料是工程实施管理的依据。合同分析后，应向各层次管理者做“合同交底”，把合同责任具体地落实到各责任人和合同实施的具体工作上。

1．做“合同交底”，落实合同责任，实行目标管理

对项目管理人员和各工程小组负责人进行“合同交底”，组织大家学习合同和合同总体分析结果，对合同的主要内容做出解释和说明，使大家熟悉合同中的主要内容、各种规定、管理程序，了解承包商的合同责任和工程范围，各种行为的法律后果等。使大家都树立全局观念，工作协调一致，避免在执行中的违约行为。

在我国传统的施工项目管理系统中，人们十分注重“图纸交底”工作，但却没有“合同交底”工作，所以项目组和各工程小组对项目的合同体系、合同基本内容不甚了解。我国工程管理者和技术人员有十分牢固的“按图施工”的观念，这并不错，但在现代市场经济中必须转变到“按合同施工”上来。特别在工程使用非标准的合同文本或项目组不熟悉的合同文本时，这个“合同交底”工作就显得更为重要。

2．定期和不定期的协商会办制度

在工程过程中，业主、工程师和各承包商之间，承包商和分包商之间以及承包商的项目管理职能人员和各工程小组负责人之间都应有定期的协商会办。通过会办可以解决以下问题。

（1）检查合同实施进度和各种计划落实情况；

（2）协调各方面的工作，对后期工作做安排；

（3）讨论和解决目前已经发生的和以后可能发生的各种问题，并做出相应的决议；

（4）讨论合同变更问题，做出合同变更决议，落实变更措施，决定合同变更的工期和费用补偿数量等。

承包商与业主，总包和分包之间会谈中的重大议题和决议，应用会谈纪要的形式确定下来。各方签署的会谈纪要，作为有约束力的合同变更，是合同的一部分。合同管理人员负责会议资料的准备，提出会议的议题，起草各种文件，提出对问题解决的意见或建议，组织会议；会后起草会谈纪要（有时，会谈纪要由业主的工程师起草），对会谈纪要进行合同法律方面的检查。

对工程中出现的特殊问题可不定期地召开特别会议讨论解决方法。这样保证合同实施一直得到很好的协调和控制。

3．建立一些特殊工作程序

对于一些经常性工作应订立工作程序，使大家有章可循，合同管理人员也不必进行经常性的解释和指导，如图纸批准程序，工程变更程序，分包商的索赔程序，分包商的账单审查程序，材料、设备、隐蔽工程、已完工程的检查验收程序，工程进度付款账单的审查批准程序，工程问题的请示报告程序等。

这些程序在合同中一般都有总体规定，在这里必须细化、具体化。在程序上更为详细，并落实到具体人员。

在合同实施中，承包商的合同管理人员、成本、质量（技术）、进度、安全，信息管理人员都必须亲临现场，他们之间应进行经常性的沟通。

4．建立文档系统

合同管理人员负责各种合同资料和工程资料的收集、整理和保存工作。这项工作非常烦琐和复杂，要花费大量的时间和精力。工程的原始资料在合同实施过程中产生，它必须由各职能人员、工程小组负责人、分包商提供。应将责任明确地落实下去。

（1）各种数据、资料的标准化，如各种文件、报表、单据等应有规定的格式和规定的数据结构要求。

（2）将原始资料搜集整理的责任落实到人，由他对资料负责。资料的搜集工作必须落实到工程现场，必须对工程小组负责人和分包商提出具体的要求。

（3）各种资料的提供时间。

（4）准确性要求。

（5）建立工程资料的文档系统等。

5．工程过程中严格的检查验收制度合同管理人员应主动地抓好工程和工作质量，协助做好全面质量管理工作，建立一整套质量检查和验收制度，例如，每道工序结束应有严格的检查和验收；工序之间、工程小组之间应有交接制度；材料进场和使用应有一定的检验措施等。

防止由于承包商自己的工程质量问题造成被工程师检查验收不合格，试生产失败而承担违约责任。在工程中，由此引起的返工、窝工损失，工期的拖延应由承包商自己负责，得不到赔偿。

6．建立报告和行文制度

承包商和业主、监理工程师、分包商之间的沟通都应以书面形式进行，或以书面形式作为最终依据。这是合同的要求，也是法律的要求，也是工程管理的需要。在实际工作中这项工作特别容易被忽略。报告和行文制度包括以下几方面内容。

（1）定期的工程实施情况报告，如日报、周报、旬报、月报等。应规定报告内容、格式、报告方式、时间以及负责人。

（2）工程过程中发生的特殊情况及其处理的书面文件，如特殊的气候条件、工程环境的变化等，应有书面记录，并由监理工程师签署。对在工程中合同双方的任何协商、意见、请示、指示等都应落实在纸上，尽管天天见面，也应养成书面文字交往的习惯，相信“一字千金”，切不可相信“一诺千金”。

在工程中，业主、承包商和工程师之间要保持经常联系，出现问题应经常向工程师请示、汇报。

（3）工程中所有涉及双方的工程活动，如材料、设备、各种工程的检查验收，场地、图纸的交接，各种文件（如会谈纪要、索赔和反索赔报告、账单）的交接，都应有相应的手续，应有签收证据。

7.4.3 合同实施控制

1．合同实施监督

合同责任是通过具体的合同实施工作完成的。合同实施监督可以保证合同的实施按合同和合同分析的结果进行。

（1）工程师（业主）实施监督。工程师最基本的职责是接受业主的雇用，对工程合同的履行进行有效监督。他不仅要为承包商完成合同责任提供支持，监督承包商完成合同责任，而且要协助业主全面完成业主的合同责任。

1）工程师应该立足施工现场，或安排专人在现场负责工程监督工作；

2）工程师要促使业主按照合同的要求为承包商履行合同提供帮助，并履行自己的合同责任。例如，向承包商提供现场的使用权，使承包商能够按时、充分、无障碍地进入现场；及时提供合同规定由业主提供的材料和设备；及时下达指令，发布设计施工图；

3）对承包商实施监督，使承包商的整个工程施工处于监督过程中；

4）监督工程实施进度，包括：下达开工令并监督承包商及时开工；在中标后，承包商应该在合同条件规定的期限内向工程师提交进度计划，并得到认可；监督承包商按照批准的进度计划实施工程；承包商的中间进度计划或局部进度计划可以修改，但它必须保证总工期目标的实现，同时也必须经过工程师的同意。

5）对付款的审查和监督，是工程师控制工程的有效手段。工程师在签发预付款、工程进度款、竣工工程价款和最终支付证书时，应全面审查合同所要求的支付条件、承包商的支付证书、支付数额的合理性等，并监督业主按照合同规定的程序及时批准和付款。

（2）承包商的合同实施监督。承包商合同实施监督的目的是保证按照合同完成自己的合同责任。主要工作有：

1）合同管理人员与项目的其他职能人员一起检查合同实施计划的落实情况，为各工程小组、分包商的工作提供必要的保证，如施工现场的安排，人工、材料、机械等计划的落实，工序间的搭接关系的安排和其他一些必要的准备工作。对照合同要求的数量、质量、技术标准和工程进度等，认真检查核对，发现问题及时采取措施。

2）在合同范围内协调业主、工程师、项目管理各职能人员、所属的各工程小组和分包商之间的工作关系，解决合同实施中出现的问题，如合同责任界面之间的争执，工程活动之间时间上和空间上的不协调。

承包商与业主、与业主的其他承包商、与材料与设备供应商、与分包商，以及承包商的分包商之间，工程小组与分包商之间往往在工程施工过程中发生争执，他们常常互相推卸一些合同中未明确划定的工程活动的责任。由此引起内部和外部的争执，对此合同管理人员必须做判定和调整工作。

3）对各工程小组和分包商进行工作指导，做经常性的合同解释，使各工程小组都有全局观念，对工程中发现的问题提出意见、建议或警告。

合同管理人员的目标不仅仅是索赔和反索赔，而是将各方面在合同关系上联系起来，防止漏洞和弥补损失，更完美地完成工程。在工程实施中，合同管理人起“漏洞工程师”的作用，但他不是寻求与业主、与工程师、与各工程小组、与分包商的对立。例如，促使工程师放弃不适当、不合理的要求（指令），避免对工程的干扰、工期的延长和费用的增加；协助工程师工作，弥补工程师工作的漏洞，如及时提出对设计图、指令、场地等的申请，尽可能提前通知工程师，让工程师有所准备，这样使工程更为顺利。

4）会同项目管理的有关职能人员检查、监督各工程小组和分包商的合同实施情况，保证自己全面履行合同责任。在工程施工过程中，承包商有责任自我监督，发现问题，及时自我改正缺陷，而不一定是由工程师指出。

5）会同造价工程师对向业主提出的工程款账单和分包商提交的工程款账单进行审查和确认。

6）经进入施工现场后，合同管理人员负责提出合同的任何变更；对于向分包商的任何指令，向业主的任何文字答复、请示，都须经合同管理人员审查，并记录在案。承包商与业主、与总（分）包商的任何争议的协商和解决都必须有合同管理人员的参与，并对解决结果进行合同和法律方面的审查、分析和评价。这样不仅保证工程施工一直处于严格的合同控制中，而且使承包商的各项工作更有预见性。

工程实施中的许多文件，也是合同的一部分，所以它们也应完备，没有缺陷、错误、矛盾和任意性，它们也应接受合同审查，如业主和工程师的指令、会议纪要、备忘录、修正案、附加协议等。

7）承包商对环境的监控责任。必须及时记录施工现场遇到的异常情况，如在施工中发现一个有经验的承包商在提交投标文件前有不可预见的物质条件（包括地质和水文条件，地下障碍物、文物、古墓、古建筑遗址、化石或其他有考古、地质研究等价值的物品等），但不包括气候条件，影响施工时，应立即保护好现场，并尽快以书面形式通知工程师。

对后期可能出现的影响工程施工，造成合同价格上升、工期延长的环境情况，承包商必须进行预警并及时通知业主。

2．合同跟踪

（1）合同跟踪的作用。由于实际情况千变万化，在工程实施过程中，导致合同实施与预定目标（计划和设计）的偏离。如果不采取措施，这种偏差常常由小到大，逐渐积累。合同跟踪可以不断地找出偏离，不断地调整合同实施，使之与总目标一致，这是合同控制的主要手段。合同跟踪的作用有：

1）通过合同实施情况分析，找出偏离，以便及时采取措施，调整合同实施过程，达到合同总目标。

2）在整个工程过程中，项目管理人员对合同实施现状、趋向和结果有一个清醒的认识，清楚地了解合同实施情况，这是非常重要的。有些管理混乱、管理水平低的工程常常到工程结束时，才发现实际损失，但已无法挽回。

（2）合同跟踪的依据。合同跟踪有以下几个依据：

1）合同和合同分析的成果，各种计划、方案、合同变更文件等。

2）各种实际的工程文件，如原始记录，各种工程报表、报告、验收结果等。

3）工程管理人员每天对现场情况的直观了解，这是最直观的感性知识，包括通过施工现场的巡视，与各种人谈话，召集小组会议，检查工程质量，工程计量等。这些感性知识通常可比通过报表、报告更快地发现问题，更能透彻地了解问题，有助于迅速采取措施，减少损失。这就要求合同管理人员在工程实施过程中一直立足于现场。

（3）合同跟踪的对象

1）对具体的合同活动或事件进行跟踪，是一项非常细致的工作，对照合同事件表的具体内容，分析该事件的实际完成情况。一般通过跟踪完成工作的数量、完成工作的质量、完成工作的时间以及完成工作的费用等情况可以检查每个合同活动或合同事件的执行情况。对一些有异常情况的特殊事件，即实际与计划存在较大偏差的事件，应做进一步的分析，找出偏差的原因和责任。这样也可以发现索赔机会。

2）对工程小组或分包商的工程和工作进行跟踪。一个工程小组或分包商可能承担许多专业相同，工艺相近的分项工程或许多合同事件，必须对它们实施的总情况进行检查分析。在实际工程中常常因为某一工程小组或分包商的工作质量不高或进度拖延而影响整个工程施工。合同管理人员可在这方面对他们提供帮助，例如，协调他们之间的工作；对工程缺陷提出意见、建议或警告；责成他们在一定时间内提高质量，加快工程进度等。

作为分包合同的主体，总承包商必须对分包合同的实施进行有效的控制。这是总承包商合同管理的重要任务之一。分包合同控制的目的有以下三个方面：

①为与分包商之间的索赔和反索赔做准备。总包和分包双方之间利益是不一致的，常常有尖锐的利益争执。双方在合同实施中都在进行合同管理，都在寻求向对方索赔的机会。合同跟踪可以在发现问题时及时提出索赔或反索赔。

②严格控制分包商的工作，严格监督他们按分包合同完成工程责任。分包合同是总承包合同的一部分，分包商的工作对工程总承包工作的完成影响很大。如果分包商不能完成合同责任，总包就不能顺利完成总包合同责任。

③总承包商对分包商的工程和工作，负有协调和管理的责任，并承担由此造成损失的连带责任，所以分包商的工程和工作必须纳入总承包工程的计划和控制中，防止因分包商工程管理的失误而影响全局。

3）对业主和工程师的工作进行跟踪。承包商的主要合同伙伴就是业主和工程师，对他们的工作进行监督和跟踪是十分重要的。

①正确地、及时地履行合同责任。业主和工程师必须及时提供各种工程实施条件，如及时发布施工图，提供场地，及时下达指令，做出答复，及时支付工程款。

②在工程中承包商应积极主动地做好工作，如提前催要设计图、材料，对工作事先通知，让业主和工程师及早准备，建立良好的合作关系，保证工程顺利实施。及时收集各种工程资料，有问题及时与工程师沟通。

4）对总工程进行跟踪在工程施工中也非常重要。一些工程常常会出现如下问题：

①工程整体施工秩序问题，如合同事件之间和工程小组之间协调困难、出现事先未考虑到的情况和局面、发生较严重的工程事故、实施现场混乱和拥挤不堪等。

②已完工程未能通过验收，出现大的工程质量问题，工程试生产不成功，或达不到预定的生产能力等。

③施工进度未能达到预定计划，主要的工程活动出现拖期，在工程周报和月报上计划和实际进度出现大的偏差。

④计划和实际的成本曲线出现大的偏离。

合同管理人员明确合同的跟踪不是一时一事，而是一项长期的工作，贯穿于整个施工过程中。在工程管理中，可以采用累计成本曲线（S 形曲线）对合同的实施进行跟踪分析。

3．合同诊断

合同诊断是在合同跟踪的基础上进行的，是对合同执行情况的评价、判断和趋向分析、预测。不论是对正在进行的，还是对将要进行的工程施工都有重要的影响。合同评价可以对实际工程资料进行分析、整理，或通过对现场的直接了解，获得反映工程实施状况的信息，分析工程实施状况与合同文件的差异及其原因、影响因素、责任等；确定各个影响因素由谁及如何引起，按合同规定，责任应由谁承担及承担多少；提出解决这些差异和问题的措施、方法。

（1）合同执行差异的原因分析。通过对不同监督和跟踪对象的计划和实际的对比分析，合同管理人员不仅可以得到合同执行的差异，而且可以探索引起这个差异的原因。例如，通过计划成本和实际成本累计曲线的对比分析，不仅可以得到总成本的偏差值，而且可以进一步分析差异产生的原因。通常，引起计划和实际成本累计曲线偏离的原因可能有：整个工程加速或延缓；工程费用支出增加，如材料费、人工费上升；工程施工次序被打乱；

（2）对工程小组或分包商的工程和工作进行跟踪。一个工程小组或分包商可能承担许多专业相同、增加新的附加工程，主要工程的工程量增加；工作效率低下资源消耗增加等。

进一步分析，还可以发现更具体的原因，如引起工作效率低下的原因可能有：

①内部干扰：施工组织不周，夜间加班或人员调遣频繁；机械效率低，操作人员不熟悉新技术，违反操作规程，缺少培训；经济责任不落实以及工人劳动积极性不高等。

②外部干扰：设计图错误，设计修改频繁，气候条件差，场地狭窄，现场混乱，施工条件，如水、电、道路等受到影响。进一步可以分析各个原因的影响量大小。

（3）合同差异责任分析。合同分析的目的是要明确责任。引起差异的原因以及承担责任的主体，常常是索赔的理由。一般只要原因分析详细，有根有据，则责任分析自然清楚。责任分析必须以合同为依据，按合同规定落实双方的责任。

（4）合同实施趋向预测。分别对于合同实施中出现的偏差考虑是否采取调控措施，以及采取不同的调控措施情况下，合同的最终执行后果，并以此指导后续的合同管理。最终的工程状况，包括总工期的延误、总成本的超支、质量标准、所能达到的生产能力（或功能要求）等；承包商将承担什么样的结果，如被罚款、被起诉、甚至被清算，对承包商资信、企业形象、经营战略的影响等；最终工程经济效益（利润）水平。

综合上述各方面，即可以对合同执行情况做出综合评价和判断。

7.4.4 合同变更管理

在实施过程中由于受到各种外界因素的干扰，任何工程项目都会发生程度不同的变更，它无法事先做出具体的预测，而在开工后又无法避免这些干扰。而由于合同变更涉及工程价款的变更及时间的补偿等，这直接关系到项目效益。因此，变更管理在合同管理中就显得相当重要。

合同变更是指合同成立以后履行之前，或者在合同履行开始后尚未履行完之前，合同的内容、客体发生变化但是合同当事人保持不变的情形。一般是指，在工程施工过程中，根据合同的约定对施工的程序、工程的数量、质量要求及标准等做出的变更。

1. 工程变更的原因

工程变更一般主要有以下几个方面的原因。

①业主新的变更指令，对建筑的新要求。如业主有新的意图，业主修改项目计划、削减项目预算等。

②由于设计人员、监理方人员、承包商事先没有很好地理解业主的意图，或设计的错误，导致图纸修改。

③工程环境的变化，预定的工程条件不准确，要求实施方案或实施计划变更。

④由于产生新技术和知识，有必要改变原设计、原实施方案或实施计划，或由于业主指令及业主责任的原因造成承包商施工方案的改变。

⑤政府部门对工程新的要求，如国家计划变化、环境保护要求、城市规划变动等。

⑥由于合同实施出现问题，必须调整合同目标或修改合同条款。

2．变更范围和内容

根据国家发展和改革委员会等九部委联合编制的《标准施工招标文件》中的通用合同条款的规定，除专用合同条款另有约定外，在履行合同中发生以下情形之一，应按照本条规定进行变更。

①取消合同中任何一项工作，但被取消的工作不能转由发包人或其他人实施；

②改变合同中任何一项工作的质量或其他特性；

③改变合同工程的基线、标高、位置或尺寸；

④改变合同中任何一项工作的施工时间或改变已批准的施工工艺或顺序；

⑤为完成工程需要追加的额外工作。

3．变更权

根据九部委《标准施工招标文件》中通用合同条款的规定，在履行合同过程中，经发包人同意，监理人可按合同约定的变更程序向承包人做出变更指示，承包人应遵照执行。没有监理人的变更指示，承包人不得擅自变更。

4．工程变更的程序

①变更的提出。承包商、业主方、设计方都可以提出工程变更；

②变更指示。变更指示只能由监理人发出。

变更指示应说明变更的目的、范围、变更内容以及变更的工程量及其进度和技术要求，并附有关图纸和文件。承包人收到变更指示后，应按变更指示进行变更工作。

变更指示的发出有两种形式：书面形式和口头形式。一般情况下要求用书面形式发布变更指示，如果由于情况紧急而来不及发出变更指示，承包人应该根据合同规定要求工程师书面认可。

5．变更估价

①承包人应在收到变更指示或变更意向书后的 14 天内，向监理人提交变更报价书，报价内容应根据估价原则，详细开列变更工作的价格组成及其依据，并附必要的施工方法说明和有关图纸。

②变更工作影响工期的，承包人应提出调整工期的具体细节。监理人认为有必要时，可要求承包人提交要求提前或延长工期的施工进度计划及相应施工措施等详细资料。

③监理人收到承包人变更报价书后的 14 天内，根据约定的估价原则，商定或确定变更价格。

6．估价原则

根据我国《施工合同（示范文本）》所确定的价格调整按照以下约定处理。

①已标价工程量清单或预算书有相同项目的，按照相同项目单价认定。

②已标价工程量清单或预算书中无相同项目，但有类似项目的，参照类似项目的单价认定。

③变更导致实际完成的变更工程量与已标价工程量清单或预算书中列明的该项目工程量的变化幅度超过 15%的，或已标价工程量清单或预算书中无相同项目及类似项目单价的，按照合理的成本与利润构成的原则，由合同当事人商定或确定变更工作的单价。

7．工程变更的管理

（1）承包商也必须遵照执行业主（监理工程师）的口头变更指令，但应在规定的时间内书面向监理工程师索取书面确认。如果监理工程师在规定的时间内未予书面否决，则承包商的书面要求信即可作为监理工程师对该工程变更的书面指令。监理工程师的书面变更指令是支付变更工程款的先决条件之一，

（2）工程变更不能超过合同规定的工程范围。如果超过这个范围，承包商有权不执行变更或坚持先商定价格再进行变更。

（3）注意变更程序上的矛盾性。承包商必须无条件执行变更指令（即使是口头指令），这往往是合同中予以明确规定的内容，所以应特别注意工程变更的实施、价格谈判和业主批准三者之间在时间上的矛盾性。在工程中常有这种情况，工程变更已成为事实，而价格谈判仍达不成协议，或业主对承包商的补偿要求不批准，价格的最终决定权却在监理工程师。这样承包商已处于被动地位。

（4）在合同实施中，合同内容的任何变更都必须由合同管理人员提出。与业主，与总（分）包之间的任何书面信件、报告、指令等都应经合同管理人员进行技术和法律方面的审查。这样才能保证任何变更都在控制中，不会出现合同问题。

（5）在商讨变更，签订变更协议过程中，承包商必须提出变更补偿（即索赔）问题。在变更执行前就应明确补偿范围、补偿方法、索赔值的计算方法、补偿款的支付时间等，双方应就这些问题达成一致，在工程变更中，特别应注意因变更造成返工、停工、窝工、修改计划等引起的损失，注意收集这方面的证据，在变更谈判中应对此进行商谈。

本 章 小 结

本学期情景主要介绍了建设耗材施工合同管理的相关知识，主要内容有合同管理的指导原则、工作内容、履约管理、风险管理。重点是加强施工阶段的合同管理的学习，熟悉施工合同管理的内容、工作程序、方法等。

复习思考题

1．施工合同管理的工作内容有哪些？
2．施工合同管理的履约管理要做到哪几点？
3．招投标阶段的合同管理应注意哪些问题？
4．施工合同管理风险如何管控？
5．工程变更管理上应做好哪些工作？

学习情景 8　FIDIC 合同条件

8.1　FIDIC 合同条件简介

8.1.1　FIDIC 合同含义

FIDIC 合同，即国际工程承包合同，是指国际工程的参与主体之间为了实现特定的目的而签订的明确彼此权利义务关系的协议。与国内工程合同相比，国际工程承包合同具有如下一些特点：

1．国际工程合同是参与主体参与合同订立的法律行为。合同关系必须是双方（或多方）当事人的法律行为，而不能是单方面的法律行为。当事人之间具备“合意”，合同才能成立。在国际工程参与主体订立合同的过程中，国际工程合同为合同双方规定了权利与义务。这种权利义务的相互关系并不是一种道义上的关系，而是一种法律关系。双方签订的合同要受到有关缔约方国家的法律或国际惯例的制约、保护与监督。合同一经签字，双方必须履行合同规定的条款。违约一方要承担由此而造成的损失。

2．国际工程合同是一种非法律性惯例。国际工程咨询和承包在国际上都有上百年历史，经过不断总结经验，在国际上已经有了一批比较完善的合同范本，如 FIDIC 合同条件、ICE 合同条件、NEC 合同条件、AIA 合同条件等。这些国际工程承包合同示范文本内容全面，多包括合同协议书、投标书、中标函、合同条件、技术规范、图纸、工程量表等多个文件。这些范本还在不断地修订和完善，可供我们学习和借鉴。

3．国际工程承包合同管理是工程项目管理的核心。国际工程承包合同从前期准备、招投标、谈判、修改、签订到实施，都是国际工程中十分重要的环节。合同有关任何一方都不能粗心大意，只有订立好一个完善的合同才能保证项目的顺利实施。

综上所述，合同的制定和管理是搞好国际工程承包项目的关键，工程承包项目管理包括进度管理、质量管理和成本管理，而这些管理均是以合同要求和规定为依据的。项目任何一方都应配备专门人员认真研究合同，做好合同管理工作，以满足国际工程项目管理的需要。

8.1.2　合同、惯例与法律的相互关系

1．法律是合同签订的必要依据。当事人的合同行为必须遵照国家法律、法规和政策规定。合同内容必须合法。只有这样，合同才能受到国家法律的承认和保护；否则，合同行为将按无效合同认定和处理；如果合同行为是违法的，不仅不能达到预期的合同效益，过错者还要承担法律后果，情节严重的要被迫追究法律责任。因此法律的强制力、约束力是合同签订过程中必须加以考虑的因素。

2．国际惯例与合同条款之间存在解释与被解释，补充与被补充之间的关系。国际惯例可明示或默示地约束合同当事人，可以解释或补充合同条款之不足。合同条款可以明示地排除国际惯例的适用：合同条款可以明示地接受，修改排除一项国际惯例．二者发生矛盾时，以

合同条款为准。

3．国际惯例在一定条件下具有法律效力。当国家法律以明示或默示方式承认惯例可以产生法律效益，或国际惯例与法律不相抵触（即法律或国家参与或缔结的条约对某一事项无具体规定时）以及不违背一国的社会公众利益，且不与合同明示条款相冲突时．惯例可以填补法律空缺，才可获得法律效力。国际惯例不是法律的组成部分，国际惯例部分或全部内容在被吸收为制定法律或国际条约之后，对于该法律的制定国或参与国际条约的国家而言，该国际惯例不复存在。

8.1.3 国际工程合同的法律基础

一 国际工程合同适用的国际法律

1．国际公法

国际公法，亦称国际法，主要是国家之间的法律，它是主要调整国家之间关系的有法律拘束力的原则、规则和规章、制度的总体。

在当今世界上，存在着 190 多个国家和数百个国际组织，随着它们之间的交往将产生相互承认；领土、领海、领空的归属；公海和南、北极的法律地位；居民国籍的认定和在别国的地位和外交使、领馆的建立及其享有的特权；相互争端的解决等等一系列必须调整的关系，调整这些关系的原则、规则和规章制度即为国际法。而这些关系都是国家间的“公”的关系，所以国际法又称为国际公法。

2．国际私法

国际交往中所产生的涉外民事法律关系，如物权、债权、知识产权、婚姻、家庭、继承等法律关系，都属于私人之间关系，则由国际私法及国际经济法来加以调整。

国际私法主要是通过冲突规范来间接调整涉外民事法律关系，即通过冲突规范来确定适用哪一国的法律从而进一步确定当事人权利义务的。其调整对象是涉外民事法律关系，一般不包括国家、国际组织之间的经济关系。

3．国际经济法

国际经济法是调整不同国家和国际经济组织及不同国家的个人和法人之间经济关系的法律规范的总称。它是一个独立的、综合的、新兴的法律部门。它是随着国际经济关系的发展，为建立各国在国际经济贸易活动中的经济秩序而产生和发展的。国际经济法是既调整个人与法人间的经济关系，也调整国家及国际经济组织之间的经济关系。

二 公法范畴内的工程所在国的相关法律

本书以美国为例，阐述公法范畴内的工程所在国的相关法律。

1．美国司法管辖及适用法律

美国法院分为联邦系统和州系统，联邦和州法院系统均有三个层次：地区法庭、上诉法庭和最高法院。联邦法院与各州法院的司法管辖权分工与宪法规定的联邦和各州分权的原则是一致的，除宪法直接规定或国会根据宪法授予的权力规定的联邦法院的案件管辖范围外，其他案件由州法院管辖。联邦系统法院管辖的案件主要包括：涉及外国政府代理人的案件，公海上和国内供对外贸易、州际商业之间的通航水域案件，不同州之间或不同州公民、本国公民与外国人之间的案件，联邦其他法院移送的案件，以及原属联邦与州双重管辖而双方当事人自愿转交联邦法院审理的案件。

在适用法律方面，目前形成的原则是：联邦法院在审理涉及联邦问题的案件时适用联邦法；在审理不同州公民之间的案件时，适用联邦法院所在州的法律，但在涉及宪法规定的州际商业条款（如交通、劳工关系方面的法律），以及一些特别重要的需要建立全国统一法律的问题时，将适用联邦法律。各州法院在审理案件时，大多数情况下适用该州的法律，但在审理某些案件时也可能要适用联邦法或者其他州的法律。

2．与建设工程合同管理相关的法律

美国没有专门的成文合同法，合同法规主要分布在商法典、民法典中。美国法律中与建设工程合同管理相关最为密切的当属统一商法典及合同法重述。统一商法典由美国法学会和美国统一州法全国委员会共同制订，属于示范法，只有被各州采纳才具有法律效力。到 20 世纪 60 年代初，已经被 50 个州中的 49 个州采纳，并宣布成为法律；剩下路易丝安娜州实行的是成文法，也具有美国统一商法典中的多数内容。合同法重述是关于合同的基本原则和规则的概要，它不是一项立法。合同法重述的工作由美国法学会开展，合同法重述的起草人不能脱离判例阐述个人的看法，只能“重述”有关合同判例的规则。遇到相互冲突的判例规则时，起草人可以选择其一，起草人也可以重述少数成文法的内容。合同法重述到目前为止进行过三次，第一次是在 1933 年，第二次是在 1979 年，第三次是在 1995 年。《合同法重述》虽然没有法律效力，但是法官们经常援引，作为判案的指导。

其他相关的法律法规还有反垄断的克莱顿法、谢尔曼法，反价格歧视的罗宾逊一帕特曼法等。

3．建筑技术标准及规范

建筑技术标准及规范中，影响最大的当属“统一建筑法规”（UNIFORM BUI1DING CODE—UBC）。该法规由国际建筑工作者联合会、国际卫生工程、机械工程工作者协会和国际电气检查人员协会联合制定；该法规本身不具有法律效力，各州、市、县都可以根据本地的实际情况对其进行修改和补充；当建筑物在建造和使用过程中出现问题时，统一建筑法规是进行调解、仲裁和诉讼判决的重要依据。

统一建筑法规的主要内容包括：建筑管理、建筑物的使用和占有、一般的建筑限制、建造类型、防火材料及防火系统、出口设计、内部环境、能源储备、外部墙面、房屋结构、结构负荷、结构实验及检查、基础和承重墙、水泥、玻璃、钢材、木材、塑料、轻重金属、电力管线设备和系统、管道系统、电梯系统等方面的标准和管理规定。

8.2 FIDIC 合同文件的标准化

8.2.1 通用条件

所谓“通用”，其含义是工程建设项目不论属于哪个行业，也不管处于何地，只要是土木工程类的施工均可适用。条款内容涉及：合同履行过程中业主和承包商各方的权利与义务，工程师（交钥匙合同中为业主代表）的权力和职责，各种可能预见到事件发生后的责任界限，合同正常履行过程中各方应遵循的工作程序，以及因意外事件而使合同被迫解除时各方应遵循的工作准则等。

8.2.2 专用条件

专用条件是相对于“通用”而言，要根据准备实施的项目的工程专业特点，以及工程所在地的政治、经济、法律、自然条件等地域特点，针对通用条件中条款的规定加以具体化。可以对通用条件中的规定进行相应补充完善、修订或取代其中的某些内容，以及增补通用条件中没有规定的条款。专用条件中条款序号应与通用条件中要说明条款的序号对应，通用条件和专用条件内相同序号的条款共同构成对某一问题的约定责任。如果通用条件内的某条款内容完备、适用，专用条件内可不再重复列此条款。

8.2.3 标准化的文件格式

FIDIC 编制的标准化合同文本，除了通用条件和专用条件以外，还包括有标准化的投标书（及附录）和协议书的格式文件。

投标书的格式文件只有一页内容，是投标人愿意遵守招标文件规定的承诺表示。投标人只需填写投标报价并签字后，即可与其他材料一起构成有法律效力的投标文件。

协议书是业主与中标承包商签订施工承包合同的标准化格式文件，双方只要在空格内填入相应内容，并签字盖章后合同即可生效。

8.3 FIDIC 合同条件的构成与应用

中国加入世界贸易组织（“世贸”）后，建筑市场将会逐步向国际承建商开放，而中国的建筑企业亦会越来越多地参与海外建筑市场的项目。因此，国际工程通用的合同条件将会更加广泛地被中国建筑企业采用。国际咨询工程师协会菲迪克（FIDIC）红皮书、黄皮书、橙皮书和银皮书；美国建筑师学会制订发布的“AIA 系列合同条件”，英国土木工程师学会编制的“ICE 合同条件”通常用于世界各国的国际工程承包领域。

8.3.1 FIDIC 合同条件

（一）FIDIC 合同条件概述

1．FIDIC 简介

FIDIC 是国际咨询工程师联合会（Federation Internationa1 Des Inginieurs Consei1s）的简称。该联合会是被世界银行和其他国际金融组织认可的国际咨询服务机构。总部设在瑞士洛桑，下设四个地区成员协会：亚洲及太平洋地区成员协会（ASPAC）、欧洲共同体成员（CEDIC）、亚非洲成员协会集团（CAMA），北欧成员协会集团（RINORD）。

目前已发展到世界各地 80 多个国家和地区，成为全世界最有权威的工程师组织。FIDIC 下设许多专业委员会，各专业委员会编制了用于国际工程承包合同的许多规范性文件，被 FIDIC 成员国广泛采用，并被 FIDIC 成员国的雇主、工程师和承包商所熟悉，现已发展成为国际公认的标准范本，在国际上被广泛采用。

2．FIDIC 合同条件

FIDIC 合同条件（FIDIC 土木工程施工合同条件）就是国际上公认的标准合同范本之一。由于 FIDIC 合同条件的科学性和公正性而被许多国家的雇主和承包商接受，又被一些国家政府和国际性金融组织认可，被称作国际通用合同条件。FIDIC 合同条件是由国际工程师联合会（FIDIC）和欧洲建筑工程委员会在英国土木工程师学会编制的合同条件（即 ICE 合同条件）基础上制定的。

FIDIC 合同条件有如下几类：一是雇主与承包商之间的缔约，即《FIDIC 土木工程施工合同条件》，因其封皮呈红色而取名“红皮书”，有 1957、1969、1977、1987、1999 5 个版本，1999 新版“红皮书”与前几个版本在结构、内容方面有较大的不同；二是雇主与咨询工程师之间的缔约，即《FIDIC/咨询工程师服务协议书标准条款》，因其封面呈银白色而被称为“白皮书”，最近版本是 1990 年版，它将此前三个相互独立又相互补充的范本 IGRA-1979-D&S、IGRA-1979-PI、IGRA-1980-PM 合而为一；三是雇主与电气/机械承包商之间的缔约，即《FIDIC 电气与机械工程合同条件》，因其封面呈黄色而得名“黄皮书”，1963 年出了第一版“黄皮书”，1977 年、1987 年出两个新版本，最新的“黄皮书”版本是 1999 年版；四是其他合同，如为总承包商与分包商与分包商之间缔约提供的范本，《FIDIC 土木工程施工分包合同条件》，为投资额较小的项目雇主与承包商提供的《简明合同格式》，为“交钥匙”项目而提供的《EPC 合同条件》。上述合同条件中，“红皮书”的影响尤甚，素有“木工程合同的圣经”之誉。

（二）《FIDIC 建设工程施工合同》主要内容

《FIDIC 建设工程施工合同》主要分为七大类条款。

1．一般性条款。一般性条款包括下述内容：（1）招标程序。招标程序包括合同条件、规范、图纸、工程量表、投标书、投标者须知、评标、授予合同、合同协议、程序流程图、合同各方、监理工程师等。（2）合同文件中的名词定义及解释；（3）工程师及工程师代表和他们各自的职责与权力；（4）合同文件的组成、优先顺序和有关图纸的规定；（5）招投标及履约期间的通知形式与发往地址；（6）有关证书的要求；（7）合同使用语言；（8）合同协议书。

2．法律条款。法律条款主要涉及：合同适用法律；劳务人员及职员的聘用、工资标准、食宿条件和社会保险等方面的法规；合同的争议、仲裁和工程师的裁决；解除履约；保密要求；防止行贿；设备进口及再出口；强制保险；专利权及特许权；合同的转让与工程分包；税收；提前竣工与延误工期；施工用材料的采购地等内容。

3．商务条款。商务条款系指与承包工程的一切财务、财产所有权密切相关的条款，主要包括：承包商的设备、临时工程和材料的归属，重新归属及撤离；设备材料的保管及损坏或损失责任；设备的租用条件；暂定金额；支付条款；预付款的支付与扣回；保函，包括投标保函、预付款保函、履约保函等；合同终止时的工程及材料估价；解除履约时的付款；合同终止时的付款；提前竣工奖金的计算；误期罚款的计算；费用的增减条款；价格调整条款；支付的货币种类及比例；汇率及保值条款。

4．技术条款。技术条款是针对承包工程的施工质量要求、材料检验及施工监督、检验测量及验收等环节而设立的条款，包括：对承包商的设施要求；施工应遵循的规范；现场作业和施工方法；现场视察；资料的查阅；投标书的完备性；施工制约；工程进度；放线要求；钻孔与勘探开挖；安全、保卫与环境保护；工地的照管；材料或工程设备的运输；保持现场的整洁；材料、设备的质量要求及检验；检查及检验的日期与检验费用的负担；工程覆盖前的检查；工程覆盖后的检查；进度控制；缺陷维修；工程量的计量和测量方法；紧急补救工作。

5．权利与义务条款。权利与义务条款包括承包商、业主和监理工程师三者的权利和义务：（1）承包商的权利。承包商的权利包括；1）有权得到提前竣工奖金；2）收款权；3）索赔权；4）因工程变更超过合同规定的限值而享有补偿权；5）暂停施工或延缓工程进度速度；6）停工或终止受雇；7）不承担业主的风险；8）反对或拒不接受指定的分包商；9）特定情况下的合同转让与工程分包；10）特定情况下有权要求延长工期；11）特定情况下有权要求补偿损失；12）有权要求进行合同价格调整；13）有权要求工程师书面确认口头指示；14）有权反对业主随意更换监理工程师。

（2）承包商的义务。承包商的义务包括：1）遵守合同文件规定，保质保量、按时完成工程任务，并负责保修期内的各种维修；2）提交各种要求的担保；3）遵守各项投标规定；4）提交工程进度计划；5）提交现金流量估算；6）负责工地的安全和材料的看管；7）对其由承包商负责完成的设计图纸中的任何错误和遗漏负责；8）遵守有关法规；9）为其他承包商提供机会和方便；10）保持现场整洁；11）保证施工人员的安全和健康；12）执行工程师的指令；13）向业主偿付应付款项（包括归还预付款）；14）承担第三国的风险；15）为业主保守机密；16）按时缴纳税金；17）按时投保各种强制险；18）按时参加各种检查和验收。

（3）业主的权利。1）业主有权不接受最低标。2）有权指定分包商；3）在一定条件下可直接付款给指定的分包商；4）有权决定工程暂停或复工；5）在承包商违约时，业主有权接管工程或没收各种保函或保证金；6）有权决定在一定的幅度内增减工程量；7）不承担承包商因发生在工程所在国以外的任何地方的不可抗力事件所遭受的损失（因炮弹、导弹等所造成的损失例外）。8）有权拒绝承包商分包或转让工程（应有充足理由）。

（4）业主的义务。1）向承包商提供完整、准确、可靠的信息资料和图纸，并对这些资料的准确性负完全的责任；2）承担由业主风险所产生的损失或损坏；3）确保承包商免于承担属于承包商义务以外情况的一切索赔、诉讼，损害赔偿费、诉讼费、指控费及其他费用；4）在多家独立的承包商受雇于同一工程或属于分阶段移交的工程情况下，业主负责办理保险；5）按时支付承包商应得的款项，包括预付款；6）为承包商办理各种许可，如现场占用许可，道路通行许可，材料设备进口许可，劳务进口许可等；7）承担疏浚工程竣工移交后的任何调查费用；8）支付超过一定限度的工程变更所导致的费用增加部分；9）承担在工程所在国发生的特殊风险以及任何其他地区因炮弹、导弹对承包商造成的损失的赔偿和补偿；10）承担因后继法规所导致的工程费用增加额。

（5）监理工程师的权力。监理工程师可以行使合同规定的或合同中必然隐含的权力，主要有：1）有权拒绝承包商的代表；2）有权要求承包商撤走不称职人员；3）有权决定工程量的增减及相关费用；有权决定增加工程成本或延长工期；有权确定费率；4）有权下达开工令、停工令、复工令（因业主违约而导致承包商停工情况除外）；5）有权对工程的各个阶段进行检查，包括已掩埋覆盖的隐蔽工程；6）如果发现施工不合格情况，监理工程师有权要求承包商如期修复缺陷或拒绝验收工程；7）承包商的设备、材料必须经监理工程师检查，监理工程师有权拒绝接受不符合规定标准的材料和设备；8）在紧急情况下，监理工程师有权要求承包商采取紧急措施；9）审核批准承包商的工程报表的权力属于监理工程师，付款证书由监理工程师开出；10）当业主与承包商发生争端时，监理工程师有权裁决，虽然其决定不是最终的。

（6）监理工程师的义。务监理工程师作为业主聘用的工程技术负责人，除了必须履行其与业主签订的服务协议书中规定的义务外，还必须履行其作为承包商的工程监理人而尽的职责，FIDIC 条款针对监理工程师在建筑与安装施工合同中的职责规定了以下义务：1）必须根据服务协议书委托的权力进行工作；2）行为必须公正，处事公平合理，不能偏听偏信；3）应虚心听取业主和承包商两方面的意见，基干事实做出决定；4）发出的指示应该是书面的，特殊情况下来不及发出书面指示时，可以发出口头指示，但随后以书面形式予以确认；5）应认真履行职责，应根据承包商的要求及时对已完工程进行检查或验收，对承包商的工程报表及时进行审核；6）应及时审核承包商在履约期间所做的各种记录，特别是承包商提交的作为索赔依据的各种材料；7）应实事求是地确定工程费用的增减与工期的延长或压缩；8）如因技术问题需同分包商打交道时，须征得总承包商同意，并将处理结果告之总承包商。

6. 违约惩罚与索赔条款。违约惩罚与索赔是 FIDIC 条款的一项重要内容，也是国际承包工程得以圆满实施的有效手段。采用工程承发包制实施工程的效果之所以明显优于其他方法，根本原因就在于按照这种制度，当事人各方责任明确，赏罚分明。FIDIC 条款中的违约条款包括两部分，即业主对承包商的惩罚措施和承包商对业主拥有的索赔权。

惩罚措施因承包商违约或履约不力，业主可采取以下惩罚措施：（1）没收有关保函或保证金；（2）误期罚款；（3）由业主接管工程并终止对承包商的雇用。

索赔条款：索赔条款是根据关于承包商享有的因业主履约不力或违约，或因意外因素（包括不可抗力情况）蒙受损失（时间和款项）而向业主要求赔偿或补偿权利的契约性条款。这方面的条款包括：（1）索赔的前提条件或索赔动因；（2）索赔程序、索赔通知、同期记录、索赔的依据、索赔的 时效和索赔款项的支付等。

7. 附件和补充条款。FIDIC 条款还规定了作为招标文件的文件内容和格式，以及在各种具体合同中可能出现的补充条款。

附件条款：附件条款包括投标书及其附件、合同协议书。

补充条款：补充条款包括防止贿赂、保密要求、支出限制、联合承包情况下的各承包人的各自责任及连带责任，关税和税收的特别规定等五个方面内容。

（三）FIDIC 合同在中国的应用

随着我国企业参与国际工程承发包市场进程的深入，越来越多的建设项目、特别是项目业主为外商的建设项目中，开始选择适用 FIDIC 合同文本。中国的建筑施工企业开始被迫地接触这上百页合同文本中的工程师、投标保函、履约保函、业主支付保函、预付款保函、工程保险、接收证书、缺陷责任期等国际工程建设的新概念，从北京城建集团接触第一个 FIDIC 合同文本开始，逐步在越来越多的工程建设中得到推广和使用，并与我国建筑市场改革开放相对接，对中国的建设体制产生影响和冲击，最典型的体现就是《建设工程施工合同》1999 建设部示范文本，抛弃了多年来沿用的模式，变为和 FIDIC 框架一致的通用条款与专用条款，并采用工程师，而 2013 年 7 月 1 日起开始实施的《建设工程工程量清单计价规范》，更是对旧的量价合一的造价体系的告别。中国的建设市场正在大踏步地和国际建设市场融为一体。

FIDIC 合同强调“工程师”的作用，提倡对“工程师”进行充分授权，让其“独立公正”地工作。目前，建设单位对作为“工程师”的第三方——工程咨询/监理方信任不够充分，对“工程师”往往授权不足，多方掣肘，这使得 FIDIC 合同条款的特色难以发挥。此外，在脱胎于 FIDIC 合同机制的我国建设监理制度下，我国的监理工程师难以发挥 FIDIC 条件下的“工程师”作用。

采用工程量清单进行计价和结算，是 FIDIC 合同的另一重大特色，自 2013 年 7 月 1 日起，我国工程项目采用工程量清单的法律障碍并不存在，但技术和管理方面的障碍则十分凸显。

FIDIC 合同下的风险分担及保险安排有其特点，相对来说也比较公平，在我国公众保险意识相对淡薄，保险市场尚不发达的情况下，建设单位往往不恰当地限制自己的风险，并将有关风险强加给承包商。

在 FIDIC 合同下，工程担保是很重要的，涉及投标保函、履约保函、取舍款保函、工程保留金保函、免税进口材料物资及税收保函、工程款支付保函，内地工程项目较常涉及的是投标保函、履约保函。在工程担保上，目前问题比较突出的是担保不平衡。从长远角度看，这种不平衡将妨碍建设市场的健康发展。

在 FIDIC 条款下，承包商的工程款受偿比较有保障，我们的问题在于，建设单位经常将 FIDIC 合同条款通用条件有关工程款支付的安排悉数推翻，代之以极具中国特色的拖欠工程款相关内容。如今，高达数千万元的巨额工程拖欠款已成为施工企业和政府主管部门的一大心病。

新版 FIDIC 合同中不可抗力条款与中国法律中有关不可抗力的规定基本上不存在冲突。由于中国法律中有关不可抗力的规定比较笼统，为在中国适用 FIDIC 合同的当事人自行约定留下了充足的空间。尽管 FIDIC 合同通用条件中不可抗力条款约定的较为明确，但在中国适用时仍然有必要作适当修改。在不违反中国法律的情况下，中国企业在采用 FIDIC 施工合同条件时，可以在合同通用条件第 19 条的基础上更加详细、明确地约定不可抗力条款。

8.3.2 美国 AIA 系列合同条件

AIA 是美国建筑师学会（The American Institute of Architects）的简称。该学会作为建筑师的专业社团已经有近 140 年的历史，成员总数达 56000 名，遍布美国及全世界。AIA 出版的系列合同文件在美国建筑业界及国际工程承包界，特别在美洲地区具有较高的权威性，应用广泛。

AIA 系列合同文件分为 A、B、C、D、G 等系列，其中 A 系列是用于业主与承包商的标准合同文件，不仅包括合同条件，还包括承包商资格申报表，保证标准格式，B 系列主要用于业主与建筑师之间的标准合同文件，其中包括专门用于建筑设计、室内装修工程等特定情况的标准合同文件。C 系列主要用于建筑师与专业咨询机构之间的标准合同文件。D 系列是建筑师行业内部使用的文件。G 系列是建筑师企业及项目管理中使用的文件（见附表一：AIA 系列标准合同文件一览表）。

AIA 系列合同文件的核心是“一般条件”（A201）。采用不同的工程项目管理模式及不同的计价方式时，只需选用不同的“协议书格式”与“一般条件”即可。如 AIA 文件 A101 与 A201 一同使用，构成完整的法律性文件，适用于大部分以固定总价方式支付的工程项目。再如 AIA 文件 A111 和 A201 一同使用，构成完整的法律性文件，适用于大部分以成本补偿方式支付的工程项目。

AIA 文件 A201 作为施工合同的实质内容，规定了业主、承包商之间的权利、义务及建筑师的职责和权限，该文件通常与其他 AIA 文件共同使用，因此被称为“基本文件”。

1987 年版的 AIA 文件 A201《施工合同通用条件》共计 14 条 68 款，主要内容包括：业主、承包商的权利与义务；建筑师与建筑师的合同管理；索赔与争议的解决；工程变更；工期；工程款的支付；保险与保函；工程检查与更正他条款。

8.3.3 英国 ICE 合同条件

“ICE”是英国土木工程师学会（The Institution Of Civil Engineers）的简称。该学会是设于英国的国际性组织，拥有会员 8 万多名，其中 1/5 在英国以外的 140 多个国家和地区。该学会已有 180 年的历史，已成为世界公认的学术中心、资质评定组织及专业代表机构。ICE 在土木工程建设合同方面具有高度的权威性，它编制的土木工程合同条件在土木工程具有广泛的应用。

1991 年 1 月第六版的《ICE 合同条件（土木工程施工）》共计 71 条 109 款，主要内容包括：工程师及工程师代表；转让与分包；合同文件；承包商的一般义务；保险；工艺与材料质量的检查；开工，延期与暂停；变更、增加与删除；材料及承包商设备的所有权；计量；证书与支付；争端的解决；特殊用途条款；投标书格式。此外 IEC 合同条件的最后也附有投标书格式、投标书格式附件，协议书格式、履约保证等等文件。

8.3.4 亚洲地区使用的合同

（一）中国香港地区使用的合同

在香港，政府投资工程主要有两个标准合同文本，即香港政府土木工程标准合同和香港政府建筑工程标准合同。这两种标准合同的主要内容有：承包商的责任和义务；材料和工艺要求；合同期限和延期规定；维护期和工程缺陷；工程变化量和价值的计量；期中付款；违约责任；争议的解决。这两种合同都规定，承包商在某些情况下（如天气恶劣，工程量大幅度增加等），可申请延长工期，在获批准后有权要求政府给予费用上的补偿。而私人投资工程则采用英国皇家特许测量师学会（香港分会）的标准合同。该合同除有明确的通用条款外，还有些根据法院诉讼经验而订立的默示条款（如甲方需与承包商合作，在不影响按期完工的前提下，为承建商准备好主要合同工程的场地，以便其安装设备；甲方不得阻止或干涉承建商按合同规定进行的施工等）。这些条款暗中给予承包商一种权力，使之在甲方违约的情况下可以索赔。

（二）日本的建设工程承包合同

日本的建设工程承包合同的内容规定在《日本建设业法》中。该法的第三章“建设工程承包合同”规定，建设工程承包合同包括以下内容：工程内容；承包价款数额及支付；工程及工期变更的经济损失的计算方法；工程交工日期及工程完工后承包价款的支付日期和方法；当事人之间合同纠纷的解决方法等。

（三）韩国的建设工程合同

韩国的建设工程承包合同的内容也规定在国家颁布的法律即《韩国建设业法》（1994 年 1 月 7 日颁布实施）中。该法第三章“承包合同”规定承包合同有以下内容：如建设工程承包的限制；承包额的核定；承包资格限制的禁止；概算限制；建设工程承包合同的原则；承包人的质量保障责任；分包的限制；分包人的地位，分包的价款的支付，分包人的变更的要求，工程的检查和交接等。以上几种合同都是在某一国家或某几个国家使用的。除此之外，还有一种在国际工程承包市场上广泛使用的合同条件，即 FIDIC 合同条件。

8.3.5 应用 FIDIC 合同条件的程序

1．FIDIC 合同条件适用的工程类别

FIDIC 合同条件适用于房屋建筑和各种工程，其中包括：工业与民用建筑工程、疏浚工程、土壤改善工程、道桥工程、水利工程、港口工程等。

2．FIDIC 合同条件适用的合同性质

FIDIC 合同条件在传统上主要适用于国际工程施工，但对 FIDIC 合同条件进行适当修改后，也可适用于国内合同。

3．应用 FIDIC 合同条件的前提

FIDIC 合同条件注重企业、承包商、工程师三方的关系协调，强调工程师（我国称为监理工程师）在项目管理中的作用。在土木工程施工中应用 FIDIC 合同条件应具备以下前提：

（1）通过竞争性招标确定承包商；

（2）委托工程师对工程施工进行监理；

（3）按照单价合同方式编制招标文件（但有些子项也可以采用包干方式）。

4．应用 FIDIC 合同条件的程序

（1）确定工程项目，设法筹措到足够的资金；

（2）选择工程师，签订监理委托合同；

（3）委托勘察设计单位对工程项目进行勘察设计，也可委托工程师对此进行监理；

（4）通过竞争性招标，确定承包商；

（5）业主与承包商签订施工承包合同，作为 FIDIC 合同文件的组成部分；

（6）承包商办理合同要求的履约担保、动员预付款担保、保险等事项，并取得业主的批准；

（7）业主支付动员预付款；

（8）承包商提交工程师所需的施工组织设计、施工技术方案、施工进度计划和现金流量估算；

（9）准备工作就绪后，由工程师下达开工令，业主同时移交工地占有权；

（10）承包商根据合同的要求进行施工，而工程师则进行日常的监理工作。

（11）根据承包商的申请，工程师进行竣工检验。若工程合格，则由工程师签发证书，业主归还部分保留金；

（12）承包商提交竣工报表，工程签发支付证书；

（13）在缺陷责任期，承包商完成剩余工作并修补缺陷；

（14）缺陷责任期满后，经工程师检验，证明承包商已根据合同履行了施工、竣工以及修补所有工程缺陷的义务，工程质量达到了工程师满意的程度，则由工程师签发解除缺陷责任证书，业主应归还履约保证金及剩余保留金。

（15）承包商提出最终报表，工程师签发最终支付证书，业主与承包商结清余款。随后，业主与承包商的权利义务关系即告终结。

8.4 FIDIC 合同文件的组成及优先次序

8.4.1 组成

1．1999 年前的 FIDIC 合同条件：

（1）土木工程施工合同条件

（2）电气和机械工程合同条件

（3）业主/咨询工程师标准服务协议书

（4）设计—建造与交钥匙工程合同条件

（5）土木工程分包合同条件

2．1999 年新版 FIDIC 合同条件

主条款序号	新红皮书	新黄皮书	银皮书	绿皮书
1	一般规定（14）	√	√	1．一般规定（6）
2	业主（5）	√	√	2．业主（4）
3	工程师（5）	√	业主的管理者（5）	3．业主代表（2）
4	承包商（24）	√	√	4．承包商（4）
5	指定分包商（4）	设计（8）	设计（8）	5．由承包商设计（2）
6	职员和劳工（11）	√	√	6．业主的责任（1）
7	生产设备、材料和工艺（8）	√	√	
8	开工、延误和暂停（12）	√	√	
9	竣工试验（4）	√	√	7．竣工时间（4）
10	业主的接收（4）	√	√	8．接收（2）
11	缺陷责任（11）	√	√	9．修补缺陷（2）
12	测量和估价（4）	竣工后试验（4）	竣工后试验（4）	
13	变更和调整（8）	√	√	10．变更和索赔（5）
14	合同价款和支付（15）	√	√	11．合同价格和付款（8）
15	由业主终止（5）	√	√	12．违约（4）
16	由承包商暂停和终止（4）	√	√	
17	风险和职责（6）	√	√	13．风险与职责（2）
18	保险（4）	√	√	14．保险（3）
19	不可抗力（7）	√	√	
20	索赔、争端和仲裁（8）	√	√	15．争端的解决（3）

3.《施工合同条件》（新红皮书）

新红皮书的适用条件为：

①各类大型或复杂工程；

②承包商的主要工作为施工，但也可承担部分设计工作，如工程中的某些土木、机械、电力工程的设计；

③业主负责大部分设计工作；

④由工程师来监理施工和签发支付证书；

⑤一般采用单价合同，按工程量表中的单价来支付完成的工程量；

⑥业主愿意承担比较大的风险。

4.《生产设备与设计－建造合同条件》（新黄皮书）

新黄皮书被推荐用于电力或机械设备的提供和施工安装，以及房屋建筑或（土木）工程的设计和实施。新黄皮书适用条件为：

①该合同条件是支付管理程序与责任划分基于总价合同，因此它一般适用于大型项目中的安装工程；

②业主只负责编制项目纲要和提出对设备的性能要求，承包商负责全部设计工作和全部施工安装工作；

③工程师来监督设备的制造、安装和施工，并签发支付证书；

④风险分担较均衡。

5.《设计采购施工（EPC）/交钥匙工程合同条件》（银皮书）

该合同条件适用于在交钥匙的基础上进行的工厂或者其他类型的开发项目的实施。

银皮书的适用条件为：

①私人投资项目，如 BOT 项目；

②基础设施项目（如发电厂、公路、铁路、水坝等）或类似项目，业主提供资金并希望以固定价格的交钥匙方式来履行项目；

③业主代表直接管理项目实施过程，采用较宽松的管理方式，但严格竣工检验和竣工后检验，以保证完工项目的质量；

④项目风险大部分由承包商承担，但业主愿意为此多付出一定的费用，因为承包商在投标时肯定会加入较大的风险费。

6.《简明合同格式》（绿皮书）

该合同范本适用于投资规模相对较小的民用和土木工程。如造价低于 50 万美元、施工工期较短（如少于 6 个月）的工程。

8.4.2 优先秩序

在 FIDIC 合同条件中，合同文件除合同条件外，还包括其他对业主、承包商都有约束力的文件。构成合同的这些文件应该是互相说明、互相补充的，但是这些文件有时会产生冲突或含义不清。此时，应由工程师进行解释，其解释应按构成合同文件的先后次序进行，其优先顺序如下：

（1）合同协议书；

（2）中标函；

（3）投标书；

（4）合同条件第二部分（专用条件）；

（5）合同条件第一部分（通用条件）；

（6）规范；

（7）图纸；

（8）标价的工程量表。

本 章 小 结

通过本章教学，使学生了解国际工程的概念，熟悉国际工程合同的类型及基本内容，掌握合同管理的基本内容和管理方法，使学生初步具备国际工程合同管理的能力。

复习思考题

1．FIDIC 合同有哪些特点？
2．FIDIC 合同新红皮书的适用条件是什么？
3．应用 FIDIC 合同条件的程序。
4．新版的 FIDIC 合同条件有哪些不同？
5．FIDIC 施工合同的优先秩序。

学习情景 9　建设工程施工索赔与风险管理

由于现代工程的特点，使得合同实施管理极为困难和复杂，日常的事务性工作极多。为了使工作有秩序、有计划地进行，保证正确地履行合同，就必须建立工程承包合同实施的保证体系，对工程项目的实施进行严格的合同控制。

9.1　工 程 变 更

任何工程项目在实施过程中由于受到各种外界因素的干扰，都会发生程度不同的变更，它无法事先做出具体的预测，而在开工后又无法避免。而由于合同变更涉及工程价款的变更及时间的补偿等，这直接关系到项目效益。因此，变更管理在合同管理中就显得相当重要。

变更是指当事人在原合同的基础上对合同中的有关内容进行修改和补充，包括工程实施内容的变更和合同文件的变更。

9.1.1　合同变更的原因

合同内容频繁的变更是工程合同的特点之一。对一个较为复杂的工程合同，实施中的变更事件可能有几百项，合同变更产生的原因通常有如下几方面。

（一）工程范围发生变化

1．业主新的指令，对建筑新的要求，要求增加或删减某些项目、改变质量标准，项目用途发生变化；

2．政府部门对工程项目有新的要求如国家计划变化、环境保护要求、城市规划变动等。

（二）设计原因

由于设计考虑不周，不能满足业主的需要或工程施工的需要，或设计错误等，必须对设计图纸进行修改。

（三）施工条件变化

在施工中遇到的实际现场条件同招标文件中的描述有本质的差异，或发生不可抗力等。即预定的工程条件不准确。

（四）合同实施过程中出现的问题

主要包括业主未及时交付设计图纸等及未按规定交付现场、水、电、道路等；由于产生新的技术和知识，有必要改变原实施方案以及业主或监理工程师的指令改变了原合同规定的施工顺序，打乱施工部署等。

9.1.2　工程变更对合同实施的影响

由于发生上述这些情况，造成原“合同状态”的变化，必须对原合同规定的内容作相应的调整。

合同变更实质上是对合同的修改，是双方新的要约和承诺。这种修改通常不能免除或改变承包商的工程责任，但对合同实施影响很大，主要表现在如下几方面。

（1）定义工程目标和工程实施情况的各种文件，如设计图纸、成本计划和支付计划、工期计划、施工方案、技术说明和适用的规范等，都应作相应的修改和变更。

当然相关的其他计划也应作相应调整，如材料采购订货计划，劳动力安排，机械使用计划等。所以它不仅引起与承包合同平行的其他合同的变化，而且会引起所属的各个分合同，如供应合同、租赁合同、分包合同的变更。有些重大的变更会打乱整个施工部署。

（2）引起合同双方，承包商的工程小组之间，总承包商和分包商之间合同责任的变化。如工程量增加，则增加了承包商的工程责任，增加了费用开支和延长了工期，对此，按合同规定应有相应的补偿。这也极容易引起合同争执。

（3）有些工程变更还会引起已完工程的返工，现场工程施工的停滞，施工秩序打乱，已购材料的损失等，对此也应有相应的补偿。

9.1.3 工程变更方式和程序

（一）工程变更方式

工程的任何变更都必须获得监理工程师的批准，监理工程师有权要求承包商进行其认为是适当的任何变更工作，承包商必须执行工程师为此发出的书面变更指示。如果监理工程师由于某种原因必须以口头形式发出变更指示时，承包商应遵守该指示，并在合同规定的期限内要求监理工程师书面确认其口头指示，否则，承包商可能得不到变更工作的支付。

（二）工程变更程序

工程变更应有一个正规的程序，应有一整套申请、审查、批准手续。

1．提出工程变更要求

监理工程师、业主和承包商均可提出工程变更请求。

（1）监理工程师提出工程变更

在施工过程中，由于设计中的不足或错误或施工时环境发生变化，监理工程师以节约工程成本、加快工程进度和保证工程质量为原则，提出工程变更。

（2）承包商提出工程变更

承包商在两种情况下提出工程变更，其一是工程施工中遇到不能预见的地质条件或地下障碍；其二是承包商考虑为便于施工，降低工程费用，缩短工期之目的，提出工程变更。

（3）业主提出工程变更

业主提出工程的变更则常常是为了满足使用上的要求。也要说明变更原因，提交设计图纸和有关计算书。

2．监理工程师的审查和批准

对工程的任何变更，无论是哪一方提出的，监理工程师都必须与项目业主进行充分的协商，最后由监理工程师发出书面变更指示。项目业主可以委任监理工程师一定的批准工程变更的权限（一般是规定工程变更的费用额），在此权限内，监理工程师可自主批准工程变更，超出此权限则由业主批准。

3．编制工程变更文件，发布工程变更指示

一项工程变更应包括以下文件：

（1）工程变更指令

主要说明工程变更的原因及详细的变更内容说明（应说明根据合同的哪一条款发出变更指示；变更工作是马上实施，还是在确定变更工作的费用后实施；承包商发出要求增加变更工作费用和延长工期的通知的时间限制；变更工作的内容等。）

（2）工程变更指令的附件

包括工程变更设计图纸、工程量表和其他与工程变更有关的文件等。

4. 承包商项目部的合同管理负责人员向监理工程师发出合同款调整和/或工期延长的意向通知。

（1）由承包商将变更工作所涉及的合同款变化量或变更费率或价格及工期变化量（如果有的化）的意图通知监理工程师。承包商在收到监理工程师签发的变更指示时，应在指示规定的时间内，向监理工程师发出该通知，否则承包商将被认为自动放弃调整合同价款和延长工期的权利。或

（2）由监理工程师将其改变费率或价格的意图通知承包商。工程师改变费率或价格的意图，可在签发的变更指示中进行说明，也可单独向承包商发出此意向通知。

5. 工程变更价款和工期延长量的确定

工程变更价款的确定原则如下。

（1）如监理工程师认为适当，应以合同中规定的费率和价格进行计算。

（2）如合同中未包括适用于该变更工作的费率和价格，则应在合理的范围内使用合同中的费率和价格作为估价的基础。

（3）如监理工程师认为合同中没有适用于该变更工作的费率和价格，则工程师在与业主和承包商进行适当的协商后，由监理工程师和承包商议定合适的费率和价格。

（4）如未能达成一致意见，则监理工程师应确定他认为适当的此类另外的费率和价格，并相应地通知承包商，同时将一份副本呈交业主。

上述费率和价格在同意或决定之前，工程师应确定暂行费率和价格以便有可能作为暂付款，包含在当月发出的证书中。

工期补偿量依据变更工程量和由此造成的返工、停工、窝工、修改计划等引起的损失情况由双方洽商来确定。

6. 变更工作的费用支付及工期补偿

如果承包商已按工程师的指示实施变更工作，工程师应将已完成的变更工作或已部分完成的变更工作的费用，加入合同总价中，同时列入当月的支付证书中支付给承包商。

将同意延长的工期加入合同工期。

9.1.4 工程变更的管理

（1）对业主（监理工程师）的口头变更指令，承包商也必须遵照执行，但应在规定的时间内书面向监理工程师索取书面确认。而如果监理工程师在规定的时间内未予书面否决，则承包商的书面要求信即可作为监理工程师对该工程变更的书面指令。监理工程师的书面变更指令是支付变更工程款的先决条件之一。

（2）工程变更不能超过合同规定的工程范围。如果超过这个范围，承包商有权不执行变更或坚持先商定价格后再进行变更。

（3）注意变更程序上的矛盾性。合同通常都规定，承包商必须无条件执行变更指令（即

使是口头指令），所以应特别注意工程变更的实施，价格谈判和业主批准三者之间在时间上的矛盾性。在工程中常有这种情况，工程变更已成为事实，而价格谈判仍达不成协议，或业主对承包商的补偿要求不批准，价格的最终决定权却在监理工程师。这样承包商已处于被动地位。

例如，某合同的工程变更条款规定：

“由监理工程师下达书面变更指令给承包商，承包商请求监理工程师给以书面详细的变更证明。在接到变更证明后，承包商开始变更工作，同时进行价格调整谈判。在谈判中没有监理工程师的指令，承包商不得推迟或中断变更工作。”

“价格谈判在两个月内结束。在接到变更证明后 4 个月内，业主应向承包商递交有约束力的价格调整和工期延长的书面变更指令。超过这个期限承包商有权拖延或停止变更。”

一般工程变更在 4 个月内早已完成，“超过这个期限”“停止”和“拖延”都是空话。在这种情况下，价格调整主动权完全在业主，承包商的地位很为不利。这常常会有较大的风险。

对此可采取如下措施：

（1）控制（即拖延）施工进度，等待变更谈判结果。这样不仅损失较小，而且谈判回旋余地较大；

（2）争取以点工或按承包商的实际费用支出计算费用补偿，如采取成本加酬金方法。这样避免价格谈判中的争执；

（3）应有完整的变更实施的记录和照片，请业主、监理工程师签字，为索赔做准备。

（4）在合同实施中，合同内容的任何变更都必须由合同管理人员提出。与业主，与总（分）包之间的任何书面信件，报告，指令等都应经合同管理人员进行技术和法律方面的审查。这样才能保证任何变更都在控制中，不会出现合同问题。

（5）在商讨变更，签订变更协议过程中，承包商必须提出变更补偿（即索赔）问题。在变更执行前就应明确补偿范围，补偿方法，索赔值的计算方法，补偿款的支付时间等：双方应就这些问题达成一致。这是对索赔权的保留，以防日后争执。

在工程变更中，特别应注意因变更造成返工、停工、窝工、修改计划等引起的损失，注意这方面证据的收集。在变更谈判中应对此进行商谈。

9.2 工程索赔的处理原则和程序

9.2.1 工程索赔概述

在市场经济条件下，建筑市场中工程索赔是一种正常的现象。工程索赔在建筑市场上是承包商保护自身正当权益、补偿由风险造成的损失、提高经济效益的重要和有效手段。

许多有经验的承包商在分析招标文件时就考虑其中的漏洞、矛盾和不完善的地方，考虑到可能的索赔，但这本身常常又会有很大的风险。

（一）工程索赔的概念

所谓索赔，就是作为合法的所有者，根据自己的权利提出对某一有关资格、财产、金钱等方面的要求。

工程索赔，是指当事人在合同实施过程中，根据法律、合同规定及惯例，对并非由于自己的过错，而是由于应由合同对方承担责任的情况造成的，且实际发生了损失，向对方提出给予补偿要求。在工程建设的各个阶段，都有可能发生索赔，但在施工阶段索赔发生较多。

对施工合同的双方来说，索赔是维护双方合法利益的权利。它同合同条件中双方的合同责任一样，构成严密的合同制约关系。承包商可以向业主提出索赔；业主也可以向承包商提出索赔。但在工程建设过程中，业主对承包商原因造成的损失可通过追究违约责任解决。此外，业主可以通过冲账、扣拨工程款、没收履约保函、扣保留金等方式来实现自己的索赔要求，不存在“索”。因此，在工程索赔实践中，一般把承包方向发包方提出的赔偿或补偿要求称为索赔；而把发包方向承包方提出的赔偿或补偿要求，以及发包方对承包方所提出的索赔要求进行反驳称为反索赔。

（二）索赔的作用

1. 有利于促进双方加强管理，严格履行合同，维护市场正常秩序。

合同一经签订，合同双方即产生权利和义务关系。这种权益受法律保护，这种义务受法律制约。索赔是合同法律效力的具体体现，并且由合同的性质决定。如果没有索赔和关于索赔的法律规定，则合同形同虚设，对双方都难以形成约束，这样，合同的实施得不到保证，不会有正常的社会经济秩序。索赔能对违约者起警诫作用，使他考虑到违约的后果，以尽力避免违约事件发生。所以，索赔有助于工程承发包双方更紧密的合作，有助于合同目标的实现。

2. 使工程造价更合理。索赔得正常开展，可以把原来打人工程报价中的一些不可预见费用，改为实际发生的损失支付，有助于降低工程报价，使工程造价更为合理。

3. 有助于维护合同当事人的正当权益。索赔是一种保护自己、维护自己正当利益、避免损失、增加利润的手段。如果承包商不能进行有效的索赔，损失得不到合理的、及时的补偿，会影响生产经营活动的正常进行，甚至倒闭。

4. 有助于双方更快地熟悉国际惯例，熟练掌握索赔和处理索赔的方法与技巧，有助于对外开放和对外工程承包的开展。

（三）索赔的分类

工程施工过程中发生索赔所涉及的内容是广泛的，为了探讨各种索赔问题的规律及特点，通常可作如下分类。

1. 按索赔事件所处合同状态分类

（1）正常施工索赔。是指在正常履行合同中发生的各种违约、变更、不可预见因素、加速施工、政策变化等引起的索赔。

（2）工程停、缓建索赔。是指已经履行合同的工程因不可抗力、政府法令、资金或其他原因必须中途停止施工所引起的索赔。

（3）解除合同索赔。是指因合同中的一方严重违约，致使合同无法正常履行的情况下，合同的另一方行使解除合同的权力所产生的索赔。

2. 按索赔依据的范围分类

（1）合同内索赔。是指索赔所涉及的内容可以在履行的合同中找到条款依据，并可根据合同条款或协议预先规定的责任和义务划分责任，业主或承包商可以据此提出索赔要求。按违约规定和索赔费用、工期的计算办法计算索赔值。一般情况下，合同内索赔的处理解决相对顺利些。

（2）合同外索赔。与合同内索赔依据恰恰相反。即索赔所涉及的内容难于在合同条款及有关协议中找到依据，但可能来自民法、经济法或政府有关部门颁布的有关法规所赋予的权力。如在民事侵权行为、民事伤害行为中找到依据所提出的索赔，就属合同外索赔。

（3）道义索赔。是指承包商无论在合同内或合同外都找不到进行索赔的依据。没有提出索赔的条件和理由。但他在合同履行中诚恳可信，为工程的质量、进度及配合上尽了最大的努力时，通情达理的业主看到承包商为完成某项困难的施工，承受了额外的费用损失，甚至承受重大亏损，出于善良意愿给承包商以经济补偿。因在合同条款中没有此项索赔的规定，所以也称“额外支付”。

3．按合同有关当事人的关系进行索赔分类

（1）承包商向业主的索赔。是指承包商在履行合同中因非自方责任事件产生的工期延误及额外支出后向业主提出的赔偿要求。这是施工索赔中最常发生的情况。

（2）总承包向其分包或分包之间的索赔。是指总承包单位与分包单位或分包单位之间为共同完成工程施工所签订的合同、协议在实施中的相互干扰事件影响利益平衡，其相互之间发生的赔偿要求。

（3）业主向承包商的索赔。是指业主向不能有效地管理控制施工全局，造成不能按期、按质、按量的完成合同内容的承包商提出损失赔偿要求。

（4）承包商同供货商之间的索赔

（5）承包商向保险公司、运输公司索赔等。

4．按照索赔的目的分类

（1）工期延长索赔。是指承包商对施工中发生的非己方直接或间接责任事件造成计划工期延误后向业主提出的赔偿要求。

（2）费用索赔。是指承包商对施工中发生的非己方直接或间接责任事件造成的合同价外费用支出向业主方提出的赔偿要求。

5．按照索赔的处理方式分类

（1）单项索赔。是指某一事件发生对承包商造成工期延长或额外费用支出时，承包商即可对这一事件的实际损失在合同规定的索赔有效期内提出的索赔。这是常用的一种索赔方式。

（2）综合索赔。又称总索赔，一揽子索赔。是指承包商将施工过程中发生的多起索赔事件，综合在一起，提出一个总索赔。

施工过程中的某些索赔事件，由于各方未能达成一致意见得到解决的或承包商对业主答复不满意的单项索赔集中起来，综合提出一份索赔报告，双方进行谈判协商。综合索赔中涉及的事件一般都是单项索赔中遗留下来的、意见分歧较大的难题，责任的划分、费用的计算等都各持己见，不能立即解决，在履行合同过程中对索赔事件保留索赔权，而在工程项目基本完工时提出，或在竣工报表和最终报表中提出。

6．按引起索赔的原因分类

（1）业主或业主代表违约索赔。

（2）工程量增加索赔。

（3）不可预见因素索赔。

（4）不可抗力损失索赔。

（5）加速施工索赔。

（6）工程停建、缓建索赔。

（7）解除合同索赔。

（8）第三方因素索赔。

（9）国家政策、法规变更索赔。

7．按索赔管理策略上的主动性分类

（1）索赔。主动寻找索赔机会，分析合同缺陷，抓住对方的失误，研究索赔的方法，总结索赔的经验，提高索赔的成功率。把索赔管理作为工程及合同管理的组成部分。

（2）反索赔。在索赔管理策略上表现为防止被索赔，不给对方留有进行索赔的漏洞。使对方找不到索赔机会，在工程管理中体现为签署严密的合同条款，避免自方违约。当对方向自方提出索赔时，对索赔的证据进行质疑，对索赔理由进行反驳，以达到减少索赔额度甚至否定对方索赔要求之目的。

在实际工作中，索赔与反索赔是同时存在且相互为条件的，应当培养工作人员加强索赔与反索赔的意识。

9.2.2　工程中常见的索赔问题

（一）施工现场条件变化索赔

在工程施工中，施工现场条件变化对工期和造价的影响很大。由于不利的自然条件及人为障碍，经常导致设计变更、工期延长和工程成本大幅度增加。

不利的自然条件是指施工中遇到的实际自然条件比招标文件中所描述的更为困难和恶劣，这些不利的自然条件或人为障碍增加了施工的难度，导致承包方必须花费更多的时间和费用，在这种情况下，承包方可提出索赔要求。

1．招标文件中对现场条件的描述失误

在招标文件中对施工现场存在的不利条件虽已经提出，但描述严重失实，或位置差异极大，或其严重程度差异极大，从而使承包商原定的实施方案变得不再适合或根本没有意义。承包方可提出索赔。

2．有经验的承包商难以合理预见的现场条件

在招标文件中根本没有提到，而且按该向工程的一般工程实践完全是出乎意料的不利的现场条件。这种意外的不利条件，是有经验的承包商难以预见的情况。如在挖方工程中，承包方发现地下古代建筑遗迹物或文物，遇到高腐蚀性水或毒气等等，处理方案导致承包商工程费用增加，工期增加，承包方即可提出索赔。

（二）业主违约索赔

1．业主未按工程承包合同规定的时间和要求向承包商提供施工场地、创造施工条件。如未按约定完成土地征用、房屋拆迁、清除地上地下障碍，保证施工用水、用电、材料运输、机械进场、通信联络需要，办理施工所需各种证件、批件及有关申报批准手续，提供地下管网线路资料等。

2．业主未按工程承包合同规定的条件提供应的材料、设备。

业主所供应的材料、设备到货场、站与合同约定不符，单价、种类、规格、数量、质量等级与合同不符，到货日期与合同约定不符等。

3．监理工程师未按规定时间提供施工图纸、指示或批复。

4．业主未按规定向承包商支付工程款。

5．监理工程师的工作不适当或失误。如提供数据不正确、下达错误指令等。

6．业主指定的分包商违约。如其出现工程质量不合格、工程进度延误等。

上述情况的出现，会导致承包商的工程成本增加和/或工期的增加，所以承包商可以提出索赔。

（三）变更指令与合同缺陷索赔

1．变更指令索赔

在施工过程中，监理工程师发现设计、质量标准或施工顺序等问题时，往往指令增加新工作，改换建筑材料，暂停施工或加速施工，等等。这些变更指令会使承包商的施工费用和/或更其的增加，承包商就此提出索赔要求。

2．合同缺陷索赔

合同缺陷是指所签订的工程承包合同进入实施阶段才发现的，合同本身存在的（合同签订时没有预料的）现时不能再做修改或补充的问题。

大量的工程合同管理经验证明，合同在实施过程中，常发现有如下的情况：

（1）合同条款中有错误、用语含糊、不够准确等，难以分清甲乙双方的责任和权益。

（2）合同条款中存在着遗漏。对实际可能发生的情况未做预料和规定，缺少某些必不可少的条款。

（3）合同条款之间存在矛盾。即在不同的条款或条文中，对同一问题的规定或要求不一致。

这时，按惯例要由监理工程师做出解释。但是，若此指示使承包商的施工成本和工期增加时，则属于业主方面的责任，承包商有权提出索赔要求。

（四）国家政策、法规变更索赔

由于国家或地方的任何法律法规、法令、政令或其他法律、规章发生了变更，导致承包商成本增加，承包商可以提出索赔。

（五）物价上涨索赔

由于物价上涨的因素，带来人工费、材料费、甚至机械费的增加，导致工程成本大幅度上升，也会引起承包商提出索赔要求。

（六）因施工临时中断和工效降低引起的索赔

由于业主和监理工程师原因造成的临时停工或施工中断，特别是根据业主和监理工程师不合理指令造成了工效的大幅度降低，从而导致费用支出增加，承包商可提出索赔。

（七）业主不正当地终止工程而引起的索赔

由于业主不正当地终止工程，承包商有权要求补偿损失，其数额是承包商在被终止工程上的人工、材料、机械设备的全部支出，以及各项管理费用、保险费、贷款利息、保函费用的支出（减去已结算的工程款），并有权要求赔偿其盈利损失。

（八）业主风险和特殊风险引起的索赔

由于业主承担的风险而导致承包商的费用损失增大时，承包商可据此提出索赔。根据国际惯例，战争、敌对行动、入侵、外敌行动；叛乱、暴动、军事政变或篡夺权位，内战；核燃料或核燃料燃烧后的核废物、核辐射、放射线、核泄漏；音速或超音速飞行器所产生的压力波；暴乱、骚乱或混乱；由于业主提前使用或占用工程的未完工交付的任何一部分致使破坏；纯粹是由于工程设计所产生的事故或破坏，并且这设计不是由承包商设计或负责的；自然力所产生的作用，而对于此种自然力，即使是有经验的承包商也无法预见，无法抗拒，无法保护自己和使工程免遭损失等属于业主应承担的风险。

许多合同规定，承包商不仅对由此而造成工程、业主或第三方的财产的破坏和损失及人身伤亡不承担责任，而且业主应保护和保障承包商不受上述特殊风险后果的损害，并免于承担由此而引起的与之有关的一切索赔、诉讼及其费用。相反，承包商还应当可以得到由此损害引起的任何永久性工程及其材料的付款及合理的利润，以及一切修复费用、重建费用及上述特殊风险而导致的费用增加。如果由于特殊风险而导致合同终止，承包商除可以获得应付的一切工程款和损失费用外，还可以获得施工机械设备的撤离费用和人员遣返费用等。

9.2.3 工程索赔的依据和程序

（一）工程索赔的依据

合同一方向另一方提出的索赔要求，都应该提出一份具有说服力的证据资料作为索赔的依据。这也是索赔能否成功的关键因素。由于索赔的具体事由不同，所需的论证资料也有所不同。索赔一般依据包括：

1．招标文件

招标文件是承包商投标报价的依据，它是工程项目合同文件的基础。招标文件中一般包括的通用条件、专用条件、施工图纸、施工技术规范、工程量表、工程范围说明、现场水文地质资料等文本，都是工程成本的基础资料。它们不仅是承包商参加投标竞争和编标报价的依据，也是索赔时计算附加成本的依据。

2．投标书

投标书是承包商依据招标文件并进行工地现场勘察后编标计价的成果资料，是投标竞争中标的依据。在投标报价文件中，承包商对各主要工种的施工单价进行了分析计算，对各主要工程量的施工效率和施工进度进行了分析，对施工所需的设备和材料列出了数量和价值，对施工过程中各阶段所需的资金数额提出了要求，等等。所有这些文件，在中标及签订合同协议书以后，都成为正式合同文件的组成部分，也成为索赔的基本依据。

3．合同协议书及其附属文件

合同协议书是合同双方（业主和承包商）正式进入合同关系的标志。在签订合同协议书以前，合同双方对于中标价格、工程计划、合同条件等问题的讨论纪要文件，亦是该工程项目合同文件的重要组成部分。在这些会议纪要中，如果对招标文件中的某个合同条款作了修改或解释，则这个纪要就是将来索赔计价的依据。

4．来往信函

在合同实施期间，合同双方有大量的往来信函。这些信件都具有合同效力，是结算和索赔的依据资料，如监理工程师（或业主）的工程变更指令，口头变更确认函，加速施工指令，工程单价变更通知，对承包商问题的书面回答等。这些信函（包括电传、传真资料）可能繁杂零碎，而且数量巨大，但应仔细分类存档。

5．会议记录

在工程项目从招标到建成移交的整个期间，合同双方要召开许多次的会议，讨论解决合同实施中的问题。所有这些会议的记录，都是很重要的文件。工程和索赔中的许多重大问题，都是通过会议反复协商讨论后决定的。如标前会议纪要、工程协调会议纪要、工程进度变更会议纪要、技术讨论会议纪要、索赔会议纪要等。

对于重要的会议纪要，要建立审阅制度，即由作纪要的一方写好纪要稿后，送交对方（以及有关各方）传阅核签，如有不同意见，可在纪要稿上修改，也可规定一个核签的期限（如 7 天），如纪要稿送出后 7 天以内不返回核签意见，即认为同意。这对会议纪要稿的合法性是很必要的。

6．施工现场纪录

承包商的施工管理水平的一个重要标志，是看他是否建立了一套完整的现场记录制度，并持之以恒地贯彻到底。这些资料的具体项目甚多，主要的如施工日志、施工检查记录、工时记录、质量检查记录、施工设备使用记录、材料使用记录、施工进度记录等。有的重要记录文本，如质量检查、验收记录，还应有工程师或其代表的签字认可。工程师同样要有自己完备的施工现场记录，以备核查。

7．工程财务记录

在工程实施过程中，对工程成本的开支和工程款的历次收入，均应做详细的记录，并输入计算机备查。这些财务资料如工程进度款每月的支付申请表，工人劳动计时卡和工资单，设备、材料和零配件采购单，付款收据，工程开支月报等。在索赔计价工作中，财务单证十分重要，应注意积累和分析整理。

8．现场气象记录

水文气象条件对工程实施的影响甚大，它经常引起工程施工的中断或工效降低，有时甚至造成在建工程的破损。许多工期拖延索赔均与气象条件有关。施工现场应注意记录的气象资料，如每月降水量、风力、气温、河水位、河水流量、洪水位、洪水流量、施工基坑地下水状况等等。如遇到地震、海啸、飓风等特殊自然灾害，更应注意随时详细记录。

9．市场信息资料

大中型工程项目，一般工期长达数年，对物价变动等报道资料，应系统地搜集整理。这些信息资料，不仅对工程款的调价计算是必不可少的，对索赔亦同样重要。如工程所在国官方出版的物价报道、外汇兑换率行情、工人工资调整决定等。

10．政策法令文件

这是指工程所在国的政府或立法机关公布的有关工程造价的决定或法令，如货币汇兑限制指令，外汇兑换率的决定，调整工资的决定，税收变更指令，工程仲裁规则等。由于工程的合同条件是以适应工程所在国的法律为前提的，因此该国政府的这些法令对工程结算和索赔具有决定性的意义，应该引起高度重视。对于重大的索赔事项，如涉及大宗的索赔款额，或遇到复杂的法律问题时，还需要聘请律师，专门处理这方面的问题。

（二）工程索赔的程序

合同实施阶段，在每一个索赔事件发生后，承包商都应抓住索赔机会，并按合同条件的具体规定和工程索赔的惯例，尽快协商解决索赔事项。工程索赔程序，一般包括发出索赔意向通知、收集索赔证据并编制和提交索赔报告、评审索赔报告、举行索赔谈判、解决索赔争端等。

1．发出索赔意向通知

按照合同条件的规定，凡是非承包商原因引起工程拖期或工程成本增加时，承包商有权提出索赔。当索赔事件发生时，承包商一方面用书面形式向业主或监理工程师发出索赔意向通知书，另一方面，应继续施工，不影响施工的正常进行。索赔意向通知是一种维护自身索赔权利的文件。例如，按照FIDIC第四版的规定，在索赔事项发生后的28天内向工程师正式提出书面的索赔通知，并抄送业主。项目部的合同管理人员或其中的索赔工作人员根据具体情况，在索赔事项发生后的规定时间内正式发出索赔通知书，以丧失索赔权。

索赔意向通知，一般仅仅是向业主或监理工程师表明索赔意向，所以应当简明扼要。通常只要说明以下几点内容即可：索赔事由的名称、发生的时间、地点、简要事实情况和发展动态；索赔所引证的合同条款；索赔事件对工程成本和工期产生的不利影响，进而提出自己的索赔要求即可。至于要求的索赔款额，或工期应补偿天数及有关的证据资料在合同规定的时间内报送。

2．索赔资料的准备及索赔文件的提交

在正式提出索赔要求后，承包商应抓紧准备索赔资料，计算索赔值，编写索赔报告，并在合同规定的时间内正式提交。如果索赔事项的影响具有连续性，即事态还在继续发展，则按合同规定，每隔一定时间监理工程师报送一次补充资料，说明事态发展情况。在索赔事项的影响结束后的规定时间内报送此项索赔的最终报告，附上最终账目和全部证据资料，提出具体的索赔额，要求业主或监理工程师审定。

3．索赔报告的评审

业主或监理工程师在接到承包商的索赔报告后，应当站在公正的立场，以科学的态度及时认真地审阅报告，重点审查承包商索赔要求的合理性和合法性，审查索赔值的计算是否正确、合理。对不合理的索赔要求或不明确的地方提出反驳和质疑，或要求做出解释和补充。监理工程师可在业主的授权范围内做出自己独立的判断。

监理工程师判定承包商索赔成立的条件：

（1）与合同相对照，事件已造成了承包商施工成本的额外支出，或直接工期损失；

（2）造成费用增加或工期损失的原因，按合同约定不属于承包商的行为责任或风险责任；

（3）承包商按合同规定的程序提交了索赔意向通知和索赔报告。

上述三个条件没有先后主次之分，应当同时具备。只有工程师认定索赔成立后，才按一定程序处理。

4．监理工程师与承包商进行索赔谈判

业主或监理工程师经过对索赔报告的评审后，由于承包商常常需要做出进一步的解释和补充证据，而业主或监理工程师也需要对索赔报告提出的初步处理意见做出解释和说明。因此，业主、监理工程师和承包商三方就索赔的解决要进行进一步的讨论、磋商，即谈判。这里可能有复杂的谈判过程。对经谈判达成一致意见的，做出索赔决定。若意见达不成一致，则产生争执。

在经过认真分析研究与承包商、业主广泛讨论后，工程师应该向业主和承包商提出自己的《索赔处理决定》。监理工程师收到承包商送交的索赔报告和有关资料后，于合同规定的时间内（如28天）给予答复，或要求承包商进一步补充索赔理由和证据。工程师在规定时间内未予答复或未对承包商做出进一步要求，则视为该项索赔已经认可。

监理工程师在《索赔处理决定》中应该简明地叙述索赔事项、理由和建议给予补偿的金额及（或）延长的工期。《索赔评价报告》则是作为该决定的附件提供的。它根据监理工程师所掌握的实际情况详细叙述索赔的事实依据、合同及法律依据，论述承包商索赔的合理方面及不合理方面，详细计算应给予的补偿。《索赔评价报告》是监理工程师站在公正的立场上独立编制的。

当监理工程师确定的索赔额超过其权限范围时，必须报请业主批准。

业主首先根据事件发生的原因、责任范围、合同条款审核承包商的索赔申请和工程师的处理报告，再依据工程建设的目的、投资控制、竣工投产日期要求以及针对承包商在施工中的缺陷或违反合同规定等的有关情况，决定是否批准监理工程师的处理意见，而不能超越合同条款的约定范围。索赔报告经业主批准后，监理工程师即可签发有关证书。

5．索赔争端的解决

如果业主和承包商通过谈判不能协商解决索赔，就可以将争端提交给监理工程师解决，监理工程师在收到有关解决争端的申请后，在一定时间内要做出索赔决定。业主或承包商如果对监理工程师的决定不满意，可以申请仲裁或起诉。争议发生后，在一般情况下，双方都应继续履行合同，保持施工连续，保护好已完工程。只有当出现单方违约导致合同确已无法履行，双方协议停止施工；调解要求停止施工，且为双方接受；仲裁机关或法院要求停止施工等情况时，当事人方可停止履行施工合同。

9.3 工程索赔的依据及内容

9.3.1 索赔报告及内容

索赔的成功很大程度上取决于承包商对索赔权的论证和充分的证据材料。即使抓住合同履行中的索赔机会，如果拿不出索赔证据或证据不充分，其索赔要求往往难以成功或被大打折扣。因此，承包商在正式提出索赔报告前的资料准备工作极为重要。这就要求承包商注意记录和积累保存工程施工过程中的各种资料，并可随时从中索取与索赔事件有关的证明资料。

索赔报告的编写，应审慎、周密，索赔证据充分，计算结果正确。对于技术复杂或款额巨大的索赔事项，有必要聘用合同专家（律师）或技术权威人士担任咨询，以保证索赔取得较为满意的成果。

索赔报告书的具体内容，随该索赔事项的性质和特点而有所不同。但一份完整的索赔报告书的必要内容和文字结构方面，它必须包括以下 4—5 个组成部分。至于每个部分的文字长短，则根据每一索赔事项的具体情况和需要来决定。

（一）总论部分

每个索赔报告书的首页，应该是该索赔事项的一个综述。它概要地叙述发生索赔事项的日期和过程；说明承包商为了减轻该索赔事项造成的损失而做过的努力；索赔事项给承包商的施工增加的额外费用或工期延长的天数；以及自己的索赔要求。并在上述论述之后附上索赔报告书编写人、审核人的名单，注明各人的职称、职务及施工索赔经验，以表示该索赔报告书的权威性和可信性。

总论部分应简明扼要。对于较大的索赔事项，一般应以 3—5 页篇幅为限。

（二）合同引证部分

合同引证部分是索赔报告关键部分之一，它的目的是承包商论述自己有索赔权，这是索赔成立的基础。合同引证的主要内容，是该工程项目的合同条件以及有关此项索赔的法律规定，说明自己理应得到经济补偿或工期延长，或二者均应获得。因此，工程索赔人员应通晓合同文件，善于在合同条件、技术规程、工程量表以及合同函件中寻找索赔的法律依据，使自己的索赔要求建立在合同、法律的基础上。

对于重要的条款引证，如不利的自然条件或人为障碍（施工条件变化），合同范围以外的额外工程，特殊风险等等，应在索赔报告书中做详细的论证叙述，并引用有说服力的证据资料。因为在这些方面经常会有不同的观点，对合同条款的含义有不同的解释，往往是工程索赔争议的焦点。

在论述索赔事项的发生、发展、处理和最终解决的过程时，承包商应客观地描述事实，避免采用抱怨或夸张的用词，以免使工程师和业主方面产生反感或怀疑。而且，这样的措辞，往往会使索赔工作复杂化。

综合上述，合同引证部分一般包括以下内容：

1．概述索赔事项的处理过程；

2．发出索赔通知书的时间；

3．引证索赔要求的合同条款，如不利的自然条件；合同范围以外的工程；业主风险和特殊风险；工程变更指令；工期延长；合同价调整，等等；

4．指明所附的证据资料。

（三）索赔款额计算部分

在论证索赔权以后，应接着计算索赔款额，具体分析论证合理的经济补偿款额。这也是索赔报告书的主要部分，是经济索赔报告的第三部分。

款额计算的目的，是以具体的计价方法和计算过程说明承包商应得到的经济补偿款额。如果说合同论证部分的目的是确立索赔权，则款额计算部分的任务是决定应得的索赔款。

在款额计算部分中，索赔工作人员首先应注意采用合适的计价方法。至于采用哪一种计价法，应根据索赔事项的特点及自己掌握的证据资料等因素来确定。其次，应注意每项开支的合理性，并指出相应的证据资料的名称及编号（这些资料均列入索赔报告书中）。只要计价方法合适，各项开支合理，则计算出的索赔总款额就有说服力。

索赔款计价的主要组成部分是：由于索赔事项引起的额外开支的人工费、材料费、设备费、工地管理费、总部管理费、投资利息、税收、利润等等。每一项费用开支，应附以相应的证据或单据。

款额计算部分在写法结构上，最好首先写出计价的结果，即列出索赔总款额汇总表。然后，再分项地论述各组成部分的计算过程，并指出所依据的证据资料的名称和编号。

在编写款额计算部分时，切忌采用笼统的计价方法和不实的开支款项。有的承包商对计价采取不严肃的态度，没有根据地扩大索赔款额，采取漫天要价的策略。这种做法是错误的，是不能成功的，有时甚至增加了索赔工作的难度。

款额计算部分的篇幅可能较大。因为应论述各项计算的合理性，详细写出计算方法，并引证相应的证据资料，并在此基础上累计出索赔款总额。通过详细的论证和计算，使业主和工程师对索赔款的合理性有充分的了解，这对索赔要求的迅速解决很有关系。

总之，一份成功的索赔报告应注意事实的正确性，论述的逻辑性，善于利用成功的索赔案例来证明此项索赔成立的道理。逐项论述，层次分明，文字简练，论理透彻，使阅读者感到清楚明了，合情合理。有根有据。

（四）工期延长论证部分

承包商在施工索赔报告中进行工期论证的目的，首先是为了获得施工期的延长，以免承担误期损害赔偿费的经济损失。其次，他可能在此基础上，探索获得经济补偿的可能性。因为如果他投入了更多的资源时，他就有权要求业主对他的附加开支进行补偿。对于工期索赔报告，工期延长论证是它的第三部分。

在索赔报告中论证工期的方法，主要有：横道图表法；关键路线法；进度评估法；顺序作业法等等。

在索赔报告中，应该对工期延长、实际工期、理论工期等工期的长短（天数）进行详细的论述，说明自己要求工期延长（天数）或加速施工费用（款数）的根据。

（五）证据部分

证据部分通常以索赔报告书附件的形式出现，它包括了该索赔事项所涉及的一切有关证据资料以及对这些证据的说明。

证据是索赔文件的必要组成部分，要保证索赔证据的翔实可靠，使索赔取得成功。索赔证据资料的范围甚广，它可能包括工程项目施工过程中所涉及的有关政治、经济、技术、财务等许多方面的资料。这些资料，合同管理人员应该在整个施工过程中持续不断地搜集整理，分类储存，最好是存入计算机中以便随时提出查询、整理或补充。

所收集的诸项证据资料，并不是都要放入索赔报告书的附件中，而是针对索赔文件中提到的开支项目，有选择、有目的地列入，并进行编号，以便审核查对。

在引用每个证据时，要注意该证据的效力或可信程度。为此，对重要的证据资料最好附以文字说明，或附以确认函件。例如，对一项重要的电话记录，仅附上自己的记录是不够有力的，最好附上经过对方签字确认过的电话记录；或附上发给对方的要求确认该电话记录的函件，即使对方当时未复函确认或予以修改，亦说明责任在对方，因为未复函确认或修改，按惯例应理解为他已默认。

除文字报表证据资料以外，对于重大的索赔事项，承包商还应提供直观记录资料，如录像、摄影等证据资料。

综合本节的论述：如果把工期索赔和经济索赔分别地编写索赔报告，则它们除包括总论、合同引证和证据 3 个部分以外，将分别包括工期延长论证或索赔款额计算部分。如果把工期索赔和经济索赔合并为一个报告，则应包括所有 5 个部分。

9.3.2 索赔费用的计算

工程索赔报告最主要的两部分是：合同论证部分和索赔计算部分，合同论证部分的任务是解决索赔权是否成立的问题，而索赔计算部分则确定应得到多少索赔款额或工期补偿，前者是定性的，后者是定量的。索赔的计算是索赔管理的一个重要组成部分。

（一）工期索赔值的计算

1．工期索赔的原因

在施工过程中，由于各种因素的影响，使承包商不能在合同规定的工期内完成工程，造成工程拖期。造成拖期的一般原因如下。

（1）非承包商的原因

由于下列非承包商原因造成的工程拖期，承包商有权获得工期延长：

1）合同文件含义模糊或歧义；

2）工程师未在合同规定的时间内颁发图纸和指示；

3）承包商遇到一个有经验的承包商无法合理预见到的障碍或条件；

4）处理现场发掘出的具有地质或考古价值的遗迹或物品；

5）工程师指示进行未规定的检验；

6）工程师指示暂时停工；

7）业主未能按合同规定的时间提供施工所需的现场和道路；

8）业主违约；

9）工程变更；

10）异常恶劣的气候条件。

上述的种原因可归结为以下三大类：

第一类是业主的原因，如未按规定时间提供现场和道路占有权，增加额外工程等；第二类是工程师的原因，如设计变更、未及时提供施工图纸等；第三类是不可抗力，如地震、洪水等。

（2）承包商原因

承包商在施工过程中可能由于下列原因，造成工程延误：

1）对施工条件估计不充分，制定的进度计划过于乐观；

2）施工组织不当；

3）承包商自身的其他原因。

2．工程拖期的种类及处理措施

工程拖期可分为如下两种情况。

（1）由于承包商的原因造成的工程拖期，定义为工程延误，承包商须向业主支付误期损害赔偿费。工程延误也称为不可原谅的工程拖期。如承包商内部施工组织不好，设备材料供应不及时等。这种情况下，承包商无权获得工期延长。

（2）由于非承包商原因造成的工程拖期，定义为工程延期，则承包商有权要求业主给予工期延长。工程延期也称为可原谅的工程拖期。它是由于业主、监理工程师或其他客观因素造成的，承包商有权获得工期延长，但是否能获得经济补偿要视具体情况而定。因此，可原谅的工程拖期又可分为：A．可原谅并给予补偿的拖期，是承包商有权同时要求延长工期和经济补偿的延误，拖期的责任者是业主或工程师。B．可原谅但不给予补偿的拖期，是指可给予工期延长，但不能对相应经济损失给予补偿的可原谅延误。这往往是由于客观因素造成的拖延。

上述两种情况下的工期索赔可按下表处理：

工期索赔处理原则

索赔原因	是否可原谅	拖期原因	责任者	处理原则	索赔结果
工程进度拖延	可原谅拖期	修改设计 施工条件变化 业主原因拖期 工程师原因拖期	业主	可给予工期延长，可补偿经济损失	工期＋经济补偿
		异常恶劣气候 工人罢工 天灾	客观原因	可给予工期延长，不给予补偿经济	工期
	不可原谅拖期	工效不高 施工组织不好 设备材料供应不及时	承包商	不延长工期， 不补偿损失 向业主支付误期损害赔偿费	索赔失败；无权索赔

3．共同延误下工期索赔的处理方法

承包商、工程师或业主，或某些客观因素均可造成工程拖期。但在实际施工过程中，工程拖期经常是由上述两种以上的原因共同作用产生的，在这种情况下，称为共同延误。

主要有两种情况：在同一项工作上同时发生两项或两项以上延误；在不同的工作上同时发生两项或两项以上延误。

第一种情况比较简单。共同延误主要有以下几种基本组合：

（1）可补偿延误与不可原谅延误同时存在。在这种情况下，承包商不能要求工期延长及经济补偿，因为即便是没有可补偿延误，不可原谅延误也已经造成工程延误。

（2）不可补偿延误与不可原谅延误同时存在。在这种情况下，承包商无权要求延长工期，因为即便是没有不可补偿延误，不可原谅延误也已经导致施工延误。

（3）不可补偿延误与可补偿延误同时存在。在这种情况下，承包商可以获得工期延长，但不能得到经济补偿，因为即便是没有可补偿延误，不可补偿延误也已经造成工程施工延误。

（4）两项可补偿延误同时存在。在这种情况下，承包商只能得到一项工期延长或经济补偿。

第二种情况比较复杂。由于各项工作在工程总进度表中所处的地位和重要性不同，同等时间的相应延误对工程进度所产生的影响也就不同。所以对这种共同延误的分析就不像第一种情况那样简单。比如，业主延误（可补偿延误）和承包商延误（不可原谅延误）同时存在，承包商能否获得工期延长及经济补偿？对此应通过具体分析才能回答。

关于业主延误与承包商延误同时存在的共同延误，一般认为应该用一定的方法按双方过错的大小及所造成影响的大小按比例分担。如果该延误无法分解开，不允许承包商获得经济补偿。

4．工期补偿量的计算

（1）有关工期的概念

1）计划工期，就是承包商在投标报价文件中申明的施工期，即从正式开工日起至建成工程所需的施工天数。一般即为业主在招标文件中所提出的施工期。

2）实际工期，就是在项目施工过程中，由于多方面干扰或工程变更，建成该项工程上所花费的施工天数。如果实际工期比计划工期长的原因不属于承包商的责任，则承包商有权获得相应的工期延长，即工期延长量=实际工期–计划工期。

3）理论工期，是指较原计划拖延了的工期。如果在施工过程中受到工效降低和工程量增加等诸多因素的影响，仍按照原定的工作效率施工，而且未采取加速施工措施时，该工程项目的施工期可能拖延甚久，这个被拖延了的工期，被称为“理论工期”，即在工程量变化、施工受干扰的条件下，仍按原定效率施工、而不采取加速施工措施时，在理论上所需要的总施工时间。在这种情况下，理论工期即是实际工期。各工期之间的关系如下图所示。

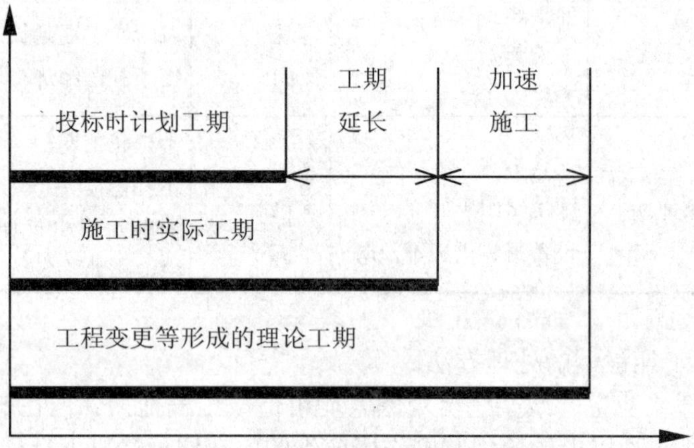

各工期之间的关系

（2）工期补偿量的计算方法

工程承包实践中，对工期补偿量的计算有下面几种方法。

1）工期分析法。即依据合同工期的网络进度计划图或横道图计划，考察承包商按监理工程师的指示，完成各种原因增加的工程量所需用的工时，以及工序改变的影响，算出实际工期以确定工期补偿量。

2）实测法。承包商按监理工程师的书面工程变更指令，完成变更工程所用的实际工时。

3）类推法。按照合同文件中规定的同类工作进度计算工期延长。

4）工时分析法。某一工种的分项工程项目延误事件发生后，按实际施工的程序统计出所用的工时总量，然后按延误期间承担该分项工程工种的全部人员投入来计算要延长的工期。

（二）费用索赔值的计算

1．索赔款的组成

工程索赔时可索赔费用的组成部分，同工程承包合同价所包含的组成部分一样，包括直接费、间接费和利润和其他应补偿的费用。其组成项目如下。

（1）直接费

1）人工费，包括人员闲置费、加班工作费、额外工作所需人工费用、劳动效率降低和人工费的价格上涨等费用。

2）材料费，包括额外材料使用费、增加的材料运杂费、增加的材料采购及保管费用和材料价格上涨费用等。

3）施工机械费，包括机械闲置费、额外增加的机械使用费和机械作业效率降低费等。

（2）间接费

1）现场管理费，包括工期延长期间增加的现场管理费如管理人员工资及各项开支、交通设施费以及其他费用等。

2）上级管理费，包括办公费、通讯费、旅差费和职工福利费等。

（3）利润，一般包括合同变更利润、合同延期机会利润、合同解除利润和其他利润补偿。

（4）其他应予以补偿的费用，包括利息、分包费、保险费用和各种担保费等。

2．索赔款的计价方法

根据合同条件的规定有权利要求索赔时，采用正确的计价方法论证应获得的索赔款数额，对顺利地解决索赔要求有着决定性的意义。实践证明，如果采用不合理的计价方法，没有事实根据地扩大索赔款额，漫天要价，往往使本来可以顺利解决的索赔要求搁浅，甚至失败。因此，客观地分析索赔款的组成部分，并采取合理的计价方法，是取得索赔成功的重要环节。

在工程索赔中，索赔款额的计价方法甚多。每个工程项目的索赔款计价方法，也往往因索赔事项的不同而相异。

（1）实际费用法

实际费用法亦称为实际成本法，是工程索赔计价时最常用的计价方法，它实质上就是额外费用法（或称额外成本法）。

实际费用法计算的原则是，以承包商为某项索赔工作所支付的实际开支为根据，向业主要求经济补偿。每一项工程索赔的费用，仅限于由于索赔事项引起的、超过原计划的费用，即额外费用，也就是在该项工程施工中所发生的额外人工费、材料费和设备费，以及相应的管理费。这些费用即是施工索赔所要求补偿的经济部分。

用实际费用法计价时，在直接费（人工费、材料费、设备费等）的额外费用部分的基础上，再加上应得的间接费和利润，即是承包商应得的索赔金额。因此，实际费用法（即额外费用法）客观地反映了承包商的额外开支或损失，为经济索赔提供了精确而合理的证据。

由于实际费用法所依据的是实际发生的成本记录或单据，所以，在施工过程中系统而准确地积累记录资料，是非常重要的。这些记录资料不仅是施工索赔所必不可少的，亦是工程项目施工总结的基础依据。

（2）总费用法

总费用法即总成本法，就是当发生多次索赔事项以后，重新计算出该工程项目的实际总费用，再从这个实际总费用中减去投标报价时的估算总费用，即为要求补偿的索赔总款额，即：

索赔款额=实际总费用−投标报价估算费用

采用总成本法时，一般要有以下的条件：

1）由于该项索赔在施工时的特殊性质，难于或不可能精准地计算出承包商损失的款额，即额外费用。

2）承包商对工程项目的报价（即投标时的估算总费用）是比较合理的。

3）已开支的实际总费用经过逐项审核，认为是比较合理的。

4）承包商对已发生的费用增加没有责任。

5）承包商有较丰富的工程施工管理经验和能力。

在施工索赔工作中，不少人对采用总费用法持批评态度。因为实际发生的总费用中，可能包括了由于承包商的原因（如施工组织不善，工效太低，浪费材料等）而增加了的费用；同时，投标报价时的估算费用却因想竞争中标而过低。因此，这种方法只有在实际费用难以计算时才使用。

（3）修正的总费用法

修正的总费用法是对总费用法的改进，即在总费用计算的原则上，对总费用法进行相应的修改和调整，去掉一些比较不确切的可能因素，使其更合理。

用修正的总费用法进行的修改和调整内容，主要如下：

1）将计算索赔款的时段仅局限于受到外界影响的时间（如雨季），而不是整个施工期。

2）只计算受影响时段内的某项工作所受影响的损失，而不是计算该时段内所有施工工作所受的损失。

3）在受影响时段内受影响的某项工程施工中，使用的人工、设备、材料等资源均有可靠的记录资料，如工程师的施工日志，现场施工记录等。

4）与该项工作无关的费用，不列入总费用中。

5）对投标报价时的估算费用重新进行核算。按受影响时段内该项工作的实际单价进行计算，乘以实际完成的该项工作的工程量，得出调整后的报价费用。

经过上述各项调整修正后的总费用，已相当准确地反映出实际增加的费用，作为给承包商补偿的款额。

据此，按修正后的总费用法支付索赔款的公式是：

索赔款额＝某项工作调整后的实际总费用—该项工作的报价费用

修正的总费用法，同未经修正的总费用法相比较，有了实质性地改进，使它的准确程度接近于“实际费用法”，容易被业主及工程师所接受。因为修正的总费用法仅考虑实际上已受到索赔事项影响的那一部分工作的实际费用，再从这一实际费用中减去投标报价书中的相应部分的估算费用。如果投标报价的费用是准确而合理的，则采用此修正的总费用法计算出来的索赔款额，很可能同采用实际费用法计算出来的索赔款额十分贴近。

（4）分项法

是按每个索赔事件所引起损失的费用项目分别分析计算索赔值的一种方法。在实际中，绝大多数工程的索赔都采用分项法计算。

分项法计算法通常分三步：

1）分析每个或每类索赔事件所影响的费用项目，不得有遗漏。这些费用项目通常应与合同报价中的费用项目一致；

2）计算每个费用项目受索赔事件影响后的数值，通过与合同价中的费用值进行比较即可得到该项费用的索赔值；

3）将各费用项目的索赔值汇总，得到总费用索赔值。分项法中索赔费用主要包括该项工程施工过程中所发生的额外人工费、材料费、施工机械使用费、相应的管理费以及应得的间接费和利润等。由于分项法所依据的是实际发生的成本记录或单据，所以，施工过程中，对第一手资料的收集整理就显得非常重要了。

（5）合理价值法

合理价值法是一种按照公正调整理论进行补偿的做法，亦称为按价偿还法。

在施工过程中，当承包商完成了某项工程但受到经济亏损时，他有权根据公正调整理论要求经济补偿。但是，或由于该工程项目的合同条款对此没有明确的规定，或者由于合同已被终止，在这种情况下，承包商按照合理价值法的原则仍然有权要求对自己已经完成的工作取得公正合理的经济补偿。

对于合同范围以外的额外工程，或者施工条件完全变化了的施工项目，承包商亦可根据合理价值法的原则，得到合理的索赔款额。

一般认为，如果该工程项目的合同条款中有明确的规定，即可按此合同条款的规定计算索赔款额，而不必采用这个合理价值法来索取经济补偿。

在施工索赔实践中，按照合理价值法获得索赔比较困难。这是因为工程项目的合同条款中没有经济亏损补偿的具体规定，而且工程已经完成，业主和工程师一般不会轻易地再予以支付。在这种情况下，一般是通过调解机构，如合同上诉委员会，或通过法律判决途径，按照合理价值法原则判定索赔款额，解决索赔争端。

在工程承包施工阶段的技术经济管理工作中，工程索赔管理是一项艰难的工作。要想在工程索赔工作中取得成功，需要具备丰富的工程承包施工经验，以及相当高的经营管理水平。在索赔工作中，要充分论证索赔权，合理计算索赔值，在合同规定的时间内提出索赔要求，编写好索赔报告并提供充分的索赔证据。力争友好协商解决索赔。在索赔事件发生后随时随地提出单项索赔，力争单独解决、逐月支付，把索赔款的支付纳入按月结算支付的轨道，同工程进度款的结算支付同步处理。必要时采取一定的制约手段，促使索赔问题尽快解决。

9.3.3 施工索赔争议的解决

通过谈判和协调双方达成互让的解决方案是处理争议的理想方式。如果双方不能达成谅解就只能通过仲裁或诉讼解决争议。

1．和解，即双方“私了”。合同双方在自愿互谅的基础上，按照合同规定自行协商，通过摆道理，弄清责任，共同商讨，互作让步，使争议得到解决。和解是解决任何争议的首先采用的最基本的，也是最常见的、最有效的方法。

2．调解，是指在合同争议发生后，在第三人的参加和主持下．对双方当事人进行说服、协调和疏导，使双方当事人互相谅解并按照法律的规定及合同的有关约定达成解决合同争议的协议。如果合同双方经过协商谈判不能就索赔的解决达成一致，则可以邀请中间人进行调解。

3．仲裁，合同双方达成仲裁协议的，可以向约定的仲裁委员会申请仲裁。在我国，仲裁实行“一裁终局”制度，裁决做出后，当事人若就同一争议再申请仲裁，或向人民法院起诉，则仲裁或法院不再予以受理。

4．诉讼，向有管辖权的人民法院起诉。

9.4 合同风险的控制与转移

建设工程施工合同是建设工程安全、质量、进度、投资控制的主要依据，是合同双方当事人权利、义务的表现，是保证项目建设顺利进行的关键。随着市场经济的不断深入，投资形式的转变，合同风险不断扩大。

随着我国市场经济体制改革的逐步深入，一方面投资形式在调整，私营项目、合资项目不断增多，项目管理模式不断出现。另一方面，由于施工单位完全进入买方市场，加上建筑市场管理的不规范，建筑市场处于无序竞争环境，施工单位生存环境恶劣。首先是，合同法律体系还不完善，建筑施工企业的法律意识淡薄，造成建筑市场有法不依、执法不严的现象时有发生，施工单位往往处于弱势地位。其次是随着科学技术的进步，建筑工程规模大、工期紧、三边工程多、施工生产流动性强等特点，造成施工难度加大。

由于以上原因的存在，业主常常用苛刻的合同条款把风险转移给承包商，造成施工单位合同履约风险很高。面对现实情况，施工单位只有重视合同管理，了解施工合同风险的性质，准确判断并有效防范风险，完善管理制度，才能有效地降低施工合同风险，增加效益，保证企业持续健康发展。现就施工企业合同管理中的风险管理与防范措施进行分析。

9.4.1 合同风险

工程承包合同的风险合同风险的客观存在时由其合同特殊性、合同履行的长期性和合同履行的多样性、复杂性以及建筑工程的特点决定。合同的客观风险是法律法规、合同条件以及国际惯例规定，其风险责任是合同双方无法回避的。工程承包合同的风险主要分为两类，一是合同本身所带来的风险。二是合同履约过程的风险。

（一）合同本身的风险

即合同条款形成的风险，主要包括，合同价格、结算方式、合同工期、工程款支付、洽商单及变更单、其他费用等风险。

1．合同价格风险。合同价格风险主要因采用固定总价合同形成的风险，该类型合同一般工程量相对明确，或有相对明确的图纸，施工单位根据现有图纸、资料在短期内进行报价。由于报价时间短，承包商无法详细计算工程量，尤其是二类费用通常只要按经验进行报价，错报、漏报现象时有发生。并且施工单位为了中标，不敢报高价，报价水平较低，承包商索赔机会小，亏损风险大。该类型合同阶段简单，有利于业主控制投资，是近阶段业主采用的主要合同形式。

2．合同结算方式风险。合同结算方式风险主要包括合同中约定采用的定额及取费、结算总价降点率、结算件审核时间、结算件审核程序、结算件审减额扣款、合同外调价方法、结算争议解决方法等。在签订合同时施工单位一定要注意结算条款，尤其是要明确结算件审核时间，有的业主以没有约定结算时间在项目竣工后迟迟不给结算，有的业主要求结算实行三审或四审，或聘请外审，人为设置结算障碍，故意拖延结算时间，造成项目竣工后几年不能结算。

3．合同工期风险。合同工期是项目在合理施工组织条件下要达到的项目交工的日期，合同工期的制定要科学合理。由于业主原因一般项目工期都处于前松后紧状态，到工程后期业主为实现交工，一味压缩正常工期，不管前期受何种因素影响，都会采取强制手段，倒排工期，后门关死，往往造成施工单位进行赶工。所以签合同时一定要明确主要工序里程碑控制点，并说明影响工期的条件，一旦工期延长要分清责任，由责任方负责全部责任。如合同中要明确土建与安装的交接时间，施工图纸到图时间，主要设备材料到货时间，交工验收标准等，以上因素是影响合同工期的主要因素。

4．工程款支付条款中的风险。工程款的支付按时间划分大致可分为四个阶段，即预付款、工程进度款、最终付款和质量保修金。当前拖欠工程款已成为困扰施工企业的严重问题，垫资、带资施工的现象仍然十分普遍，这些都给施工企业的良性发展带来困难，同时对正常工期也受到影响，也是施工单位拖欠农民工工资的主要原因。许多工程合同对这部分条款不甚明确，尤其是对工程款支付违约索赔条款约定不完整、不严密，不公平，给施工企业造成经济纠纷和经济损失。

5．工程变更风险。由于工程项目的复杂性和工程项目施工的长期性，合同执行过程中经常涉及工程变更问题。如果承包商在施工中提出了关于设计更改、材料设备换用的合理化建议，经业主工程师同意，可以变更。但如未经工程部同意，擅自变更，即使是合理的，承包商也要对此赔偿损失，并且不顺延工期。在变更程序上的疏忽，容易导致业主的反索赔。

（二）合同履约风险

合同履约风险即在合同执行过程中形成的风险，由于施工合同管理贯穿于项目管理的各个环节，因而履行施工合同必然涉及项目各项管理工作。施工合同一旦生效，项目的各个部门都要按照各自的职权，按施工合同规定行使权利履行义务，保证施工合同的圆满实现。合同履约风险主要包括：

1．安全、质量、进度管理风险。安全风险主要包括违章罚款，重大安全事故的发生，为保证安全生产而增加的安全投入等造成的项目管理成本增加。质量风险主要包括执行规范标准，提高产品质量的投入，或重大质量事故造成的损失。进度风险主要包括为赶工而增加的成本投入。

2．过程资料的确认与积累。施工单位对现场隐蔽工程，过程施工记录等见证资料要及时填报记录表格，并及时得到监理、业主的确认。

3．索赔文件的上报与确认。施工单位对于与合同约定或报价不一致的事件要及时上报索赔文件，并在规定时间内得到监理、业主的确认。

9.4.2 合同风险防范措施

施合同风险防范措施是降低合同签订和合同履约风险的重要环节，对施工单位实现项目管理目标起到事半功倍的效果，所以施工单位应加强合同风险防范措施，合同风险管理主要涉及以下环节：

1．投标报价阶段风险管理。加强投标报价的管理工作，从源头降低合同履约风险，是提高投标中标率的关键，也是合同管理的重要内容。

2．招标文件的评审。购买招标文件后，由招标投标部门牵头，组织各职能部门进行招标文件评审，由各职能部门对相应管理职责提出评审意见，主要针对招标文件中工期、安全、质量、进度、资金支付、结算条件、施工环境、材料设备供应、交工验收及税收等风险因素进行评审，再由招标投标部门收集汇总评审意见，组织评审组深入研究和全面分析风险因素，正确理解招标文件，吃透业主意图和要求，制定相应投标策略，尽可能在投标书中，在做出相应投标文件实质性条款的情况下做出有利的选择。同时招投标部门要深入了解发包人的资信、部门立项、施工许可手续、资金状况等其他重要信息。对于相对明确的风险要通过澄清文件让业主给予澄清。

3．投标报价策略。风险越大，风险附加费越高。但是，风险附加费的增加必须要有一个增加范围，对于承包商来讲，风险附加费不宜定得过高，过高必然会提高投标价格，会降低竞争力。因此。施工企业一定要结合企业的管理水平，通过研究竞争对手和其他相关资料来确定具体的投标价格。

4．合同谈判阶段风险管理。对投标过程要对合同条款逐条进行认真研究，反复与招标单位进行磋商再做出相应承诺，合同文本尽可能采用《建设工程监理合同（示范文本）》。部分发包人提供的非标准示范文本合同书，往往条款不全、不具体、无针对性，缺乏对业主的权利限制性条款和对承包商保护性条款，要尽可能地修改完善。如果不修改，合同一旦签订，施工单位会隐含较大风险。对于关键合同要组成合同评审小组，对合同条款再次进行评审。在合同谈判过程中人员配备上，施工单位合同谈判人员既要懂工程技术，又要懂法律、经营、管理等方面的知识，有必要时组成专业的合同谈判小组。在谈判策略上，承包人应善于在合同中限制风险和转移风险，达到风险在双方中合理分配，这就要求承包商对于业主在何种情况下，可以免除责任的条款应研究透彻，做到心中有数，切忌盲目接受业主的某种免责条款，否则业主就有可以以缺乏法律和合同依据为借口，对承包人造成的损害拒绝补偿，并引用免责条款推卸法律责任，使承包人蒙受严重经济损失。因此，对业主的风险责任条款一定要规定得具体明确。总之，依据国家法律法规对施工合同管理具体规定，在合同谈判过程中进行有礼有节的谈判尤为显得重要。

5．合同履约管理。由于施工合同管理涉及施工企业生产经营的各个环节，因而履行施工合同必然涉及企业各项管理工作，施工合同一经生效，企业的各个部门都要按照各自的职权，按施工合同规定行使权利履行义务，保证施工合同的圆满实现。

6．进行合同风险因素分析，并制定相应的防范措施。对于可预见的风险，要认真分析，制定专门的防范措施，落实到相关部门和责任人，并下发风险控制文件，随时跟踪事态的发展，力争最大可能的降低风险。

7．组织部门有针对性地进行合同交底，对分析出的风险按管理部门进行交底，明确各部门管理重点，督促部门指导现场进行风险控制。

一切生产经营活动以合同条件为依据，项目在组织生产经营时，一切活动以合同为依据，按照合同要求办事，按合同要求完善管理手续，避免与合同冲突的事件发生。定期检查合同执行情况，在合同执行过程中要按期组织合同执行情况对接会，各部门对照合同检查执行情况，对产生的偏差进行分析，并采取措施纠正措施，防止有大的偏差。

8．索赔管理在充满风险的建筑安装市场中，索赔是施工企业保护自身利益的一种方式。索赔不仅仅是费用上的补偿，它是一种正当的权利，是以法律和合同为依据的、合情合理的行为。我国建筑安装企业要想在国际建筑市场中分一杯羹，就必须改变“不懂索赔、不敢索赔、不会索赔”的现状。因此，参与过程项目管理人员必须树立索赔意识。

一是索赔的及时性。承包商进行索赔应在索赔事件发生之时，而不是之后出具正式函件通知业主或其代表。国际上普遍上采用的 FIDIC 合同对许多索赔时间都有时效期限，如对工程师签发的图纸或指令过迟而造成的工期延期，应在合同约定的时间内书面通知工程师并报告业主，出具工期索赔细节。逾期不报，业主有权拒绝索赔要求。

二是索赔资料的完整性。只有实际发生了经济损失或权利损害，一方才能向对方索赔。经济损失指因对方因素造成合同外的额外支出，如人工费、材料费、机械费、管理费等额外开支，权利损害是指虽然没有经济上的损失，但造成了一方权利上的损害，如由于恶劣气候条件对工程进度的不利影响，承包商有权要求工期延长等。因此，发生了实际的经济损失或权利损害，应是提出索赔的一个基本前提条件。所以，承包商提出的索赔申请应有确凿的索赔证据。在过程管理中，管理人员应注意所有原始资料的保管、分类、汇总，以便在索赔事件发生时能提供齐备的资料证明，可利用录像、拍照等手段，反映现场实际情况，并及时得到监理、业主的批准。

三是索赔的技巧性。在过程承包活动中，承包商常常处于不利的地位，这是由激烈的市场竞争造成的。在解决索赔问题中，由于双方利益和期望的差异性，在谈判过程中常常会出现大的争执。如果承包商态度强硬地坚持自己的观点，会造成双方关系紧张，失去长期合作的机会。因此，在索赔谈判中，承包商应避免和业主发生冲突，要善于整合双方的差异，寻找付出较小代价就能给业主带来很大利益的条款。此外，让步是解决争议的常用技巧，在具体操作中，承包商应提出较高的索赔期望，经双方谈判，在业主感兴趣或利益所在支出做出让步，如缩短工期、提高工程质量等，同时争取业主做出相应的让步，从而实现索赔目标。

总之，合同管理是施工企业管理的核心内容，是一项全员、全过程参与的系统工程，它始终贯穿于项目管理的全过程。

9.4.3 风险转移

风险转移是进行风险管理的一个十分重要的手段，当有些风险无法回避、必须直接面对，而以自身的承受能力又无法有效地承担时，风险转移就是一个十分有效的选择。必须注意的是，风险转移是通过某种方式将某些风险的后果连同对风险应对的权力和责任转移给他人。转移的本身并不能消除风险，只是将风险管理的责任和可能从该风险管理中所能获得的利益交给了他人，项目管理者不再直接地面对被转移的风险。

风险转移的方法很多，主要包括非保险转移和保险转移两大类。

1．非保险转移。又称为合同转移。因为这种风险转移一般是通过签订合同的方式将项目风险转移给非保险人的对方当事人，项目风险最常见的非保险转移有以下三种情况：

1）建设单位将合同责任和风险转移给对方当事人

2）承包商进行项目分包

3）第三方担保

2．保险转移。即通常说的工程保险。通过购买保险，建设单位或承包单位作为投保人将本应由自己承担的项目风险（包括第三方责任）转移给保险公司，从而使自己免受风险损失。

9.5 工程保险合同的管理

工程保险是针对工程项目在建设过程中可能出现的自然灾害和意外事故而造成的物质和依法应对第三者的人身伤亡和财产损失承担的经济赔偿责任提供保障的一种综合性保险。

9.5.1 承保财产范围

1．被保险人

1）项目业主：项目公司、所有现存或今后可能组建或收购的相关公司或机构

2）承包商/供应商：工程设计施工总承包商、工程承包商、合法分包人/制定承包人

3）项目贷款人

4）其他方：设计师、咨询工程师、顾问、项目经理

2．保险标的

1）物质损失部分：永久工程、临时工程、各类原材料、存货、预制件、办公设备、工程设备等形成构成固定资产的财产和费用。物质损失的保险标的包括：财产和相关费用；保险标的必须符合达到条件：在保险合同载明工地区域内、在保险合同中列明、与实施工程合同相关。

不包括承包商的作业设备及其备件（这部分财产属于承包商自有财产不在承保范围内），但包括业主投资并向承包商提供的作业设备。

2）第三者责任部分：被保险人依法应承担的经济赔偿责任。

3．保险金额/赔偿限额：指物质损失部分的保险金额

1）保额与工程造价的关系：物质损失保险金额=完工总价值。包括原材料费用、工程设备费用、建造费、安装费、运保费、关税、其他税项和费用以及由项目业主提供的原材料和作业设备的费用。

2）由于保险合同先于工程总承包合同签署，当时合同中所载的各工程保险金额的订立依据为项目业主编制的投资概算。

3）项目实际完工后，保险人将根据《保险及保费调整条款》按交工验收时确定的合同的价值调整本项目的最终保险价值。

9.5.2 保险责任

1．建筑工程一切险承保责任范围

在保险期限内，本保险合同分项列明的保险财产在列明的工地范围内，因本保险合同责任免除以外的任何自然灾害或意外事故造成的物质损坏或灭失，保险人按本保险合同的约定负责赔偿。

1）自然灾害：指台风、雷击、暴雨、洪水等。

2）意外事故：爆炸、碰撞、火灾、空中运行物体坠落等。

2．第三者责任险承保责任范围

在保险期间内，因发生与本保险合同所承担工程直接相关的意外事故引起工地内及邻近区域的第三者人身伤亡、疾病或财产损失，依法应由被保险人承担的经济赔偿责任及相关法律费用。

3．附加条款

1）扩展类附加条款：扩大被保险人的保障/保险公司的责任。

2）规范类附加条款：针对保险合同执行过程中的一些重要问题，或需要明确的问题进行明确规定，以免产生误解和争议。

3）特别制定条款：根据项目特点特别制定条款，如内陆/海上运输扩展条款；检测、重新测试、试验条款；额外工作条款；等待费用条款；海上取消费用条款；保护现场条款；50%预付赔偿条款等。

4．保险期限：含施工期、试车期、保证期，如下图所示。

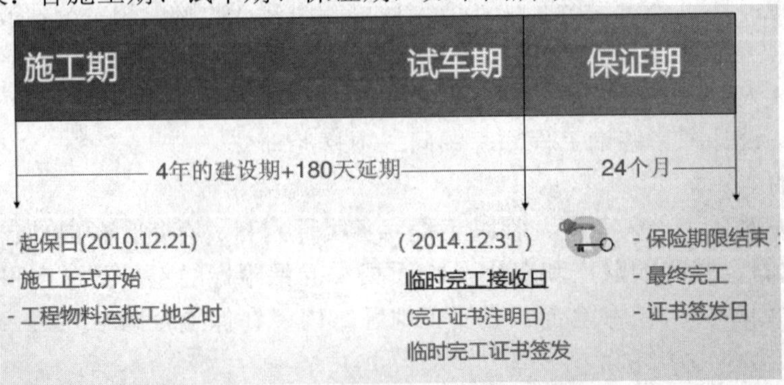

9.5.3 主要免责条款

1．总的责任免除

本项目保险合同中约定的免赔额以及免赔率如下图所示。

适用风险类别	免赔额/免赔率
地震、海啸	人民币 2000 万元或损失金额的 10%，以高者为准，最高不超过人民币 5000 万元
风暴、暴雨、台风、洪水、地面下陷下沉、地崩	人民币 1000 万元或损失金额的 10%，以高者为准，最高不超过人民币 2500 万元
设计师风险	人民币 1000 万元或损失金额的 10%，以高者为准，最高不超过人民币 2500 万元
其他风险	人民币 1000 万元或损失金额的 10%，以高者为准，最高不超过人民币 2500 万元
第三者财产损失	人民币 50 万元
第三者人身伤害/死亡/疾病	无免赔

2．建筑工程一切险部分的特别免责条款

1）设计错误、原材料缺陷或工艺不善引起的保险财产本身的损失以及为换置、修理或矫正这些缺点错误所支付的费用。

2）自然磨损、内在或潜在缺陷、物质本身变化、自燃、自热、氧化、锈蚀、渗漏、鼠咬、虫蛀、大气变化、正常水位变化或其他渐变原因造成的保险财产自身的损失和费用。

3）非外力引起的机械或电气装置的本身损失，或施工用机具、设备、机械装置失灵造成的本身损失。

4）档案、文件、账簿、票据、现金、各种有价证券及包装物料的损失。

5）维修保养或正常检修的费用。

3．第三者责任险部分的特别免责条款

1）发包人、承包人或其他关系方或其所雇用的在工地现场从事与工程有关工作的职员、工人及上述人员的家庭成员的人身伤亡或疾病。

2）发包人、承包人或其他关系方或其所雇用的在工地现场从事与工程有关工作的职员、工人所有的或由上述人员所照管、控制的财产发生的损失。

3）被保险人应承担的合同责任，但无合同存在时仍应由被保险人承担的法律责任不在此限。

9.5.4 被保险人的重点义务

1．缴纳保费。投保并不代表着保险合同生效，而只有在保险责任开始后，保险公司才对保险责任进行负责。以财产保险为例，财产保险合同生效的关键有两个：一个是投保人缴纳保费，投保人应当按照约定的时间、地点和方法向保险公司缴付保费，否则，保险公司有权要求其缴付保费或终止合同。一个是保险公司签字盖章同意承保，两者缺一不可。投保人在缴纳了保费后，如果没有得到保险公司的签字盖章，即使发生了保险事故，保险公司也有理由拒绝赔偿，不承担保险责任。

2. 防灾防损。保险合同订立后，投保人应当遵守有关安全生产、消防等方面的规定，维护保险标的的安全，保险公司有权对有关保险标的的安全工作进行检查。在发生保险事故后，投保人或被保险人应该采取积极的补救措施，尽可能地减少损失，避免损失扩大。我国《保险法》规定："保险事故发生后，被保险人有责任尽力采取必要的措施，防止或者减少损失。"若被保险人未按约定履行其对保险标的安全的应尽义务时，保险公司有权要求增加保费或解除保险合同。

3. 危险增加时及时通知保险公司。在合同有效期内，一旦发生保险事故的危险增加，投保人应及时通知保险公司，当投保人意识到危险增加时也要通知保险公司。针对危险增加的情况，保险公司有权要求增加保费或者解除保险合同，被保险人未履行此项义务，因危险增加而发生的保险事故，保险公司不承担赔偿责任。

4. 保险事故发生后及时报案。投保人在知道保险事故发生后，应当及时将事故发生的时间、地点、原因以及保险标的的情况、保单证号等以书面或口头的形式通知给保险公司，以利于保险公司迅速及时查清事故真相，确定相应损失和赔偿责任。

5. 避免损失扩大。保险事故发生后，投保人不仅要及时地通知保险公司，还应当在保险公司到来之前，采取各种必要的措施，对保险标的进行施救，避免损失的扩大。投保人为防止损失或者减少保险标的的损失所支付的各种合理的必要的费用，由保险公司承担。因投保人未履行施救义务而扩大的损失，应由投保人承担责任。

6. 提供必要的索赔单证。投保人在索赔时，应当按照保险合同规定提供与确认保险事故性质、原因、损失程度有关的证明和资料。索赔时应提供的单证主要包括：保单或保险凭证的正本、已缴纳保费的凭证、有关能证明保险标的或当事人身份的原始文本、索赔清单、出险证明、其他根据保险合同规定应当提供的文件。因发生火灾而索赔的，应提供公安消防部门出具的证明文件；因发生暴风、暴雨、雷击、雪灾、雹灾而索赔的，应由气象部门出具证明；因发生爆炸事故而索赔的，一般应由劳动部门和公安部门出具证明文件；因发生盗窃案件而索赔的，应由公安机关出具证明；因陆路交通事故而索赔的，应当由陆路公安交通管理部门出具证明材料；如果涉及第三者伤亡的，还要提供医药费发票、伤残证明和补贴费用收据等，对涉及第三者的财产损失，还应当提供财产损失清单、发票及支出其他费用的发票或单据；因被保险人的人身伤残、死亡而索赔的，应由医院出具死亡证明或伤残证明，要求保险公司给付医疗、医药费用时，还须提供事故证明、医院的治疗诊断证明及医疗、医药费用原始凭证，被保险人死亡的还须提供户籍所在地派出所出具的销户证明。

7. 协助保险人追偿。财产保险中由于第三者的行为造成保险事故发生的，投保人应当保留对保险事故责任方的请求赔偿的权利，并协助保险人行使代位追偿权，同时向保险公司提供代位追偿必要的书面文件；若投保人放弃了对于第三者的追偿权，那么保险公司不会对其履行赔偿责任。但在寿险中，人的生命不能由金钱来衡量，故不存在代位追偿。

9.5.5 合同边界

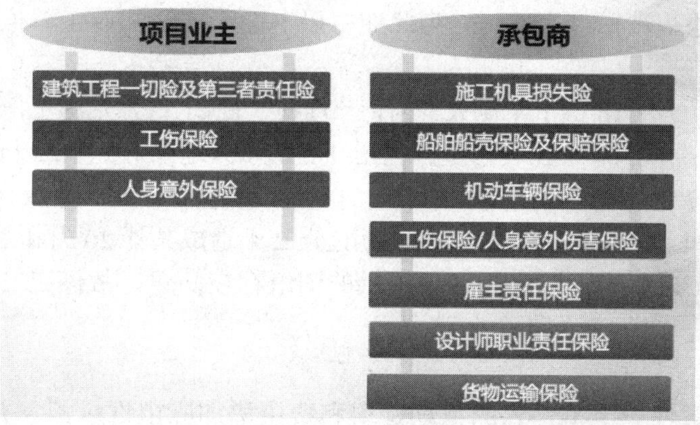

本章小结

通过本章教学，学习了工程变更、索赔、保险合同的相关知识，清楚了工程变更的程序、索赔的具体要求，以及保险的范围、责任、保险的赔偿和条款事项，熟悉了保险的责任人的责任和义务，明确了项目业主、承包商各自的合同边界，对工程实际有很好的指导意义。重点是工程变更、工程索赔的知识学习和理解。

复习思考题

1．工程变更的程序是什么？

2．工程索赔有哪些要求？

3．工程索赔的程序是什么？

4．合同的风险怎么转移？

5．工程合同保险的投保范围有哪些？

6．某工程项目施工采用了包工包料的合同。在一个关键工作面上发生了几种原因造成的临时停工：5 月 20 日至 5 月 26 日，承包商的施工设备出现了从未出现过的故障；应于 5 月 27 日交给承包商的后续图纸直到 6 月 10 日才交给承包商；6 月 7 日到 6 月 12 日，施工现场下了罕见的特大暴雨，造成 6 月 13 日到 6 月 14 日该地区的供电全面中断。经造价工程师核准，成本损失费 2 万元 / 天，利润损失费 2 千元 / 天。

问题：（1）承包商可向业主索赔的工期为多少？

（2）承包商可向业主索赔的费用为多少？

7．某建筑公司于 2003 年 3 月 8 日与某建设单位签订了修建建筑面积为 3000 平方米工业厂房（带地下室）的施工合同。该建筑公司编制的施工方案和进度计划已获监理工程师批准。施工进度计划已经达成一致意见。合同规定由于建设单位责任造成施工窝工时，窝工费用按原人工费、机械台班费 60%计算。工程师应在收到索赔报告之日起 28 天内予以确认，工程师无正当理由不确认时，自索赔报告送达之日起 28 天后视为索赔已经被确认。根据双方商定，人工费定额为 30 元/工日，机械台班费为 1000 元/台班。建筑公司在履行施工合同的过程中发生以下事件：

事件一：基坑开挖后发现地下情况和发包商提供的地质资料不符，有古河道，须将河道中的淤泥清除并对地基进行二次处理。为此业主以书面形式通知施工单位停工 10 天，窝工费用合计为 3000 元。

事件二：2003 年 5 月 18 日下罕见大暴雨，一直到 5 月 21 日开始施工，造成 20 名工人窝工。

事件三：5 月 21 日用 30 个工日修复因大雨冲坏的永久道路，5 月 22 日恢复正常挖掘工作。

事件四：5 月 27 日困租赁的挖掘机大修，挖掘工作停工 2 天，造成人员窝工 10 个工日。

事件五：5 月 29 日因外部供电故障，使工期延误 2 天造成共计 20 人和 2 台班施工机械窝工。

事件六：在施工过程中，发现因业主提供的图纸存在问题，故停工 3 天进行设计变更，造成窝工 60 个工日，机械窝工 9 个台班。

问题：

（1）分别说明事件一至事件六的工期延误和费用增加应由谁承担。并说明理由。如果是建设单位的责任应向承包单位补偿工期和费用分别为多少？

（2）建设单位应给予承包单位补偿工期多少天？补偿费用多少元？

附录一　中华人民共和国招标投标法

中华人民共和国主席令（九届第21号）

《中华人民共和国招标投标法》已由中华人民共和国第九届全国人民代表大会常务委员会第十一次会议于1999年8月30日通过，现予公布，自2000年1月1日起施行。

中华人民共和国主席 江泽民

1999年8月30日

（1999年8月30日第九届全国人民代表大会常务委员会第十一次会议通过）

目　录

第一章　总　　则

第一条为了规范招标投标活动，保护国家利益、社会公共利益和招标投标活动当事人的合法权益，提高经济效益，保证项目质量，制定本法。

第二条在中华人民共和国境内进行招标投标活动，适用本法。

第三条在中华人民共和国境内进行下列工程建设项目包括项目的勘察、设计、施工、监理以及与工程建设有关的重要设备、材料等的采购，必须进行招标：

（一）大型基础设施、公用事业等关系社会公共利益、公众安全的项目；

（二）全部或者部分使用国有资金投资或者国家融资的项目；

（三）使用国际组织或者外国政府贷款、援助资金的项目。

前款所列项目的具体范围和规模标准，由国务院发展计划部门会同国务院有关部门制订，报国务院批准。

法律或者国务院对必须进行招标的其他项目的范围有规定的，依照其规定。

第四条任何单位和个人不得将依法必须进行招标的项目化整为零或者以其他任何方式规避招标。

第五条招标投标活动应当遵循公开、公平、公正和诚实信用的原则。

第六条依法必须进行招标的项目，其招标投标活动不受地区或者部门的限制。任何单位和个人不得违法限制或者排斥本地区、本系统以外的法人或者其他组织参加投标，不得以任何方式非法干涉招标投标活动。

第七条招标投标活动及其当事人应当接受依法实施的监督。

有关行政监督部门依法对招标投标活动实施监督，依法查处招标投标活动中的违法行为。

对招标投标活动的行政监督及有关部门的具体职权划分，由国务院规定。

第二章 招　标

第八条招标人是依照本法规定提出招标项目、进行招标的法人或者其他组织。

第九条招标项目按照国家有关规定需要履行项目审批手续的，应当先履行审批手续，取得批准。

招标人应当有进行招标项目的相应资金或者资金来源已经落实，并应当在招标文件中如实载明。

第十条招标分为公开招标和邀请招标。

公开招标，是指招标人以招标公告的方式邀请不特定的法人或者其他组织投标。

邀请招标，是指招标人以投标邀请书的方式邀请特定的法人或者其他组织投标。

第十一条国务院发展计划部门确定的国家重点项目和省、自治区、直辖市人民政府确定的地方重点项目不适宜公开招标的，经国务院发展计划部门或者省、自治区、直辖市人民政府批准，可以进行邀请招标。

第十二条招标人有权自行选择招标代理机构，委托其办理招标事宜。任何单位和

个人不得以任何方式为招标人指定招标代理机构。

招标人具有编制招标文件和组织评标能力的，可以自行办理招标事宜。任何单位和个人不得强制其委托招标代理机构办理招标事宜。

依法必须进行招标的项目，招标人自行办理招标事宜的，应当向有关行政监督部门备案。

第十三条招标代理机构是依法设立、从事招标代理业务并提供相关服务的社会中介组织。

招标代理机构应当具备下列条件：

（一）有从事招标代理业务的营业场所和相应资金；

（二）有能够编制招标文件和组织评标的相应专业力量；

（三）有符合本法第三十七条第三款规定条件、可以作为评标委员会成员人选的技术、经济等方面的专家库。

第十四条从事工程建设项目招标代理业务的招标代理机构，其资格由国务院或者省、自治区、直辖市人民政府的建设行政主管部门认定。具体办法由国务院建设行政主管部门会国务院有关部门制定。从事其他招标代理业务的招标代理机构，其资格认定的主管部门由国务院规定。

招标代理机构与行政机关和其他国家机关不得存在隶属关系或者其他利益关系。

第十五条招标代理机构应当在招标人委托的范围内办理招标事宜，并遵守本法关于招标人的规定。

第十六条招标人采用公开招标方式的，应当发布招标公告。依法必须进行招标的项目的招标公告，应当通过国家指定的报刊、信息网络或者其他媒介发布。

招标公告应当载明招标人的名称和地址、招标项目的性质、数量、实施地点和时间以及获取招标文件的办法等事项。

第十七条招标人采用邀请招标方式的，应当向三个以上具备承担招标项目的能力、资信良好的特定的法人或者其他组织发出投标邀请书。

投标邀请书应当载明本法第十六条第二款规定的事项。

第十八条招标人可以根据招标项目本身的要求，在招标公告或者投标邀请书中，要求潜在投标人提供有关资质证明文件和业绩情况，并对潜在投标人进行资格审查；国家对投标人的资格条件有规定的，依照其规定。

招标人不得以不合理的条件限制或者排斥潜在投标人，不得对潜在投标人实行歧视待遇。

第十九条招标人应当根据招标项目的特点和需要编制招标文件。招标文件应当包括招标项目的技术要求、对投标人资格审查的标准、投标报价要求和评标标准等所有实质性要求和条件以及拟签订合同的主要条款。

国家对招标项目的技术、标准有规定的，招标人应当按照其规定在招标文件中提出相应要求。

招标项目需要划分标段、确定工期的，招标人应当合理划分标段、确定工期，并在招标文件中载明。

第二十条招标文件不得要求或者标明特定的生产供应者以及含有倾向或者排斥潜在投标人的其他内容。

第二十一条招标人根据招标项目的具体情况，可以组织潜在投标人踏勘项目现场。

第二十二条招标人不得向他人透露已获取招标文件的潜在投标人的名称、数量以及可能影响公平竞争的有关招标投标的其他情况。

招标人设有标底的，标底必须保密。

第二十三条招标人对已发出的招标文件进行必要的澄清或者修改的，应当在招标文件要求提交投标文件截止时间至少十五日前，以书面形式通知所有招标文件收受人。该澄清或者修改的内容为招标文件的组成部分。

第二十四条招标人应当确定投标人编制投标文件所需要的合理时间；但是，依法必须进行招标的项目，自招标文件开始发出之日起至投标人提交投标文件截止之日止，最短不得少于二十日。

第三章　投　标

第二十五条投标人是响应招标、参加投标竞争的法人或者其他组织。

依法招标的科研项目允许个人参加投标的，投标的个人适用本法有关投标人的规定。

第二十六条投标人应当具备承担招标项目的能力；国家有关规定对投标人资格条件或者招标文件对投标人资格条件有规定的，投标人应当具备规定的资格条件。

第二十七条投标人应当按照招标文件的要求编制投标文件。投标文件应当对招标文件提出的实质性要求和条件做出响应。

招标项目属于建设施工的，投标文件的内容应当包括拟派出的项目负责人与主要技术人员的简历、业绩和拟用于完成招标项目的机械设备等。

第二十八条投标人应当在招标文件要求提交投标文件的截止时间前，将投标文件送达投标地点。招标人收到投标文件后，应当签收保存，不得开启。投标人少于三个的，招标人应当依照本法重新招标。

在招标文件要求提交投标文件的截止时间后送达的投标文件，招标人应当拒收。

第二十九条投标人在招标文件要求提交投标文件的截止时间前，可以补充、修改或者撤回已提交的投标文件，并书面通知招标人。补充、修改的内容为投标文件的组成部分。

第三十条投标人根据招标文件载明的项目实际情况，拟在中标后将中标项目的部分非主体、非关键性工作进行分包的，应当在投标文件中载明。

第三十一条两个以上法人或者其他组织可以组成一个联合体，以一个投标人的身份共同投标。

联合体各方均应当具备承担招标项目的相应能力；国家有关规定或者招标文件对投标人资格条件有规定的，联合体各方均应当具备规定的相应资格条件。由同一专业的单位组成的联合体，按照资质等级较低的单位确定资质等级。

联合体各方应当签订共同投标协议，明确约定各方拟承担的工作和责任，并将共同投标协议连同投标文件一并提交招标人。联合体中标的，联合体各方应当共同与招标人签订合同，就中标项目向招标人承担连带责任。

招标人不得强制投标人组成联合体共同投标，不得限制投标人之间的竞争。

第三十二条投标人不得相互串通投标报价，不得排挤其他投标人的公平竞争，损害招标人或者其他投标人的合法权益。

投标人不得与招标人串通投标，损害国家利益、社会公共利益或者他人的合法权益。

禁止投标人以向招标人或者评标委员会成员行贿的手段谋取中标。

第三十三条投标人不得以低于成本的报价竞标，也不得以他人名义投标或者以其他方式弄虚作假，骗取中标。

第四章　开标、评标和中标

第三十四条开标应当在招标文件确定的提交投标文件截止时间的同一时间公开进行；开标地点应当为招标文件中预先确定的地点。

第三十五条开标由招标人主持，邀请所有投标人参加。

第三十六条开标时，由投标人或者其推选的代表检查投标文件的密封情况，也可以由招标人委托的公证机构检查并公证；经确认无误后，由工作人员当众拆封，宣读投标人名称、投标价格和投标文件的其他主要内容。

招标人在招标文件要求提交投标文件的截止时间前收到的所有投标文件，开标时都应当当众予以拆封、宣读。

开标过程应当记录，并存档备查。

第三十七条评标由招标人依法组建的评标委员会负责。

依法必须进行招标的项目，其评标委员会由招标人的代表和有关技术、经济等方面的专家组成，成员人数为五人以上单数，其中技术、经济等方面的专家不得少于成员总数的三分之二。

前款专家应当从事相关领域工作满八年并具有高级职称或者具有同等专业水平，由招标人从国务院有关部门或者省、自治区、直辖市人民政府有关部门提供的专家名册或者招标代理机构的专家库内的相关专业的专家名单中确定；一般招标项目可以采取随机抽取方式，特殊招标项目可以由招标人直接确定。

与投标人有利害关系的人不得进入相关项目的评标委员会；已经进入的应当更换。

评标委员会成员的名单在中标结果确定前应当保密。

第三十八条招标人应当采取必要的措施，保证评标在严格保密的情况下进行。

任何单位和个人不得非法干预、影响评标的过程和结果。

第三十九条评标委员会可以要求投标人对投标文件中含义不明确的内容作必要的澄清或

者说明，但是澄清或者说明不得超出投标文件的范围或者改变投标文件的实质性内容。

第四十条评标委员会应当按照招标文件确定的评标标准和方法，对投标文件进行评审和比较；设有标底的，应当参考标底。评标委员会完成评标后，应当向招标人提出书面评标报告，并推荐合格的中标候选人。

招标人根据评标委员会提出的书面评标报告和推荐的中标候选人确定中标人。招标人也可以授权评标委员会直接确定中标人。

国务院对特定招标项目的评标有特别规定的，从其规定。

第四十一条中标人的投标应当符合下列条件之一：

（一）能够最大限度地满足招标文件中规定的各项综合评价标准；

（二）能够满足招标文件的实质性要求，并且经评审的投标价格最低；但是投标价格低于成本的除外。

第四十二条评标委员会经评审，认为所有投标都不符合招标文件要求的，可以否决所有投标。

依法必须进行招标的项目的所有投标被否决的，招标人应当依照本法重新招标。

第四十三条在确定中标人前，招标人不得与投标人就投标价格、投标方案等实质性内容进行谈判。

第四十四条评标委员会成员应当客观、公正地履行职务，遵守职业道德，对所提出的评审意见承担个人责任。

评标委员会成员不得私下接触投标人，不得收受投标人的财物或者其他好处。

评标委员会成员和参与评标的有关工作人员不得透露对投标文件的评审和比较、中标候选人的推荐情况以及与评标有关的其他情况。

第四十五条中标人确定后，招标人应当向中标人发出中标通知书，并同时将中标结果通知所有未中标的投标人。

中标通知书对招标人和中标人具有法律效力。中标通知书发出后，招标人改变中标结果的，或者中标人放弃中标项目的，应当依法承担法律责任。

第四十六条招标人和中标人应当自中标通知书发出之日起三十日内，按照招标文件和中标人的投标文件订立书面合同。招标人和中标人不得再行订立背离合同实质性内容的其他协议。

招标文件要求中标人提交履约保证金的，中标人应当提交。

第四十七条依法必须进行招标的项目，招标人应当自确定中标人之日起十五日内，向有关行政监督部门提交招标投标情况的书面报告。

第四十八条中标人应当按照合同约定履行义务，完成中标项目。中标人不得向他人转让中标项目，也不得将中标项目肢解后分别向他人转让。

中标人按照合同约定或者经招标人同意，可以将中标项目的部分非主体、非关键性工作分包给他人完成。接受分包的人应当具备相应的资格条件，并不得再次分包。

中标人应当就分包项目向招标人负责，接受分包的人就分包项目承担连带责任。

第五章　法 律 责 任

第四十九条违反本法规定，必须进行招标的项目而不招标的，将必须进行招标的项目化整为零或者以其他任何方式规避招标的，责令限期改正，可以处项目合同金额千分之五以上千分之十以下的罚款；对全部或者部分使用国有资金的项目，可以暂停项目执行或者暂停资金拨付；对单位直接负责的主管人员和其他直接责任人员依法给予处分。

第五十条招标代理机构违反本法规定，泄露应当保密的与招标投标活动有关的情况和资料的，或者与招标人、投标人串通损害国家利益、社会公共利益或者他人合法权益的，处五万元以上二十五万元以下的罚款，对单位直接负责的主管人员和其他直接责任人员处单位罚款数额百分之五以上百分之十以下的罚款；有违法所得的，并处没收违法所得；情节严重的，暂停直至取消招标代理资格；构成犯罪的，依法追究刑事责任。给他人造成损失的，依法承担赔偿责任。

前款所列行为影响中标结果的，中标无效。

第五十一条招标人以不合理的条件限制或者排斥潜在投标人的，对潜在投标人实行歧视待遇的，强制要求投标人组成联合体共同投标的，或者限制投标人之间竞争的，责令改正，可以处一万元以上五万元以下的罚款。

第五十二条依法必须进行招标的项目的招标人向他人透露已获取招标文件的潜在投标人的名称、数量或者可能影响公平竞争的有关招标投标的其他情况的，或者泄露标底的，给予警告，可以并处一万元以上十万元以下的罚款；对单位直接负责的主管人员和其他直接责任人员依法给予处分；构成犯罪的，依法追究刑事责任。

前款所列行为影响中标结果的，中标无效。

第五十三条投标人相互串通投标或者与招标人串通投标的，投标人以向招标人或者评标委员会成员行贿的手段谋取中标的，中标无效，处中标项目金额千分之五以上千分之十以下的罚款，对单位直接负责的主管人员和其他直接责任人员处单位罚款数额百分之五以上百分之十以下的罚款；有违法所得的，并处没收违法所得；情节严重的，取消其一年至二年内参加依法必须进行招标的项目的投标资格并予以公告，直至由工商行政管理机关吊销营业执照；构成犯罪的，依法追究刑事责任。给他人造成损失的，依法承担赔偿责任。

第五十四条投标人以他人名义投标或者以其他方式弄虚作假，骗取中标的，中标无效，给招标人造成损失的，依法承担赔偿责任；构成犯罪的，依法追究刑事责任。

依法必须进行招标的项目的投标人有前款所列行为尚未构成犯罪的，处中标项目金额千分之五以上千分之十以下的罚款，对单位直接负责的主管人员和其他直接责任人员处单位罚款数额百分之五以上百分之十以下的罚款；有违法所得的，并处没收违法所得；情节严重的，取消其一年至三年内参加依法必须进行招标的项目的投标资格并予以公告，直至由工商行政管理机关吊销营业执照。

第五十五条依法必须进行招标的项目，招标人违反本法规定，与投标人就投标价格、投标方案等实质性内容进行谈判的，给予警告，对单位直接负责的主管人员和其他直接责任人员依法给予处分。

前款所列行为影响中标结果的，中标无效。

第五十六条评标委员会成员收受投标人的财物或者其他好处的，评标委员会成员或者参加评标的有关工作人员向他人透露对投标文件的评审和比较、中标候选人的推荐以及与评标有关的其他情况的，给予警告，没收收受的财物，可以并处三千元以上五万元以下的罚款，对有所列违法行为的评标委员会成员取消担任评标委员会成员的资格，不得再参加任何依法必须进行招标的项目的评标；构成犯罪的，依法追究刑事责任。

第五十七条招标人在评标委员会依法推荐的中标候选人以外确定中标人的，依法必须进行招标的项目在所有投标被评标委员会否决后自行确定中标人的，中标无效。责令改正，可以处中标项目金额千分之五以上千分之十以下的罚款；对单位直接负责的主管人员和其他直接责任人员依法给予处分。

第五十八条中标人将中标项目转让给他人的，将中标项目肢解后分别转让给他人的，违反本法规定将中标项目的部分主体、关键性工作分包给他人的，或者分包人再次分包的，转让、分包无效，处转让、分包项目金额千分之五以上千分之十以下的罚款；有违法所得的，并处没收违法所得；可以责令停业整顿；情节严重的，由工商行政管理机关吊销营业执照。

第五十九条招标人与中标人不按照招标文件和中标人的投标文件订立合同的，或者招标人、中标人订立背离合同实质性内容的协议的，责令改正；可以处中标项目金额千分之五以上千分之十以下的罚款。

第六十条中标人不履行与招标人订立的合同的，履约保证金不予退还，给招标人造成的损失超过履约保证金数额的，还应当对超过部分予以赔偿；没有提交履约保证金的，应当对招标人的损失承担赔偿责任。

中标人不按照与招标人订立的合同履行义务，情节严重的，取消其二年至五年内参加依法必须进行招标的项目的投标资格并予以公告，直至由工商行政管理机关吊销营业执照。

因不可抗力不能履行合同的，不适用前两款规定。

第六十一条本章规定的行政处罚，由国务院规定的有关行政监督部门决定。本法已对实施行政处罚的机关作出规定的除外。

第六十二条任何单位违反本法规定，限制或者排斥本地区、本系统以外的法人或者其他组织参加投标的，为招标人指定招标代理机构的，强制招标人委托招标代理机构办理招标事宜的，或者以其他方式干涉招标投标活动的，责令改正；对单位直接负责的主管人员和其他直接责任人员依法给予警告、记过、记大过的处分，情节较重的，依法给予降级、撤职、开除的处分。

个人利用职权进行前款违法行为的，依照前款规定追究责任。

第六十三条对招标投标活动依法负有行政监督职责的国家机关工作人员徇私舞弊、滥用职权或者玩忽职守，构成犯罪的，依法追究刑事责任；不构成犯罪的，依法给予行政处分。

第六十四条依法必须进行招标的项目违反本法规定，中标无效的，应当依照本法规定的中标条件从其余投标人中重新确定中标人或者依照本法重新进行招标。

第六章　附　　则

第六十五条投标人和其他利害关系人认为招标投标活动不符合本法有关规定的，有权向招标人提出异议或者依法向有关行政监督部门投诉。

第六十六条涉及国家安全、国家秘密、抢险救灾或者属于利用扶贫资金实行以工代赈、需要使用农民工等特殊情况，不适宜进行招标的项目，按照国家有关规定可以不进行招标。

第六十七条使用国际组织或者外国政府贷款、援助资金的项目进行招标，贷款方、资金提供方对招标投标的具体条件和程序有不同规定的，可以适用其规定，但违背中华人民共和国的社会公共利益的除外。

第六十八条本法自 2000 年 1 月 1 日起施行.

附录二　建筑工程施工合同（示范文本）

建设工程施工合同
（示范文本）

中华人民共和国建设部
国家工商行政管理局　制定

二〇一三年七月

第一部分　合同协议书

发包人（全称）：________________________________

承包人（全称）：________________________________

依照《中华人民共和国合同法》、《中华人民共和国建筑法》及其他有关法律、行政法规，遵循平等、自愿、公平和诚实信用的原则，双方就________工程施工事项协商一致，共同达成如下协议：

一、工程概况

1．工程名称：________________________________。

2．工程地点：________________________________。

3．工程立项批准文号：________________________。

4．资金来源：________________________________。

5．工程内容：________________________________。

群体工程应附《承包人承揽工程项目一览表》（附件 1）。

6．工程承包范围：

____

____。

二、合同工期

计划开工日期：__________年______月______日。

计划竣工日期：__________年______月______日。

工期总日历天数：__________天。工期总日历天数与根据前述计划开竣工日期计算的工期天数不一致的，以工期总日历天数为准。

三、质量标准

工程质量符合________________________标准。

四、签约合同价与合同价格形式

1．签约合同价为：

人民币（大写）________________（¥____________元）；

其中：

（1）安全文明施工费：

人民币（大写）______________（¥__________元）；

（2）材料和工程设备暂估价金额：

人民币（大写）______________（¥__________元）；

（3）专业工程暂估价金额：

人民币（大写）______________（¥__________元）；

（4）暂列金额：

人民币（大写）______________（¥__________元）。

2．合同价格形式：______________________________。

五、项目经理

承包人项目经理：______________________________。

六、合同文件构成

本协议书与下列文件一起构成合同文件：

（1）中标通知书（如果有）；

（2）投标函及其附录（如果有）；

（3）专用合同条款及其附件；

（4）通用合同条款；

（5）技术标准和要求；

（6）图纸；

（7）已标价工程量清单或预算书；

（8）其他合同文件。

在合同订立及履行过程中形成的与合同有关的文件均构成合同文件组成部分。

上述各项合同文件包括合同当事人就该项合同文件所作出的补充和修改，属于同一类内容的文件，应以最新签署的为准。专用合同条款及其附件须经合同当事人签字或盖章。

七、承诺

1．发包人承诺按照法律规定履行项目审批手续、筹集工程建设资金并按照合同约定的期限和方式支付合同价款。

2．承包人承诺按照法律规定及合同约定组织完成工程施工，确保工程质量和安全，不进行转包及违法分包，并在缺陷责任期及保修期内承担相应的工程维修责任。

3．发包人和承包人通过招投标形式签订合同的，双方理解并承诺不再就同一工程另行签订与合同实质性内容相背离的协议。

八、词语含义

本协议书中词语含义与第二部分通用合同条款中赋予的含义相同。

九、签订时间

本合同于 ________年 ___月____日签订。

十、签订地点

本合同在____________________________________签订。

十一、补充协议

合同未尽事宜，合同当事人另行签订补充协议，补充协议是合同的组成部分。

十二、合同生效

本合同自____________________________________生效。

十三、合同份数

本合同一式____份，均具有同等法律效力，发包人执____份，承包人执____份。
生效。

发包人：（公章）	承包人：（公章）
法定代表人或其委托代理人：（签字）	法定代表人或其委托代理人：（签字）
组织机构代码：____________	组织机构代码：____________
地　　址：____________	地　　址：____________
邮政编码：____________	邮政编码：____________
法定代表人：____________	法定代表人：____________
委托代理人：____________	委托代理人：____________
电　　话：____________	电　　话：____________
传　　真：____________	传　　真：____________
电子信箱：____________	电子信箱：____________
开户银行：____________	开户银行：____________
账　　号：____________	账　　号：____________

第二部分　通用合同条款

一、词语定义及合同文件

1．一般约定

1.1 词语定义与解释

合同协议书、通用合同条款、专用合同条款中的下列词语具有本款所赋予的含义：

1.1.1 合同

1.1.1.1 合同：是指根据法律规定和合同当事人约定具有约束力的文件，构成合同的文件包括合同协议书、中标通知书（如果有）、投标函及其附录（如果有）、专用合同条款及其附件、通用合同条款、技术标准和要求、图纸、已标价工程量清单或预算书以及其他合同文件。

1.1.1.2 合同协议书：是指构成合同的由发包人和承包人共同签署的称为“合同协议书”的书面文件。

1.1.1.3 中标通知书：是指构成合同的由发包人通知承包人中标的书面文件。

1.1.1.4 投标函：是指构成合同的由承包人填写并签署的用于投标的称为“投标函”的文件。

1.1.1.5 投标函附录：是指构成合同的附在投标函后的称为“投标函附录”的文件。

1.1.1.6 技术标准和要求：是指构成合同的施工应当遵守的或指导施工的国家、行业或地方的技术标准和要求，以及合同约定的技术标准和要求。

1.1.1.7 图纸：是指构成合同的图纸，包括由发包人按照合同约定提供或经发包人批准的设计文件、施工图、鸟瞰图及模型等，以及在合同履行过程中形成的图纸文件。图纸应当按照法律规定审查合格。

1.1.1.8 已标价工程量清单：是指构成合同的由承包人按照规定的格式和要求填写并标明价格的工程量清单，包括说明和表格。

1.1.1.9 预算书：是指构成合同的由承包人按照发包人规定的格式和要求编制的工程预算文件。

1.1.1.10 其他合同文件：是指经合同当事人约定的与工程施工有关的具有合同约束力的文件或书面协议。合同当事人可以在专用合同条款中进行约定。

1.1.2 合同当事人及其他相关方

1.1.2.1 合同当事人：是指发包人和（或）承包人。

1.1.2.2 发包人：是指与承包人签订合同协议书的当事人及取得该当事人资格的合法继承人。

1.1.2.3 承包人：是指与发包人签订合同协议书的，具有相应工程施工承包资质的当事人及取得该当事人资格的合法继承人。

1.1.2.4 监理人：是指在专用合同条款中指明的，受发包人委托按照法律规定进行工程监督管理的法人或其他组织。

1.1.2.5 设计人：是指在专用合同条款中指明的，受发包人委托负责工程设计并具备相应工程设计资质的法人或其他组织。

1.1.2.6 分包人：是指按照法律规定和合同约定，分包部分工程或工作，并与承包人签订分包合同的具有相应资质的法人。

1.1.2.7 发包人代表：是指由发包人任命并派驻施工现场在发包人授权范围内行使发包人权利的人。

1.1.2.8 项目经理：是指由承包人任命并派驻施工现场，在承包人授权范围内负责合同履行，且按照法律规定具有相应资格的项目负责人。

1.1.2.9 总监理工程师：是指由监理人任命并派驻施工现场进行工程监理的总负责人。

1.1.3 工程和设备

1.1.3.1 工程：是指与合同协议书中工程承包范围对应的永久工程和（或）临时工程。

1.1.3.2 永久工程：是指按合同约定建造并移交给发包人的工程，包括工程设备。

1.1.3.3 临时工程：是指为完成合同约定的永久工程所修建的各类临时性工程，不包括施工设备。

1.1.3.4 单位工程：是指在合同协议书中指明的，具备独立施工条件并能形成独立使用功能的永久工程。

1.1.3.5 工程设备：是指构成永久工程的机电设备、金属结构设备、仪器及其他类似的设备和装置。

1.1.3.6 施工设备：是指为完成合同约定的各项工作所需的设备、器具和其他物品，但不包括工程设备、临时工程和材料。

1.1.3.7 施工现场：是指用于工程施工的场所，以及在专用合同条款中指明作为施工场所组成部分的其他场所，包括永久占地和临时占地。

1.1.3.8 临时设施：是指为完成合同约定的各项工作所服务的临时性生产和生活设施。

1.1.3.9 永久占地：是指专用合同条款中指明为实施工程需永久占用的土地。

1.1.3.10 临时占地：是指专用合同条款中指明为实施工程需要临时占用的土地。

1.1.4 日期和期限

1.1.4.1 开工日期：包括计划开工日期和实际开工日期。计划开工日期是指合同协议书约定的开工日期；实际开工日期是指监理人按照第 7.3.2 项〔开工通知〕约定发出的符合法律规定的开工通知中载明的开工日期。

1.1.4.2 竣工日期：包括计划竣工日期和实际竣工日期。计划竣工日期是指合同协议书约定的竣工日期；实际竣工日期按照第 13.2.3 项〔竣工日期〕的约定确定。

1.1.4.3 工期：是指在合同协议书约定的承包人完成工程所需的期限，包括按照合同约定所作的期限变更。

1.1.4.4 缺陷责任期：是指承包人按照合同约定承担缺陷修复义务，且发包人预留质量保证金的期限，自工程实际竣工日期起计算。

1.1.4.5 保修期：是指承包人按照合同约定对工程承担保修责任的期限，从工程竣工验收合格之日起计算。

1.1.4.6 基准日期：招标发包的工程以投标截止日前 28 天的日期为基准日期，直接发包的工程以合同签订日前 28 天的日期为基准日期。

1.1.4.7 天：除特别指明外，均指日历天。合同中按天计算时间的，开始当天不计入，从次日开始计算，期限最后一天的截止时间为当天 24：00 时。

1.1.5 合同价格和费用

1.1.5.1 签约合同价：是指发包人和承包人在合同协议书中确定的总金额，包括安全文明施工费、暂估价及暂列金额等。

1.1.5.2 合同价格：是指发包人用于支付承包人按照合同约定完成承包范围内全部工作的金额，包括合同履行过程中按合同约定发生的价格变化。

1.1.5.3 费用：是指为履行合同所发生的或将要发生的所有必需的开支，包括管理费和应分摊的其他费用，但不包括利润。

1.1.5.4 暂估价：是指发包人在工程量清单或预算书中提供的用于支付必然发生但暂时不能确定价格的材料、工程设备的单价、专业工程以及服务工作的金额。

1.1.5.5 暂列金额：是指发包人在工程量清单或预算书中暂定并包括在合同价格中的一笔款项，用于工程合同签订时尚未确定或者不可预见的所需材料、工程设备、服务的采购，施工中可能发生的工程变更、合同约定调整因素出现时的合同价格调整以及发生的索赔、现场签证确认等的费用。

1.1.5.6 计日工：是指合同履行过程中，承包人完成发包人提出的零星工作或需要采用计日工计价的变更工作时，按合同中约定的单价计价的一种方式。

1.1.5.7 质量保证金：是指按照第 15.3 款〔质量保证金〕约定承包人用于保证其在缺陷责任期内履行缺陷修补义务的担保。

1.1.5.8 总价项目：是指在现行国家、行业以及地方的计量规则中无工程量计算规则，在已标价工程量清单或预算书中以总价或以费率形式计算的项目。

1.1.6 其他

1.1.6.1 书面形式：是指合同文件、信函、电报、传真等可以有形地表现所载内容的形式。

1.2 语言文字

合同以中国的汉语简体文字编写、解释和说明。合同当事人在专用合同条款中约定使用两种以上语言时，汉语为优先解释和说明合同的语言。

1.3 法律

合同所称法律是指中华人民共和国法律、行政法规、部门规章，以及工程所在地的地方性法规、自治条例、单行条例和地方政府规章等。

合同当事人可以在专用合同条款中约定合同适用的其他规范性文件。

1.4 标准和规范

1.4.1 适用于工程的国家标准、行业标准、工程所在地的地方性标准，以及相应的规范、规程等，合同当事人有特别要求的，应在专用合同条款中约定。

1.4.2 发包人要求使用国外标准、规范的，发包人负责提供原文版本和中文译本，并在专用合同条款中约定提供标准规范的名称、份数和时间。

1.4.3 发包人对工程的技术标准、功能要求高于或严于现行国家、行业或地方标准的，应当在专用合同条款中予以明确。除专用合同条款另有约定外，应视为承包人在签订合同前已充分预见前述技术标准和功能要求的复杂程度，签约合同价中已包含由此产生的费用。

1.5 合同文件的优先顺序

组成合同的各项文件应互相解释，互为说明。除专用合同条款另有约定外，解释合同文件的优先顺序如下：

（1）合同协议书；

（2）中标通知书（如果有）；

（3）投标函及其附录（如果有）；

（4）专用合同条款及其附件；

（5）通用合同条款；

（6）技术标准和要求；

（7）图纸；

（8）已标价工程量清单或预算书；

（9）其他合同文件。

上述各项合同文件包括合同当事人就该项合同文件所作出的补充和修改，属于同一类内容的文件，应以最新签署的为准。

在合同订立及履行过程中形成的与合同有关的文件均构成合同文件组成部分，并根据其性质确定优先解释顺序。

1.6 图纸和承包人文件

1.6.1 图纸的提供和交底

发包人应按照专用合同条款约定的期限、数量和内容向承包人免费提供图纸，并组织承包人、监理人和设计人进行图纸会审和设计交底。发包人至迟不得晚于第 7.3.2 项〔开工通知〕载明的开工日期前 14 天向承包人提供图纸。

因发包人未按合同约定提供图纸导致承包人费用增加和（或）工期延误的，按照第 7.5.1 项〔因发包人原因导致工期延误〕约定办理。

1.6.2 图纸的错误

承包人在收到发包人提供的图纸后，发现图纸存在差错、遗漏或缺陷的，应及时通知监理人。监理人接到该通知后，应附具相关意见并立即报送发包人，发包人应在收到监理人报送的通知后的合理时间内作出决定。合理时间是指发包人在收到监理人的报送通知后，尽其努力且不懈怠地完成图纸修改补充所需的时间。

1.6.3 图纸的修改和补充

图纸需要修改和补充的，应经图纸原设计人及审批部门同意，并由监理人在工程或工程相应部位施工前将修改后的图纸或补充图纸提交给承包人，承包人应按修改或补充后的图纸施工。

1.6.4 承包人文件

承包人应按照专用合同条款的约定提供应当由其编制的与工程施工有关的文件，并按照专用合同条款约定的期限、数量和形式提交监理人，并由监理人报送发包人。

除专用合同条款另有约定外，监理人应在收到承包人文件后 7 天内审查完毕，监理人对承包人文件有异议的，承包人应予以修改，并重新报送监理人。监理人的审查并不减轻或免除承包人根据合同约定应当承担的责任。

1.6.5 图纸和承包人文件的保管

除专用合同条款另有约定外，承包人应在施工现场另外保存一套完整的图纸和承包人文件，供发包人、监理人及有关人员进行工程检查时使用。

1.7 联络

1.7.1 与合同有关的通知、批准、证明、证书、指示、指令、要求、请求、同意、意见、确定和决定等，均应采用书面形式，并应在合同约定的期限内送达接收人和送达地点。

1.7.2 发包人和承包人应在专用合同条款中约定各自的送达接收人和送达地点。任何一方合同当事人指定的接收人或送达地点发生变动的，应提前3天以书面形式通知对方。

1.7.3 发包人和承包人应当及时签收另一方送达至送达地点和指定接收人的来往信函。拒不签收的，由此增加的费用和（或）延误的工期由拒绝接收一方承担。

1.8 严禁贿赂

合同当事人不得以贿赂或变相贿赂的方式，谋取非法利益或损害对方权益。因一方合同当事人的贿赂造成对方损失的，应赔偿损失，并承担相应的法律责任。

承包人不得与监理人或发包人聘请的第三方串通损害发包人利益。未经发包人书面同意，承包人不得为监理人提供合同约定以外的通讯设备、交通工具及其他任何形式的利益，不得向监理人支付报酬。

1.9 化石、文物

在施工现场发掘的所有文物、古迹以及具有地质研究或考古价值的其他遗迹、化石、钱币或物品属于国家所有。一旦发现上述文物，承包人应采取合理有效的保护措施，防止任何人员移动或损坏上述物品，并立即报告有关政府行政管理部门，同时通知监理人。

发包人、监理人和承包人应按有关政府行政管理部门要求采取妥善的保护措施，由此增加的费用和（或）延误的工期由发包人承担。

承包人发现文物后不及时报告或隐瞒不报，致使文物丢失或损坏的，应赔偿损失，并承担相应的法律责任。

1.10 交通运输

1.10.1 出入现场的权利

除专用合同条款另有约定外，发包人应根据施工需要，负责取得出入施工现场所需的批准手续和全部权利，以及取得因施工所需修建道路、桥梁以及其他基础设施的权利，并承担相关手续费用和建设费用。承包人应协助发包人办理修建场内外道路、桥梁以及其他基础设施的手续。

承包人应在订立合同前查勘施工现场，并根据工程规模及技术参数合理预见工程施工所需的进出施工现场的方式、手段、路径等。因承包人未合理预见所增加的费用和（或）延误的工期由承包人承担。

1.10.2 场外交通

发包人应提供场外交通设施的技术参数和具体条件，承包人应遵守有关交通法规，严格按照道路和桥梁的限制荷载行驶，执行有关道路限速、限行、禁止超载的规定，并配合交通管理部门的监督和检查。场外交通设施无法满足工程施工需要的，由发包人负责完善并承担相关费用。

1.10.3 场内交通

发包人应提供场内交通设施的技术参数和具体条件，并应按照专用合同条款的约定向承包人免费提供满足工程施工所需的场内道路和交通设施。因承包人原因造成上述道路或交通设施损坏的，承包人负责修复并承担由此增加的费用。

除发包人按照合同约定提供的场内道路和交通设施外，承包人负责修建、维修、养护和管理施工所需的其他场内临时道路和交通设施。发包人和监理人可以为实现合同目的使用承包人修建的场内临时道路和交通设施。

场外交通和场内交通的边界由合同当事人在专用合同条款中约定。

1.10.4 超大件和超重件的运输

由承包人负责运输的超大件或超重件，应由承包人负责向交通管理部门办理申请手续，发包人给予协助。运输超大件或超重件所需的道路和桥梁临时加固改造费用和其他有关费用，由承包人承担，但专用合同条款另有约定除外。

1.10.5 道路和桥梁的损坏责任

因承包人运输造成施工场地内外公共道路和桥梁损坏的，由承包人承担修复损坏的全部费用和可能引起的赔偿。

1.10.6 水路和航空运输

本款前述各项的内容适用于水路运输和航空运输，其中“道路”一词的涵义包括河道、航线、船闸、机场、码头、堤防以及水路或航空运输中其他相似结构物；“车辆”一词的涵义包括船舶和飞机等。

1.11 知识产权

1.11.1 除专用合同条款另有约定外，发包人提供给承包人的图纸、发包人为实施工程自行编制或委托编制的技术规范以及反映发包人要求的或其他类似性质的文件的著作权属于发包人，承包人可以为实现合同目的而复制、使用此类文件，但不能用于与合同无关的其他事项。未经发包人书面同意，承包人不得为了合同以外的目的而复制、使用上述文件或将之提供给任何第三方。

1.11.2 除专用合同条款另有约定外，承包人为实施工程所编制的文件，除署名权以外的著作权属于发包人，承包人可因实施工程的运行、调试、维修、改造等目的而复制、使用此类文件，但不能用于与合同无关的其他事项。未经发包人书面同意，承包人不得为了合同以外的目的而复制、使用上述文件或将之提供给任何第三方。

1.11.3 合同当事人保证在履行合同过程中不侵犯对方及第三方的知识产权。承包人在使用材料、施工设备、工程设备或采用施工工艺时，因侵犯他人的专利权或其他知识产权所引起的责任，由承包人承担；因发包人提供的材料、施工设备、工程设备或施工工艺导致侵权的，由发包人承担责任。

1.11.4 除专用合同条款另有约定外，承包人在合同签订前和签订时已确定采用的专利、专有技术、技术秘密的使用费已包含在签约合同价中。

1.12 保密

除法律规定或合同另有约定外，未经发包人同意，承包人不得将发包人提供的图纸、文件以及声明需要保密的资料信息等商业秘密泄露给第三方。

除法律规定或合同另有约定外，未经承包人同意，发包人不得将承包人提供的技术秘密及声明需要保密的资料信息等商业秘密泄露给第三方。

1.13 工程量清单错误的修正

除专用合同条款另有约定外，发包人提供的工程量清单，应被认为是准确的和完整的。出现下列情形之一时，发包人应予以修正，并相应调整合同价格：

（1）工程量清单存在缺项、漏项的；

（2）工程量清单偏差超出专用合同条款约定的工程量偏差范围的；

（3）未按照国家现行计量规范强制性规定计量的。

2．发包人

2.1 许可或批准

发包人应遵守法律，并办理法律规定由其办理的许可、批准或备案，包括但不限于建设用地规划许可证、建设工程规划许可证、建设工程施工许可证、施工所需临时用水、临时用电、中断道路交通、临时占用土地等许可和批准。发包人应协助承包人办理法律规定的有关施工证件和批件。

因发包人原因未能及时办理完毕前述许可、批准或备案，由发包人承担由此增加的费用和（或）延误的工期，并支付承包人合理的利润。

2.2 发包人代表

发包人应在专用合同条款中明确其派驻施工现场的发包人代表的姓名、职务、联系方式及授权范围等事项。发包人代表在发包人的授权范围内，负责处理合同履行过程中与发包人有关的具体事宜。发包人代表在授权范围内的行为由发包人承担法律责任。发包人更换发包人代表的，应提前7天书面通知承包人。

发包人代表不能按照合同约定履行其职责及义务，并导致合同无法继续正常履行的，承包人可以要求发包人撤换发包人代表。

不属于法定必须监理的工程，监理人的职权可以由发包人代表或发包人指定的其他人员行使。

2.3 发包人人员

发包人应要求在施工现场的发包人人员遵守法律及有关安全、质量、环境保护、文明施工等规定，并保障承包人免于承受因发包人人员未遵守上述要求给承包人造成的损失和责任。

发包人人员包括发包人代表及其他由发包人派驻施工现场的人员。

2.4 施工现场、施工条件和基础资料的提供

2.4.1 提供施工现场

除专用合同条款另有约定外，发包人应最迟于开工日期7天前向承包人移交施工现场。

2.4.2 提供施工条件

除专用合同条款另有约定外，发包人应负责提供施工所需要的条件，包括：

（1）将施工用水、电力、通讯线路等施工所必需的条件接至施工现场内；

（2）保证向承包人提供正常施工所需要的进入施工现场的交通条件；

（3）协调处理施工现场周围地下管线和邻近建筑物、构筑物、古树名木的保护工作，并承担相关费用；

（4）按照专用合同条款约定应提供的其他设施和条件。

2.4.3 提供基础资料

发包人应当在移交施工现场前向承包人提供施工现场及工程施工所必需的毗邻区域内供水、排水、供电、供气、供热、通信、广播电视等地下管线资料，气象和水文观测资料，地质勘察资料，相邻建筑物、构筑物和地下工程等有关基础资料，并对所提供资料的真实性、准确性和完整性负责。

按照法律规定确需在开工后方能提供的基础资料，发包人应尽其努力及时地在相应工程施工前的合理期限内提供，合理期限应以不影响承包人的正常施工为限。

2.4.4 逾期提供的责任

因发包人原因未能按合同约定及时向承包人提供施工现场、施工条件、基础资料的，由发包人承担由此增加的费用和（或）延误的工期。

2.5 资金来源证明及支付担保

除专用合同条款另有约定外，发包人应在收到承包人要求提供资金来源证明的书面通知后 28 天内，向承包人提供能够按照合同约定支付合同价款的相应资金来源证明。

除专用合同条款另有约定外，发包人要求承包人提供履约担保的，发包人应当向承包人提供支付担保。支付担保可以采用银行保函或担保公司担保等形式，具体由合同当事人在专用合同条款中约定。

2.6 支付合同价款

发包人应按合同约定向承包人及时支付合同价款。

2.7 组织竣工验收

发包人应按合同约定及时组织竣工验收。

2.8 现场统一管理协议

发包人应与承包人、由发包人直接发包的专业工程的承包人签订施工现场统一管理协议，明确各方的权利义务。施工现场统一管理协议作为专用合同条款的附件。

3．承包人

3.1 承包人的一般义务

承包人在履行合同过程中应遵守法律和工程建设标准规范，并履行以下义务：

（1）办理法律规定应由承包人办理的许可和批准，并将办理结果书面报送发包人留存；

（2）按法律规定和合同约定完成工程，并在保修期内承担保修义务；

（3）按法律规定和合同约定采取施工安全和环境保护措施，办理工伤保险，确保工程及人员、材料、设备和设施的安全；

（4）按合同约定的工作内容和施工进度要求，编制施工组织设计和施工措施计划，并对所有施工作业和施工方法的完备性和安全可靠性负责；

（5）在进行合同约定的各项工作时，不得侵害发包人与他人使用公用道路、水源、市政管网等公共设施的权利，避免对邻近的公共设施产生干扰。承包人占用或使用他人的施工场地，影响他人作业或生活的，应承担相应责任；

（6）按照第6.3款〔环境保护〕约定负责施工场地及其周边环境与生态的保护工作；

（7）按第6.1款〔安全文明施工〕约定采取施工安全措施，确保工程及其人员、材料、设备和设施的安全，防止因工程施工造成的人身伤害和财产损失；

（8）将发包人按合同约定支付的各项价款专用于合同工程，且应及时支付其雇用人员工资，并及时向分包人支付合同价款；

（9）按照法律规定和合同约定编制竣工资料，完成竣工资料立卷及归档，并按专用合同条款约定的竣工资料的套数、内容、时间等要求移交发包人；

（10）应履行的其他义务。

3.2 项目经理

3.2.1 项目经理应为合同当事人所确认的人选，并在专用合同条款中明确项目经理的姓名、职称、注册执业证书编号、联系方式及授权范围等事项，项目经理经承包人授权后代表承包人负责履行合同。项目经理应是承包人正式聘用的员工，承包人应向发包人提交项目经理与承包人之间的劳动合同，以及承包人为项目经理缴纳社会保险的有效证明。承包人不提交上述文件的，项目经理无权履行职责，发包人有权要求更换项目经理，由此增加的费用和（或）延误的工期由承包人承担。

项目经理应常驻施工现场，且每月在施工现场时间不得少于专用合同条款约定的天数。项目经理不得同时担任其他项目的项目经理。项目经理确需离开施工现场时，应事先通知监理人，并取得发包人的书面同意。项目经理的通知中应当载明临时代行其职责的人员的注册执业资格、管理经验等资料，该人员应具备履行相应职责的能力。

承包人违反上述约定的，应按照专用合同条款的约定，承担违约责任。

3.2.2 项目经理按合同约定组织工程实施。在紧急情况下为确保施工安全和人员安全，在无法与发包人代表和总监理工程师及时取得联系时，项目经理有权采取必要的措施保证与工程有关的人身、财产和工程的安全，但应在48小时内向发包人代表和总监理工程师提交书面报告。

3.2.3 承包人需要更换项目经理的，应提前14天书面通知发包人和监理人，并征得发包人书面同意。通知中应当载明继任项目经理的注册执业资格、管理经验等资料，继任项目经理继续履行第3.2.1项约定的职责。未经发包人书面同意，承包人不得擅自更换项目经理。承包人擅自更换项目经理的，应按照专用合同条款的约定承担违约责任。

3.2.4 发包人有权书面通知承包人更换其认为不称职的项目经理，通知中应当载明要求更换的理由。承包人应在接到更换通知后14天内向发包人提出书面的改进报告。发包人收到改进报告后仍要求更换的，承包人应在接到第二次更换通知的28天内进行更换，并将新任命的项目经理的注册执业资格、管理经验等资料书面通知发包人。继任项目经理继续履行第3.2.1项约定的职责。承包人无正当理由拒绝更换项目经理的，应按照专用合同条款的约定承担违约责任。

3.2.5 项目经理因特殊情况授权其下属人员履行其某项工作职责的，该下属人员应具备履行相应职责的能力，并应提前7天将上述人员的姓名和授权范围书面通知监理人，并征得发包人书面同意。

3.3 承包人人员

3.3.1 除专用合同条款另有约定外，承包人应在接到开工通知后7天内，向监理人提交承包人项目管理机构及施工现场人员安排的报告，其内容应包括合同管理、施工、技术、材料、质量、安全、财务等主要施工管理人员名单及其岗位、注册执业资格等，以及各工种技术工人的安排情况，并同时提交主要施工管理人员与承包人之间的劳动关系证明和缴纳社会保险的有效证明。

3.3.2 承包人派驻到施工现场的主要施工管理人员应相对稳定。施工过程中如有变动，承包人应及时向监理人提交施工现场人员变动情况的报告。承包人更换主要施工管理人员时，应提前7天书面通知监理人，并征得发包人书面同意。通知中应当载明继任人员的注册执业资格、管理经验等资料。

特殊工种作业人员均应持有相应的资格证明，监理人可以随时检查。

3.3.3 发包人对于承包人主要施工管理人员的资格或能力有异议的，承包人应提供资料证明被质疑人员有能力完成其岗位工作或不存在发包人所质疑的情形。发包人要求撤换不能按照合同约定履行职责及义务的主要施工管理人员的，承包人应当撤换。承包人无正当理由拒绝撤换的，应按照专用合同条款的约定承担违约责任。

3.3.4 除专用合同条款另有约定外，承包人的主要施工管理人员离开施工现场每月累计不超过5天的，应报监理人同意；离开施工现场每月累计超过5天的，应通知监理人，并征得发包人书面同意。主要施工管理人员离开施工现场前应指定一名有经验的人员临时代行其职责，该人员应具备履行相应职责的资格和能力，且应征得监理人或发包人的同意。

3.3.5 承包人擅自更换主要施工管理人员，或前述人员未经监理人或发包人同意擅自离开施工现场的，应按照专用合同条款约定承担违约责任。

3.4 承包人现场查勘

承包人应对基于发包人按照第2.4.3项〔提供基础资料〕提交的基础资料所做出的解释和

推断负责，但因基础资料存在错误、遗漏导致承包人解释或推断失实的，由发包人承担责任。

承包人应对施工现场和施工条件进行查勘，并充分了解工程所在地的气象条件、交通条件、风俗习惯以及其他与完成合同工作有关的其他资料。因承包人未能充分查勘、了解前述情况或未能充分估计前述情况所可能产生后果的，承包人承担由此增加的费用和（或）延误的工期。

3.5 分包

3.5.1 分包的一般约定

承包人不得将其承包的全部工程转包给第三人，或将其承包的全部工程肢解后以分包的名义转包给第三人。承包人不得将工程主体结构、关键性工作及专用合同条款中禁止分包的专业工程分包给第三人，主体结构、关键性工作的范围由合同当事人按照法律规定在专用合同条款中予以明确。

承包人不得以劳务分包的名义转包或违法分包工程。

3.5.2 分包的确定

承包人应按专用合同条款的约定进行分包，确定分包人。已标价工程量清单或预算书中给定暂估价的专业工程，按照第 10.7 款〔暂估价〕确定分包人。按照合同约定进行分包的，承包人应确保分包人具有相应的资质和能力。工程分包不减轻或免除承包人的责任和义务，承包人和分包人就分包工程向发包人承担连带责任。除合同另有约定外，承包人应在分包合同签订后 7 天内向发包人和监理人提交分包合同副本。

3.5.3 分包管理

承包人应向监理人提交分包人的主要施工管理人员表，并对分包人的施工人员进行实名制管理，包括但不限于进出场管理、登记造册以及各种证照的办理。

3.5.4 分包合同价款

（1）除本项第（2）目约定的情况或专用合同条款另有约定外，分包合同价款由承包人与分包人结算，未经承包人同意，发包人不得向分包人支付分包工程价款；

（2）生效法律文书要求发包人向分包人支付分包合同价款的，发包人有权从应付承包人工程款中扣除该部分款项。

3.5.5 分包合同权益的转让

分包人在分包合同项下的义务持续到缺陷责任期届满以后的，发包人有权在缺陷责任期届满前，要求承包人将其在分包合同项下的权益转让给发包人，承包人应当转让。除转让合同另有约定外，转让合同生效后，由分包人向发包人履行义务。

3.6 工程照管与成品、半成品保护

（1）除专用合同条款另有约定外，自发包人向承包人移交施工现场之日起，承包人应负责照管工程及工程相关的材料、工程设备，直到颁发工程接收证书之日止。

（2）在承包人负责照管期间，因承包人原因造成工程、材料、工程设备损坏的，由承包人负责修复或更换，并承担由此增加的费用和（或）延误的工期。

（3）对合同内分期完成的成品和半成品，在工程接收证书颁发前，由承包人承担保护责任。因承包人原因造成成品或半成品损坏的，由承包人负责修复或更换，并承担由此增加的费用和（或）延误的工期。

3.7 履约担保

发包人需要承包人提供履约担保的，由合同当事人在专用合同条款中约定履约担保的方式、金额及期限等。履约担保可以采用银行保函或担保公司担保等形式，具体由合同当事人在专用合同条款中约定。

因承包人原因导致工期延长的，继续提供履约担保所增加的费用由承包人承担；非因承包人原因导致工期延长的，继续提供履约担保所增加的费用由发包人承担。

3.8 联合体

3.8.1 联合体各方应共同与发包人签订合同协议书。联合体各方应为履行合同向发包人承担连带责任。

3.8.2 联合体协议经发包人确认后作为合同附件。在履行合同过程中，未经发包人同意，不得修改联合体协议。

3.8.3 联合体牵头人负责与发包人和监理人联系，并接受指示，负责组织联合体各成员全面履行合同。

4．监理人

4.1 监理人的一般规定

工程实行监理的，发包人和承包人应在专用合同条款中明确监理人的监理内容及监理权限等事项。监理人应当根据发包人授权及法律规定，代表发包人对工程施工相关事项进行检查、查验、审核、验收，并签发相关指示，但监理人无权修改合同，且无权减轻或免除合同约定的承包人的任何责任与义务。

除专用合同条款另有约定外，监理人在施工现场的办公场所、生活场所由承包人提供，所发生的费用由发包人承担。

4.2 监理人员

发包人授予监理人对工程实施监理的权利由监理人派驻施工现场的监理人员行使，监理人员包括总监理工程师及监理工程师。监理人应将授权的总监理工程师和监理工程师的姓名及授权范围以书面形式提前通知承包人。更换总监理工程师的，监理人应提前7天书面通知承包人；更换其他监理人员，监理人应提前48小时书面通知承包人。

4.3 监理人的指示

监理人应按照发包人的授权发出监理指示。监理人的指示应采用书面形式，并经其授权的监理人员签字。紧急情况下，为了保证施工人员的安全或避免工程受损，监理人员可以口头形式发出指示，该指示与书面形式的指示具有同等法律效力，但必须在发出口头指示后24小时内补发书面监理指示，补发的书面监理指示应与口头指示一致。

监理人发出的指示应送达承包人项目经理或经项目经理授权接收的人员。因监理人未能按合同约定发出指示、指示延误或发出了错误指示而导致承包人费用增加和（或）工期延误的，由发包人承担相应责任。除专用合同条款另有约定外，总监理工程师不应将第4.4款〔商定或确定〕约定应由总监理工程师作出确定的权力授权或委托给其他监理人员。

承包人对监理人发出的指示有疑问的，应向监理人提出书面异议，监理人应在48小时内对该指示予以确认、更改或撤销，监理人逾期未回复的，承包人有权拒绝执行上述指示。

监理人对承包人的任何工作、工程或其采用的材料和工程设备未在约定的或合理期限内提出意见的，视为批准，但不免除或减轻承包人对该工作、工程、材料、工程设备等应承担的责任和义务。

4.4 商定或确定

合同当事人进行商定或确定时，总监理工程师应当会同合同当事人尽量通过协商达成一致，不能达成一致的，由总监理工程师按照合同约定审慎做出公正的确定。

总监理工程师应将确定以书面形式通知发包人和承包人，并附详细依据。合同当事人对总监理工程师的确定没有异议的，按照总监理工程师的确定执行。任何一方合同当事人有异议，按照第20条〔争议解决〕约定处理。争议解决前，合同当事人暂按总监理工程师的确定执行；争议解决后，争议解决的结果与总监理工程师的确定不一致的，按照争议解决的结果执行，由此造成的损失由责任人承担。

5．工程质量

5.1 质量要求

5.1.1 工程质量标准必须符合现行国家有关工程施工质量验收规范和标准的要求。有关工程质量的特殊标准或要求由合同当事人在专用合同条款中约定。

5.1.2 因发包人原因造成工程质量未达到合同约定标准的，由发包人承担由此增加的费用和（或）延误的工期，并支付承包人合理的利润。

5.1.3 因承包人原因造成工程质量未达到合同约定标准的，发包人有权要求承包人返工直至工程质量达到合同约定的标准为止，并由承包人承担由此增加的费用和（或）延误的工期。

5.2 质量保证措施

5.2.1 发包人的质量管理

发包人应按照法律规定及合同约定完成与工程质量有关的各项工作。

5.2.2 承包人的质量管理

承包人按照第7.1款〔施工组织设计〕约定向发包人和监理人提交工程质量保证体系及措施文件，建立完善的质量检查制度，并提交相应的工程质量文件。对于发包人和监理人违反法律规定和合同约定的错误指示，承包人有权拒绝实施。

承包人应对施工人员进行质量教育和技术培训，定期考核施工人员的劳动技能，严格执行施工规范和操作规程。

承包人应按照法律规定和发包人的要求，对材料、工程设备以及工程的所有部位及其施工工艺进行全过程的质量检查和检验，并作详细记录，编制工程质量报表，报送监理人审查。此外，承包人还应按照法律规定和发包人的要求，进行施工现场取样试验、工程复核测量和设备性能检测，提供试验样品、提交试验报告和测量成果以及其他工作。

5.2.3 监理人的质量检查和检验

监理人按照法律规定和发包人授权对工程的所有部位及其施工工艺、材料和工程设备进行检查和检验。承包人应为监理人的检查和检验提供方便，包括监理人到施工现场，或制造、加工地点，或合同约定的其他地方进行察看和查阅施工原始记录。监理人为此进行的检查和检验，不免除或减轻承包人按照合同约定应当承担的责任。

监理人的检查和检验不应影响施工正常进行。监理人的检查和检验影响施工正常进行的，且经检查检验不合格的，影响正常施工的费用由承包人承担，工期不予顺延；经检查检验合格的，由此增加的费用和（或）延误的工期由发包人承担。

5.3 隐蔽工程检查

5.3.1 承包人自检

承包人应当对工程隐蔽部位进行自检，并经自检确认是否具备覆盖条件。

5.3.2 检查程序

除专用合同条款另有约定外，工程隐蔽部位经承包人自检确认具备覆盖条件的，承包人应在共同检查前48小时书面通知监理人检查，通知中应载明隐蔽检查的内容、时间和地点，并应附有自检记录和必要的检查资料。

监理人应按时到场并对隐蔽工程及其施工工艺、材料和工程设备进行检查。经监理人检查确认质量符合隐蔽要求，并在验收记录上签字后，承包人才能进行覆盖。经监理人检查质量不合格的，承包人应在监理人指示的时间内完成修复，并由监理人重新检查，由此增加的费用和（或）延误的工期由承包人承担。

除专用合同条款另有约定外，监理人不能按时进行检查的，应在检查前24小时向承包人提交书面延期要求，但延期不能超过48小时，由此导致工期延误的，工期应予以顺延。监理人未按时进行检查，也未提出延期要求的，视为隐蔽工程检查合格，承包人可自行完成覆盖工作，并作相应记录报送监理人，监理人应签字确认。监理人事后对检查记录有疑问的，可按第5.3.3项〔重新检查〕的约定重新检查。

5.3.3 重新检查

承包人覆盖工程隐蔽部位后，发包人或监理人对质量有疑问的，可要求承包人对已覆盖的部位进行钻孔探测或揭开重新检查，承包人应遵照执行，并在检查后重新覆盖恢复原状。经检查证明工程质量符合合同要求的，由发包人承担由此增加的费用和（或）延误的工期，并支付承包人合理的利润；经检查证明工程质量不符合合同要求的，由此增加的费用和（或）延误的工期由承包人承担。

5.3.4 承包人私自覆盖

承包人未通知监理人到场检查，私自将工程隐蔽部位覆盖的，监理人有权指示承包人钻孔探测或揭开检查，无论工程隐蔽部位质量是否合格，由此增加的费用和（或）延误的工期均由承包人承担。

5.4 不合格工程的处理

5.4.1 因承包人原因造成工程不合格的，发包人有权随时要求承包人采取补救措施，直至达到合同要求的质量标准，由此增加的费用和（或）延误的工期由承包人承担。无法补救的，按照第13.2.4项〔拒绝接收全部或部分工程〕约定执行。

5.4.2 因发包人原因造成工程不合格的，由此增加的费用和（或）延误的工期由发包人承担，并支付承包人合理的利润。

5.5 质量争议检测

合同当事人对工程质量有争议的，由双方协商确定的工程质量检测机构鉴定，由此产生的费用及因此造成的损失，由责任方承担。

合同当事人均有责任的，由双方根据其责任分别承担。合同当事人无法达成一致的，按照第4.4款〔商定或确定〕执行。

6. 安全文明施工与环境保护

6.1 安全文明施工

6.1.1 安全生产要求

合同履行期间，合同当事人均应当遵守国家和工程所在地有关安全生产的要求，合同当事人有特别要求的，应在专用合同条款中明确施工项目安全生产标准化达标目标及相应事项。

承包人有权拒绝发包人及监理人强令承包人违章作业、冒险施工的任何指示。

在施工过程中，如遇到突发的地质变动、事先未知的地下施工障碍等影响施工安全的紧急情况，承包人应及时报告监理人和发包人，发包人应当及时下令停工并报政府有关行政管理部门采取应急措施。

因安全生产需要暂停施工的，按照第 7.8 款〔暂停施工〕的约定执行。

6.1.2 安全生产保证措施

承包人应当按照有关规定编制安全技术措施或者专项施工方案，建立安全生产责任制度、治安保卫制度及安全生产教育培训制度，并按安全生产法律规定及合同约定履行安全职责，如实编制工程安全生产的有关记录，接受发包人、监理人及政府安全监督部门的检查与监督。

6.1.3 特别安全生产事项

承包人应按照法律规定进行施工，开工前做好安全技术交底工作，施工过程中做好各项安全防护措施。承包人为实施合同而雇用的特殊工种的人员应受过专门的培训并已取得政府有关管理机构颁发的上岗证书。

承包人在动力设备、输电线路、地下管道、密封防震车间、易燃易爆地段以及临街交通要道附近施工时，施工开始前应向发包人和监理人提出安全防护措施，经发包人认可后实施。

实施爆破作业，在放射、毒害性环境中施工（含储存、运输、使用）及使用毒害性、腐蚀性物品施工时，承包人应在施工前 7 天以书面通知发包人和监理人，并报送相应的安全防护措施，经发包人认可后实施。

需单独编制危险性较大分部分项专项工程施工方案的，及要求进行专家论证的超过一定规模的危险性较大的分部分项工程，承包人应及时编制和组织论证。

6.1.4 治安保卫

除专用合同条款另有约定外，发包人应与当地公安部门协商，在现场建立治安管理机构或联防组织，统一管理施工场地的治安保卫事项，履行合同工程的治安保卫职责。

发包人和承包人除应协助现场治安管理机构或联防组织维护施工场地的社会治安外，还应做好包括生活区在内的各自管辖区的治安保卫工作。

除专用合同条款另有约定外，发包人和承包人应在工程开工后 7 天内共同编制施工场地治安管理计划，并制定应对突发治安事件的紧急预案。在工程施工过程中，发生暴乱、爆炸等恐怖事件，以及群殴、械斗等群体性突发治安事件的，发包人和承包人应立即向当地政府报告。发包人和承包人应积极协助当地有关部门采取措施平息事态，防止事态扩大，尽量避免人员伤亡和财产损失。

6.1.5 文明施工

承包人在工程施工期间，应当采取措施保持施工现场平整，物料堆放整齐。工程所在地有关政府行政管理部门有特殊要求的，按照其要求执行。合同当事人对文明施工有其他要求的，可以在专用合同条款中明确。

在工程移交之前，承包人应当从施工现场清除承包人的全部工程设备、多余材料、垃圾和各种临时工程，并保持施工现场清洁整齐。经发包人书面同意，承包人可在发包人指定的地点保留承包人履行保修期内的各项义务所需要的材料、施工设备和临时工程。

6.1.6 安全文明施工费

安全文明施工费由发包人承担，发包人不得以任何形式扣减该部分费用。因基准日期后合同所适用的法律或政府有关规定发生变化，增加的安全文明施工费由发包人承担。

承包人经发包人同意采取合同约定以外的安全措施所产生的费用，由发包人承担。未经发包人同意的，如果该措施避免了发包人的损失，则发包人在避免损失的额度内承担该措施费。如果该措施避免了承包人的损失，由承包人承担该措施费。

除专用合同条款另有约定外，发包人应在开工后28天内预付安全文明施工费总额的50%，其余部分与进度款同期支付。发包人逾期支付安全文明施工费超过7天的，承包人有权向发包人发出要求预付的催告通知，发包人收到通知后7天内仍未支付的，承包人有权暂停施工，并按第16.1.1项〔发包人违约的情形〕执行。

承包人对安全文明施工费应专款专用，承包人应在财务账目中单独列项备查，不得挪作他用，否则发包人有权责令其限期改正；逾期未改正的，可以责令其暂停施工，由此增加的费用和（或）延误的工期由承包人承担。

6.1.7 紧急情况处理

在工程实施期间或缺陷责任期内发生危及工程安全的事件，监理人通知承包人进行抢救，承包人声明无能力或不愿立即执行的，发包人有权雇佣其他人员进行抢救。此类抢救按合同约定属于承包人义务的，由此增加的费用和（或）延误的工期由承包人承担。

6.1.8 事故处理

工程施工过程中发生事故的，承包人应立即通知监理人，监理人应立即通知发包人。发包人和承包人应立即组织人员和设备进行紧急抢救和抢修，减少人员伤亡和财产损失，防止事故扩大，并保护事故现场。需要移动现场物品时，应作出标记和书面记录，妥善保管有关证据。发包人和承包人应按国家有关规定，及时如实地向有关部门报告事故发生的情况，以及正在采取的紧急措施等。

6.1.9 安全生产责任

6.1.9.1 发包人的安全责任

发包人应负责赔偿以下各种情况造成的损失：

（1）工程或工程的任何部分对土地的占用所造成的第三者财产损失；

（2）由于发包人原因在施工场地及其毗邻地带造成的第三者人身伤亡和财产损失；

（3）由于发包人原因对承包人、监理人造成的人员人身伤亡和财产损失；

（4）由于发包人原因造成的发包人自身人员的人身伤害以及财产损失。

6.1.9.2 承包人的安全责任

由于承包人原因在施工场地内及其毗邻地带造成的发包人、监理人以及第三者人员伤亡和财产损失，由承包人负责赔偿。

6.2 职业健康

6.2.1 劳动保护

承包人应按照法律规定安排现场施工人员的劳动和休息时间，保障劳动者的休息时间，并支付合理的报酬和费用。承包人应依法为其履行合同所雇用的人员办理必要的证件、许可、保险和注册等，承包人应督促其分包人为分包人所雇用的人员办理必要的证件、许可、保险和注册等。

承包人应按照法律规定保障现场施工人员的劳动安全，并提供劳动保护，并应按国家有关劳动保护的规定，采取有效的防止粉尘、降低噪声、控制有害气体和保障高温、高寒、高空作业安全等劳动保护措施。承包人雇佣人员在施工中受到伤害的，承包人应立即采取有效措施进行抢救和治疗。

承包人应按法律规定安排工作时间，保证其雇佣人员享有休息和休假的权利。因工程施工的特殊需要占用休假日或延长工作时间的，应不超过法律规定的限度，并按法律规定给予补休或付酬。

6.2.2 生活条件

承包人应为其履行合同所雇用的人员提供必要的膳宿条件和生活环境；承包人应采取有效措施预防传染病，保证施工人员的健康，并定期对施工现场、施工人员生活基地和工程进行防疫和卫生的专业检查和处理，在远离城镇的施工场地，还应配备必要的伤病防治和急救的医务人员与医疗设施。

6.3 环境保护

承包人应在施工组织设计中列明环境保护的具体措施。在合同履行期间，承包人应采取合理措施保护施工现场环境。对施工作业过程中可能引起的大气、水、噪音以及固体废物污染采取具体可行的防范措施。

承包人应当承担因其原因引起的环境污染侵权损害赔偿责任，因上述环境污染引起纠纷而导致暂停施工的，由此增加的费用和（或）延误的工期由承包人承担。

7. 工期和进度

7.1 施工组织设计

7.1.1 施工组织设计的内容

施工组织设计应包含以下内容：

（1）施工方案；

（2）施工现场平面布置图；

（3）施工进度计划和保证措施；

（4）劳动力及材料供应计划；

（5）施工机械设备的选用；

（6）质量保证体系及措施；

（7）安全生产、文明施工措施；

（8）环境保护、成本控制措施；

（9）合同当事人约定的其他内容。

7.1.2 施工组织设计的提交和修改

除专用合同条款另有约定外，承包人应在合同签订后14天内，但至迟不得晚于第7.3.2项〔开工通知〕载明的开工日期前7天，向监理人提交详细的施工组织设计，并由监理人报送发包人。除专用合同条款另有约定外，发包人和监理人应在监理人收到施工组织设计后7天内确认或提出修改意见。对发包人和监理人提出的合理意见和要求，承包人应自费修改完善。根据工程实际情况需要修改施工组织设计的，承包人应向发包人和监理人提交修改后的施工组织设计。

施工进度计划的编制和修改按照第7.2款〔施工进度计划〕执行。

7.2 施工进度计划

7.2.1 施工进度计划的编制

承包人应按照第7.1款〔施工组织设计〕约定提交详细的施工进度计划，施工进度计划的编制应当符合国家法律规定和一般工程实践惯例，施工进度计划经发包人批准后实施。施工进度计划是控制工程进度的依据，发包人和监理人有权按照施工进度计划检查工程进度情况。

7.2.2 施工进度计划的修订

施工进度计划不符合合同要求或与工程的实际进度不一致的，承包人应向监理人提交修订的施工进度计划，并附具有关措施和相关资料，由监理人报送发包人。除专用合同条款另有约定外，发包人和监理人应在收到修订的施工进度计划后7天内完成审核和批准或提出修改意见。发包人和监理人对承包人提交的施工进度计划的确认，不能减轻或免除承包人根据法律规定和合同约定应承担的任何责任或义务。

7.3 开工

7.3.1 开工准备

除专用合同条款另有约定外，承包人应按照第 7.1 款〔施工组织设计〕约定的期限，向监理人提交工程开工报审表，经监理人报发包人批准后执行。开工报审表应详细说明按施工进度计划正常施工所需的施工道路、临时设施、材料、工程设备、施工设备、施工人员等落实情况以及工程的进度安排。

除专用合同条款另有约定外，合同当事人应按约定完成开工准备工作。

7.3.2 开工通知

发包人应按照法律规定获得工程施工所需的许可。经发包人同意后，监理人发出的开工通知应符合法律规定。监理人应在计划开工日期7天前向承包人发出开工通知，工期自开工通知中载明的开工日期起算。

除专用合同条款另有约定外，因发包人原因造成监理人未能在计划开工日期之日起 90 天内发出开工通知的，承包人有权提出价格调整要求，或者解除合同。发包人应当承担由此增加的费用和（或）延误的工期，并向承包人支付合理利润。

7.4 测量放线

7.4.1 除专用合同条款另有约定外，发包人应在至迟不得晚于第7.3.2项〔开工通知〕载明的开工日期前7天通过监理人向承包人提供测量基准点、基准线和水准点及其书面资料。发包人应对其提供的测量基准点、基准线和水准点及其书面资料的真实性、准确性和完整性负责。

承包人发现发包人提供的测量基准点、基准线和水准点及其书面资料存在错误或疏漏的，应及时通知监理人。监理人应及时报告发包人，并会同发包人和承包人予以核实。发包人应就如何处理和是否继续施工作出决定，并通知监理人和承包人。

7.4.2 承包人负责施工过程中的全部施工测量放线工作，并配置具有相应资质的人员、合格的仪器、设备和其他物品。承包人应矫正工程的位置、标高、尺寸或准线中出现的任何差错，并对工程各部分的定位负责。

施工过程中对施工现场内水准点等测量标志物的保护工作由承包人负责。

7.5 工期延误

7.5.1 因发包人原因导致工期延误

在合同履行过程中，因下列情况导致工期延误和（或）费用增加的，由发包人承担由此延误的工期和（或）增加的费用，且发包人应支付承包人合理的利润：

（1）发包人未能按合同约定提供图纸或所提供图纸不符合合同约定的；

（2）发包人未能按合同约定提供施工现场、施工条件、基础资料、许可、批准等开工条件的；

（3）发包人提供的测量基准点、基准线和水准点及其书面资料存在错误或疏漏的；

（4）发包人未能在计划开工日期之日起 7 天内同意下达开工通知的；

（5）发包人未能按合同约定日期支付工程预付款、进度款或竣工结算款的；

（6）监理人未按合同约定发出指示、批准等文件的；

（7）专用合同条款中约定的其他情形。

因发包人原因未按计划开工日期开工的，发包人应按实际开工日期顺延竣工日期，确保实际工期不低于合同约定的工期总日历天数。因发包人原因导致工期延误需要修订施工进度计划的，按照第 7.2.2 项〔施工进度计划的修订〕执行。

7.5.2 因承包人原因导致工期延误

因承包人原因造成工期延误的，可以在专用合同条款中约定逾期竣工违约金的计算方法和逾期竣工违约金的上限。承包人支付逾期竣工违约金后，不免除承包人继续完成工程及修补缺陷的义务。

7.6 不利物质条件

不利物质条件是指有经验的承包人在施工现场遇到的不可预见的自然物质条件、非自然的物质障碍和污染物，包括地表以下物质条件和水文条件以及专用合同条款约定的其他情形，但不包括气候条件。

承包人遇到不利物质条件时，应采取克服不利物质条件的合理措施继续施工，并及时通知发包人和监理人。通知应载明不利物质条件的内容以及承包人认为不可预见的理由。监理人经发包人同意后应当及时发出指示，指示构成变更的，按第10条〔变更〕约定执行。承包人因采取合理措施而增加的费用和（或）延误的工期由发包人承担。

7.7 异常恶劣的气候条件

异常恶劣的气候条件是指在施工过程中遇到的，有经验的承包人在签订合同时不可预见的，对合同履行造成实质性影响的，但尚未构成不可抗力事件的恶劣气候条件。合同当事人可以在专用合同条款中约定异常恶劣的气候条件的具体情形。

承包人应采取克服异常恶劣的气候条件的合理措施继续施工，并及时通知发包人和监理人。监理人经发包人同意后应当及时发出指示，指示构成变更的，按第10条〔变更〕约定办理。承包人因采取合理措施而增加的费用和（或）延误的工期由发包人承担。

7.8 暂停施工

7.8.1 发包人原因引起的暂停施工

因发包人原因引起暂停施工的，监理人经发包人同意后，应及时下达暂停施工指示。情况紧急且监理人未及时下达暂停施工指示的，按照第 7.8.4 项〔紧急情况下的暂停施工〕执行。

因发包人原因引起的暂停施工，发包人应承担由此增加的费用和（或）延误的工期，并支付承包人合理的利润。

7.8.2 承包人原因引起的暂停施工

因承包人原因引起的暂停施工，承包人应承担由此增加的费用和（或）延误的工期，且承包人在收到监理人复工指示后 84 天内仍未复工的，视为第 16.2.1 项〔承包人违约的情形〕第（7）目约定的承包人无法继续履行合同的情形。

7.8.3 指示暂停施工

监理人认为有必要时，并经发包人批准后，可向承包人作出暂停施工的指示，承包人应按监理人指示暂停施工。

7.8.4 紧急情况下的暂停施工

因紧急情况需暂停施工，且监理人未及时下达暂停施工指示的，承包人可先暂停施工，并及时通知监理人。监理人应在接到通知后 24 小时内发出指示，逾期未发出指示，视为同意承包人暂停施工。监理人不同意承包人暂停施工的，应说明理由，承包人对监理人的答复有异议，按照第 20 条〔争议解决〕约定处理。

7.8.5 暂停施工后的复工

暂停施工后，发包人和承包人应采取有效措施积极消除暂停施工的影响。在工程复工前，监理人会同发包人和承包人确定因暂停施工造成的损失，并确定工程复工条件。当工程具备复工条件时，监理人应经发包人批准后向承包人发出复工通知，承包人应按照复工通知要求复工。

承包人无故拖延和拒绝复工的，承包人承担由此增加的费用和（或）延误的工期；因发包人原因无法按时复工的，按照第 7.5.1 项〔因发包人原因导致工期延误〕约定办理。

7.8.6 暂停施工持续 56 天以上

监理人发出暂停施工指示后 56 天内未向承包人发出复工通知，除该项停工属于第 7.8.2 项〔承包人原因引起的暂停施工〕及第 17 条〔不可抗力〕约定的情形外，承包人可向发包人提交书面通知，要求发包人在收到书面通知后 28 天内准许已暂停施工的部分或全部工程继续施工。发包人逾期不予批准的，则承包人可以通知发包人，将工程受影响的部分视为按第 10.1 款〔变更的范围〕第（2）项的可取消工作。

暂停施工持续 84 天以上不复工的，且不属于第 7.8.2 项〔承包人原因引起的暂停施工〕及第 17 条〔不可抗力〕约定的情形，并影响到整个工程以及合同目的实现的，承包人有权提出价格调整要求，或者解除合同。解除合同的，按照第 16.1.3 项〔因发包人违约解除合同〕执行。

7.8.7 暂停施工期间的工程照管

暂停施工期间，承包人应负责妥善照管工程并提供安全保障，由此增加的费用由责任方承担。

7.8.8 暂停施工的措施

暂停施工期间，发包人和承包人均应采取必要的措施确保工程质量及安全，防止因暂停施工扩大损失。

7.9 提前竣工

7.9.1 发包人要求承包人提前竣工的，发包人应通过监理人向承包人下达提前竣工指示，承包人应向发包人和监理人提交提前竣工建议书，提前竣工建议书应包括实施的方案、缩短的时间、增加的合同价格等内容。发包人接受该提前竣工建议书的，监理人应与发包人和承包人协商采取加快工程进度的措施，并修订施工进度计划，由此增加的费用由发包人承担。承包人认为提前竣工指示无法执行的，应向监理人和发包人提出书面异议，发包人和监理人应在收到异议后 7 天内予以答复。任何情况下，发包人不得压缩合理工期。

7.9.2 发包人要求承包人提前竣工，或承包人提出提前竣工的建议能够给发包人带来效益的，合同当事人可以在专用合同条款中约定提前竣工的奖励。

8．材料与设备

8.1 发包人供应材料与工程设备

发包人自行供应材料、工程设备的，应在签订合同时在专用合同条款的附件《发包人供应材料设备一览表》中明确材料、工程设备的品种、规格、型号、数量、单价、质量等级和送达地点。

承包人应提前30天通过监理人以书面形式通知发包人供应材料与工程设备进场。承包人按照第7.2.2项〔施工进度计划的修订〕约定修订施工进度计划时，需同时提交经修订后的发包人供应材料与工程设备的进场计划。

8.2 承包人采购材料与工程设备

承包人负责采购材料、工程设备的，应按照设计和有关标准要求采购，并提供产品合格证明及出厂证明，对材料、工程设备质量负责。合同约定由承包人采购的材料、工程设备，发包人不得指定生产厂家或供应商，发包人违反本款约定指定生产厂家或供应商的，承包人有权拒绝，并由发包人承担相应责任。

8.3 材料与工程设备的接收与拒收

8.3.1 发包人应按《发包人供应材料设备一览表》约定的内容提供材料和工程设备，并向承包人提供产品合格证明及出厂证明，对其质量负责。发包人应提前24小时以书面形式通知承包人、监理人材料和工程设备到货时间，承包人负责材料和工程设备的清点、检验和接收。

发包人提供的材料和工程设备的规格、数量或质量不符合合同约定的，或因发包人原因导致交货日期延误或交货地点变更等情况的，按照第16.1款〔发包人违约〕约定办理。

8.3.2 承包人采购的材料和工程设备，应保证产品质量合格，承包人应在材料和工程设备到货前24小时通知监理人检验。承包人进行永久设备、材料的制造和生产的，应符合相关质量标准，并向监理人提交材料的样本以及有关资料，并应在使用该材料或工程设备之前获得监理人同意。

承包人采购的材料和工程设备不符合设计或有关标准要求时，承包人应在监理人要求的合理期限内将不符合设计或有关标准要求的材料、工程设备运出施工现场，并重新采购符合要求的材料、工程设备，由此增加的费用和（或）延误的工期，由承包人承担。

8.4 材料与工程设备的保管与使用

8.4.1 发包人供应材料与工程设备的保管与使用

发包人供应的材料和工程设备，承包人清点后由承包人妥善保管，保管费用由发包人承担，但已标价工程量清单或预算书已经列支或专用合同条款另有约定除外。因承包人原因发生丢失毁损的，由承包人负责赔偿；监理人未通知承包人清点的，承包人不负责材料和工程设备的保管，由此导致丢失毁损的由发包人负责。

发包人供应的材料和工程设备使用前，由承包人负责检验，检验费用由发包人承担，不合格的不得使用。

8.4.2 承包人采购材料与工程设备的保管与使用

承包人采购的材料和工程设备由承包人妥善保管，保管费用由承包人承担。法律规定材料和工程设备使用前必须进行检验或试验的，承包人应按监理人的要求进行检验或试验，检验或试验费用由承包人承担，不合格的不得使用。

发包人或监理人发现承包人使用不符合设计或有关标准要求的材料和工程设备时，有权要求承包人进行修复、拆除或重新采购，由此增加的费用和（或）延误的工期，由承包人承担。

8.5 禁止使用不合格的材料和工程设备

8.5.1 监理人有权拒绝承包人提供的不合格材料或工程设备，并要求承包人立即进行更换。监理人应在更换后再次进行检查和检验，由此增加的费用和（或）延误的工期由承包人承担。

8.5.2 监理人发现承包人使用了不合格的材料和工程设备，承包人应按照监理人的指示立即改正，并禁止在工程中继续使用不合格的材料和工程设备。

8.5.3 发包人提供的材料或工程设备不符合合同要求的，承包人有权拒绝，并可要求发包人更换，由此增加的费用和（或）延误的工期由发包人承担，并支付承包人合理的利润。

8.6 样品

8.6.1 样品的报送与封存

需要承包人报送样品的材料或工程设备，样品的种类、名称、规格、数量等要求均应在专用合同条款中约定。样品的报送程序如下：

（1）承包人应在计划采购前28天向监理人报送样品。承包人报送的样品均应来自供应材料的实际生产地，且提供的样品的规格、数量足以表明材料或工程设备的质量、型号、颜色、表面处理、质地、误差和其他要求的特征。

（2）承包人每次报送样品时应随附申报单，申报单应载明报送样品的相关数据和资料，并标明每件样品对应的图纸号，预留监理人批复意见栏。监理人应在收到承包人报送的样品后7天向承包人回复经发包人签认的样品审批意见。

（3）经发包人和监理人审批确认的样品应按约定的方法封样，封存的样品作为检验工程相关部分的标准之一。承包人在施工过程中不得使用与样品不符的材料或工程设备。

（4）发包人和监理人对样品的审批确认仅为确认相关材料或工程设备的特征或用途，不得被理解为对合同的修改或改变，也并不减轻或免除承包人任何的责任和义务。如果封存的样品修改或改变了合同约定，合同当事人应当以书面协议予以确认。

8.6.2 样品的保管

经批准的样品应由监理人负责封存于现场，承包人应在现场为保存样品提供适当和固定的场所并保持适当和良好的存储环境条件。

8.7 材料与工程设备的替代

8.7.1 出现下列情况需要使用替代材料和工程设备的，承包人应按照第8.7.2项约定的程序执行：

（1）基准日期后生效的法律规定禁止使用的；

（2）发包人要求使用替代品的；

（3）因其他原因必须使用替代品的。

8.7.2 承包人应在使用替代材料和工程设备28天前书面通知监理人，并附下列文件：

（1）被替代的材料和工程设备的名称、数量、规格、型号、品牌、性能、价格及其他相关资料；

（2）替代品的名称、数量、规格、型号、品牌、性能、价格及其他相关资料；

（3）替代品与被替代产品之间的差异以及使用替代品可能对工程产生的影响；

（4）替代品与被替代产品的价格差异；

（5）使用替代品的理由和原因说明；

（6）监理人要求的其他文件。

监理人应在收到通知后14天内向承包人发出经发包人签认的书面指示；监理人逾期发出书面指示的，视为发包人和监理人同意使用替代品。

8.7.3 发包人认可使用替代材料和工程设备的，替代材料和工程设备的价格，按照已标价工程量清单或预算书相同项目的价格认定；无相同项目的，参考相似项目价格认定；既无相同项目也无相似项目的，按照合理的成本与利润构成的原则，由合同当事人按照第4.4款〔商定或确定〕确定价格。

8.8 施工设备和临时设施

8.8.1 承包人提供的施工设备和临时设施

承包人应按合同进度计划的要求，及时配置施工设备和修建临时设施。进入施工场地的承包人设备需经监理人核查后才能投入使用。承包人更换合同约定的承包人设备的，应报监理人批准。

除专用合同条款另有约定外，承包人应自行承担修建临时设施的费用，需要临时占地的，应由发包人办理申请手续并承担相应费用。

8.8.2 发包人提供的施工设备和临时设施

发包人提供的施工设备或临时设施在专用合同条款中约定。

8.8.3 要求承包人增加或更换施工设备

承包人使用的施工设备不能满足合同进度计划和（或）质量要求时，监理人有权要求承包人增加或更换施工设备，承包人应及时增加或更换，由此增加的费用和（或）延误的工期由承包人承担。

8.9 材料与设备专用要求

承包人运入施工现场的材料、工程设备、施工设备以及在施工场地建设的临时设施，包括备品备件、安装工具与资料，必须专用于工程。未经发包人批准，承包人不得运出施工现场或挪作他用；经发包人批准，承包人可以根据施工进度计划撤走闲置的施工设备和其他物品。

9．试验与检验

9.1 试验设备与试验人员

9.1.1 承包人根据合同约定或监理人指示进行的现场材料试验，应由承包人提供试验场所、试验人员、试验设备以及其他必要的试验条件。监理人在必要时可以使用承包人提供的试验场所、试验设备以及其他试验条件，进行以工程质量检查为目的的材料复核试验，承包人应予以协助。

9.1.2 承包人应按专用合同条款的约定提供试验设备、取样装置、试验场所和试验条件，并向监理人提交相应进场计划表。

承包人配置的试验设备要符合相应试验规程的要求并经过具有资质的检测单位检测，且在正式使用该试验设备前，需要经过监理人与承包人共同校定。

9.1.3 承包人应向监理人提交试验人员的名单及其岗位、资格等证明资料，试验人员必须能够熟练进行相应的检测试验，承包人对试验人员的试验程序和试验结果的正确性负责。

9.2 取样

试验属于自检性质的，承包人可以单独取样。试验属于监理人抽检性质的，可由监理人取样，也可由承包人的试验人员在监理人的监督下取样。

9.3 材料、工程设备和工程的试验和检验

9.3.1 承包人应按合同约定进行材料、工程设备和工程的试验和检验，并为监理人对上述材料、工程设备和工程的质量检查提供必要的试验资料和原始记录。按合同约定应由监理人与承包人共同进行试验和检验的，由承包人负责提供必要的试验资料和原始记录。

9.3.2 试验属于自检性质的，承包人可以单独进行试验。试验属于监理人抽检性质的，监理人可以单独进行试验，也可由承包人与监理人共同进行。承包人对由监理人单独进行的试验结果有异议的，可以申请重新共同进行试验。约定共同进行试验的，监理人未按照约定参加试验的，承包人可自行试验，并将试验结果报送监理人，监理人应承认该试验结果。

9.3.3 监理人对承包人的试验和检验结果有异议的，或为查清承包人试验和检验成果的可靠性要求承包人重新试验和检验的，可由监理人与承包人共同进行。重新试验和检验的结果证明该项材料、工程设备或工程的质量不符合合同要求的，由此增加的费用和（或）延误的工期由承包人承担；重新试验和检验结果证明该项材料、工程设备和工程符合合同要求的，由此增加的费用和（或）延误的工期由发包人承担。

9.4 现场工艺试验

承包人应按合同约定或监理人指示进行现场工艺试验。对大型的现场工艺试验，监理人认为必要时，承包人应根据监理人提出的工艺试验要求，编制工艺试验措施计划，报送监理人审查。

10．变更

10.1 变更的范围

除专用合同条款另有约定外，合同履行过程中发生以下情形的，应按照本条约定进行变更：

（1）增加或减少合同中任何工作，或追加额外的工作；

（2）取消合同中任何工作，但转由他人实施的工作除外；

（3）改变合同中任何工作的质量标准或其他特性；

（4）改变工程的基线、标高、位置和尺寸；

（5）改变工程的时间安排或实施顺序。

10.2 变更权

发包人和监理人均可以提出变更。变更指示均通过监理人发出，监理人发出变更指示前应征得发包人同意。承包人收到经发包人签认的变更指示后，方可实施变更。未经许可，承包人不得擅自对工程的任何部分进行变更。

涉及设计变更的，应由设计人提供变更后的图纸和说明。如变更超过原设计标准或批准的建设规模时，发包人应及时办理规划、设计变更等审批手续。

10.3 变更程序

10.3.1 发包人提出变更

发包人提出变更的，应通过监理人向承包人发出变更指示，变更指示应说明计划变更的工程范围和变更的内容。

10.3.2 监理人提出变更建议

监理人提出变更建议的，需要向发包人以书面形式提出变更计划，说明计划变更工程范围和变更的内容、理由，以及实施该变更对合同价格和工期的影响。发包人同意变更的，由监理人向承包人发出变更指示。发包人不同意变更的，监理人无权擅自发出变更指示。

10.3.3 变更执行

承包人收到监理人下达的变更指示后，认为不能执行，应立即提出不能执行该变更指示的理由。承包人认为可以执行变更的，应当书面说明实施该变更指示对合同价格和工期的影响，且合同当事人应当按照第10.4款〔变更估价〕约定确定变更估价。

10.4 变更估价

10.4.1 变更估价原则

除专用合同条款另有约定外，变更估价按照本款约定处理：

（1）已标价工程量清单或预算书有相同项目的，按照相同项目单价认定；

（2）已标价工程量清单或预算书中无相同项目，但有类似项目的，参照类似项目的单价认定；

（3）变更导致实际完成的变更工程量与已标价工程量清单或预算书中列明的该项目工程量的变化幅度超过15%的，或已标价工程量清单或预算书中无相同项目及类似项目单价的，按照合理的成本与利润构成的原则，由合同当事人按照第4.4款〔商定或确定〕确定变更工作的单价。

10.4.2 变更估价程序

承包人应在收到变更指示后14天内，向监理人提交变更估价申请。监理人应在收到承包人提交的变更估价申请后7天内审查完毕并报送发包人，监理人对变更估价申请有异议，通知承包人修改后重新提交。发包人应在承包人提交变更估价申请后14天内审批完毕。发包人逾期未完成审批或未提出异议的，视为认可承包人提交的变更估价申请。

因变更引起的价格调整应计入最近一期的进度款中支付。

10.5 承包人的合理化建议

承包人提出合理化建议的，应向监理人提交合理化建议说明，说明建议的内容和理由，以及实施该建议对合同价格和工期的影响。

除专用合同条款另有约定外，监理人应在收到承包人提交的合理化建议后7天内审查完毕并报送发包人，发现其中存在技术上的缺陷，应通知承包人修改。发包人应在收到监理人报送的合理化建议后7天内审批完毕。合理化建议经发包人批准的，监理人应及时发出变更指示，由此引起的合同价格调整按照第10.4款〔变更估价〕约定执行。发包人不同意变更的，监理人应书面通知承包人。

合理化建议降低了合同价格或者提高了工程经济效益的，发包人可对承包人给予奖励，奖励的方法和金额在专用合同条款中约定。

10.6 变更引起的工期调整

因变更引起工期变化的，合同当事人均可要求调整合同工期，由合同当事人按照第4.4款〔商定或确定〕并参考工程所在地的工期定额标准确定增减工期天数。

10.7 暂估价

暂估价专业分包工程、服务、材料和工程设备的明细由合同当事人在专用合同条款中约定。

10.7.1 依法必须招标的暂估价项目

对于依法必须招标的暂估价项目，采取以下第 1 种方式确定。合同当事人也可以在专用合同条款中选择其他招标方式。

第 1 种方式：对于依法必须招标的暂估价项目，由承包人招标，对该暂估价项目的确认和批准按照以下约定执行：

（1）承包人应当根据施工进度计划，在招标工作启动前 14 天将招标方案通过监理人报送发包人审查，发包人应当在收到承包人报送的招标方案后 7 天内批准或提出修改意见。承包人应当按照经过发包人批准的招标方案开展招标工作；

（2）承包人应当根据施工进度计划，提前 14 天将招标文件通过监理人报送发包人审批，发包人应当在收到承包人报送的相关文件后 7 天内完成审批或提出修改意见；发包人有权确定招标控制价并按照法律规定参加评标；

（3）承包人与供应商、分包人在签订暂估价合同前，应当提前 7 天将确定的中标候选供应商或中标候选分包人的资料报送发包人，发包人应在收到资料后 3 天内与承包人共同确定中标人；承包人应当在签订合同后 7 天内，将暂估价合同副本报送发包人留存。

第 2 种方式：对于依法必须招标的暂估价项目，由发包人和承包人共同招标确定暂估价供应商或分包人的，承包人应按照施工进度计划，在招标工作启动前 14 天通知发包人，并提交暂估价招标方案和工作分工。发包人应在收到后 7 天内确认。确定中标人后，由发包人、承包人与中标人共同签订暂估价合同。

10.7.2 不属于依法必须招标的暂估价项目

除专用合同条款另有约定外，对于不属于依法必须招标的暂估价项目，采取以下第 1 种方式确定：

第 1 种方式：对于不属于依法必须招标的暂估价项目，按本项约定确认和批准：

（1）承包人应根据施工进度计划，在签订暂估价项目的采购合同、分包合同前 28 天向监理人提出书面申请。监理人应当在收到申请后 3 天内报送发包人，发包人应当在收到申请后 14 天内给予批准或提出修改意见，发包人逾期未予批准或提出修改意见的，视为该书面申请已获得同意；

（2）发包人认为承包人确定的供应商、分包人无法满足工程质量或合同要求的，发包人可以要求承包人重新确定暂估价项目的供应商、分包人；

（3）承包人应当在签订暂估价合同后 7 天内，将暂估价合同副本报送发包人留存。

第 2 种方式：承包人按照第 10.7.1 项〔依法必须招标的暂估价项目〕约定的第 1 种方式确定暂估价项目。

第 3 种方式：承包人直接实施的暂估价项目

承包人具备实施暂估价项目的资格和条件的，经发包人和承包人协商一致后，可由承包人自行实施暂估价项目，合同当事人可以在专用合同条款约定具体事项。

10.7.3 因发包人原因导致暂估价合同订立和履行迟延的，由此增加的费用和（或）延误的工期由发包人承担，并支付承包人合理的利润。因承包人原因导致暂估价合同订立和履行迟延的，由此增加的费用和（或）延误的工期由承包人承担。

10.8 暂列金额

暂列金额应按照发包人的要求使用，发包人的要求应通过监理人发出。合同当事人可以在专用合同条款中协商确定有关事项。

10.9 计日工

需要采用计日工方式的，经发包人同意后，由监理人通知承包人以计日工计价方式实施相应的工作，其价款按列入已标价工程量清单或预算书中的计日工计价项目及其单价进行计算；已标价工程量清单或预算书中无相应的计日工单价的，按照合理的成本与利润构成的原则，由合同当事人按照第4.4款〔商定或确定〕确定计日工的单价。

采用计日工计价的任何一项工作，承包人应在该项工作实施过程中，每天提交以下报表和有关凭证报送监理人审查：

（1）工作名称、内容和数量；

（2）投入该工作的所有人员的姓名、专业、工种、级别和耗用工时；

（3）投入该工作的材料类别和数量；

（4）投入该工作的施工设备型号、台数和耗用台时；

（5）其他有关资料和凭证。

计日工由承包人汇总后，列入最近一期进度付款申请单，由监理人审查并经发包人批准后列入进度付款。

11．价格调整

11.1 市场价格波动引起的调整

除专用合同条款另有约定外，市场价格波动超过合同当事人约定的范围，合同价格应当调整。合同当事人可以在专用合同条款中约定选择以下一种方式对合同价格进行调整：

第 1 种方式：采用价格指数进行价格调整。

（1）价格调整公式

因人工、材料和设备等价格波动影响合同价格时，根据专用合同条款中约定的数据，按以下公式计算差额并调整合同价格：

$$\Delta P = P_0\left[A+\left(B_1\times\frac{F_{t1}}{F_{01}}+B_2\times\frac{F_{t2}}{F_{02}}+B_3\times\frac{F_{t3}}{F_{03}}+\cdots+B_n\times\frac{F_{tn}}{F_{0n}}\right)-1\right]$$

式中：ΔP——需调整的价格差额；

P_0——约定的付款证书中承包人应得到的已完成工程量的金额。此项金额应不包括价格调整、不计质量保证金的扣留和支付、预付款的支付和扣回。约定的变更及其他金额已按现行价格计价的，也不计在内；

A——定值权重（即不调部分的权重）；

$B_1,B_2,B_3\cdots B_n$——各可调因子的变值权重（即可调部分的权重），为各可调因子在签约合同价中所占的比例；

$F_{t1},F_{t2},F_{t3}\cdots F_{tn}$——各可调因子的现行价格指数，指约定的付款证书相关周期最后一天的前 42 天的各可调因子的价格指数；

$F_{01},F_{02},F_{03}\cdots F_{0n}$——各可调因子的基本价格指数，指基准日期的各可调因子的价格指数。

以上价格调整公式中的各可调因子、定值和变值权重，以及基本价格指数及其来源在投标函附录价格指数和权重表中约定，非招标订立的合同，由合同当事人在专用合同条款中约定。价格指数应首先采用工程造价管理机构发布的价格指数，无前述价格指数时，可采用工程造价管理机构发布的价格代替。

（2）暂时确定调整差额

在计算调整差额时无现行价格指数的，合同当事人同意暂用前次价格指数计算。实际价格指数有调整的，合同当事人进行相应调整。

（3）权重的调整

因变更导致合同约定的权重不合理时，按照第 4.4 款（商定或确定）执行。

（4）因承包人原因工期延误后的价格调整

因承包人原因未按期竣工的，对合同约定的竣工日期后继续施工的工程，在使用价格调整公式时，应采用计划竣工日期与实际竣工日期的两个价格指数中较低的一个作为现行价格指数。

第 2 种方式：采用造价信息进行价格调整。

合同履行期间，因人工、材料、工程设备和机械台班价格波动影响合同价格时，人工、机械使用费按照国家或省、自治区、直辖市建设行政管理部门、行业建设管理部门或其授权的工程造价管理机构发布的人工、机械使用费系数进行调整；需要进行价格调整的材料，其单价和采购数量应由发包人审批，发包人确认需调整的材料单价及数量，作为调整合同价格的依据。

（1）人工单价发生变化且符合省级或行业建设主管部门发布的人工费调整规定，合同当事人应按省级或行业建设主管部门或其授权的工程造价管理机构发布的人工费等文件调整合同价格，但承包人对人工费或人工单价的报价高于发布价格的除外。

（2）材料、工程设备价格变化的价款调整按照发包人提供的基准价格，按以下风险范围规定执行：

①承包人在已标价工程量清单或预算书中载明材料单价低于基准价格的：除专用合同条款另有约定外，合同履行期间材料单价涨幅以基准价格为基础超过 5%时，或材料单价跌幅以在已标价工程量清单或预算书中载明材料单价为基础超过 5%时，其超过部分据实调整。

②承包人在已标价工程量清单或预算书中载明材料单价高于基准价格的：除专用合同条款另有约定外，合同履行期间材料单价跌幅以基准价格为基础超过 5%时，材料单价涨幅以在已标价工程量清单或预算书中载明材料单价为基础超过 5%时，其超过部分据实调整。

③承包人在已标价工程量清单或预算书中载明材料单价等于基准价格的：除专用合同条款另有约定外，合同履行期间材料单价涨跌幅以基准价格为基础超过±5%时，其超过部分据实调整。

④承包人应在采购材料前将采购数量和新的材料单价报发包人核对，发包人确认用于工程时，发包人应确认采购材料的数量和单价。发包人在收到承包人报送的确认资料后 5 天内不予答复的视为认可，作为调整合同价格的依据。未经发包人事先核对，承包人自行采购材料的，发包人有权不予调整合同价格。发包人同意的，可以调整合同价格。

前述基准价格是指由发包人在招标文件或专用合同条款中给定的材料、工程设备的价格，该价格原则上应当按照省级或行业建设主管部门或其授权的工程造价管理机构发布的信息价编制。

（3）施工机械台班单价或施工机械使用费发生变化超过省级或行业建设主管部门或其授权的工程造价管理机构规定的范围时，按规定调整合同价格。

第 3 种方式：专用合同条款约定的其他方式。

11.2 法律变化引起的调整

基准日期后，法律变化导致承包人在合同履行过程中所需要的费用发生除第 11.1 款〔市场价格波动引起的调整〕约定以外的增加时，由发包人承担由此增加的费用；减少时，应从合同价格中予以扣减。基准日期后，因法律变化造成工期延误时，工期应予以顺延。

因法律变化引起的合同价格和工期调整，合同当事人无法达成一致的，由总监理工程师按第 4.4 款〔商定或确定〕的约定处理。

因承包人原因造成工期延误，在工期延误期间出现法律变化的，由此增加的费用和（或）延误的工期由承包人承担。

12．合同价格、计量与支付

12.1 合同价格形式

发包人和承包人应在合同协议书中选择下列一种合同价格形式：

1．单价合同

单价合同是指合同当事人约定以工程量清单及其综合单价进行合同价格计算、调整和确认的建设工程施工合同，在约定的范围内合同单价不作调整。合同当事人应在专用合同条款中约定综合单价包含的风险范围和风险费用的计算方法，并约定风险范围以外的合同价格的调整方法，其中因市场价格波动引起的调整按第11.1款〔市场价格波动引起的调整〕约定执行。

2．总价合同

总价合同是指合同当事人约定以施工图、已标价工程量清单或预算书及有关条件进行合同价格计算、调整和确认的建设工程施工合同，在约定的范围内合同总价不作调整。合同当事人应在专用合同条款中约定总价包含的风险范围和风险费用的计算方法，并约定风险范围以外的合同价格的调整方法，其中因市场价格波动引起的调整按第11.1款〔市场价格波动引起的调整〕、因法律变化引起的调整按第11.2款〔法律变化引起的调整〕约定执行。

3．其他价格形式

合同当事人可在专用合同条款中约定其他合同价格形式。

12.2 预付款

12.2.1 预付款的支付

预付款的支付按照专用合同条款约定执行，但至迟应在开工通知载明的开工日期 7 天前支付。预付款应当用于材料、工程设备、施工设备的采购及修建临时工程、组织施工队伍进场等。

除专用合同条款另有约定外，预付款在进度付款中同比例扣回。在颁发工程接收证书前，提前解除合同的，尚未扣完的预付款应与合同价款一并结算。

发包人逾期支付预付款超过 7 天的，承包人有权向发包人发出要求预付的催告通知，发包人收到通知后 7 天内仍未支付的，承包人有权暂停施工，并按第 16.1.1 项〔发包人违约的情形〕执行。

12.2.2 预付款担保

发包人要求承包人提供预付款担保的，承包人应在发包人支付预付款 7 天前提供预付款担保，专用合同条款另有约定除外。预付款担保可采用银行保函、担保公司担保等形式，具体由合同当事人在专用合同条款中约定。在预付款完全扣回之前，承包人应保证预付款担保持续有效。

发包人在工程款中逐期扣回预付款后，预付款担保额度应相应减少，但剩余的预付款担保金额不得低于未被扣回的预付款金额。

12.3 计量

12.3.1 计量原则

工程量计量按照合同约定的工程量计算规则、图纸及变更指示等进行计量。工程量计算规则应以相关的国家标准、行业标准等为依据，由合同当事人在专用合同条款中约定。

12.3.2 计量周期

除专用合同条款另有约定外，工程量的计量按月进行。

12.3.3 单价合同的计量

除专用合同条款另有约定外，单价合同的计量按照本项约定执行：

（1）承包人应于每月 25 日向监理人报送上月 20 日至当月 19 日已完成的工程量报告，并附具进度付款申请单、已完成工程量报表和有关资料。

（2）监理人应在收到承包人提交的工程量报告后 7 天内完成对承包人提交的工程量报表的审核并报送发包人，以确定当月实际完成的工程量。监理人对工程量有异议的，有权要求承包人进行共同复核或抽样复测。承包人应协助监理人进行复核或抽样复测，并按监理人要求提供补充计量资料。承包人未按监理人要求参加复核或抽样复测的，监理人复核或修正的工程量视为承包人实际完成的工程量。

（3）监理人未在收到承包人提交的工程量报表后的 7 天内完成审核的，承包人报送的工程量报告中的工程量视为承包人实际完成的工程量，据此计算工程价款。

12.3.4 总价合同的计量

除专用合同条款另有约定外，按月计量支付的总价合同，按照本项约定执行：

（1）承包人应于每月 25 日向监理人报送上月 20 日至当月 19 日已完成的工程量报告，并附具进度付款申请单、已完成工程量报表和有关资料。

（2）监理人应在收到承包人提交的工程量报告后 7 天内完成对承包人提交的工程量报表的审核并报送发包人，以确定当月实际完成的工程量。监理人对工程量有异议的，有权要求承包人进行共同复核或抽样复测。承包人应协助监理人进行复核或抽样复测并按监理人要求提供补充计量资料。承包人未按监理人要求参加复核或抽样复测的，监理人审核或修正的工程量视为承包人实际完成的工程量。

（3）监理人未在收到承包人提交的工程量报表后的 7 天内完成复核的，承包人提交的工程量报告中的工程量视为承包人实际完成的工程量。

12.3.5 总价合同采用支付分解表计量支付的，可以按照第 12.3.4 项〔总价合同的计量〕约定进行计量，但合同价款按照支付分解表进行支付。

12.3.6 其他价格形式合同的计量

合同当事人可在专用合同条款中约定其他价格形式合同的计量方式和程序。

12.4 工程进度款支付

12.4.1 付款周期

除专用合同条款另有约定外，付款周期应按照第 12.3.2 项〔计量周期〕的约定与计量周期保持一致。

12.4.2 进度付款申请单的编制

除专用合同条款另有约定外，进度付款申请单应包括下列内容：

（1）截至本次付款周期已完成工作对应的金额；

（2）根据第10条〔变更〕应增加和扣减的变更金额；

（3）根据第12.2款〔预付款〕约定应支付的预付款和扣减的返还预付款；

（4）根据第15.3款〔质量保证金〕约定应扣减的质量保证金；

（5）根据第19条〔索赔〕应增加和扣减的索赔金额；

（6）对已签发的进度款支付证书中出现错误的修正，应在本次进度付款中支付或扣除的金额；

（7）根据合同约定应增加和扣减的其他金额。

12.4.3 进度付款申请单的提交

（1）单价合同进度付款申请单的提交

单价合同的进度付款申请单，按照第12.3.3项〔单价合同的计量〕约定的时间按月向监理人提交，并附上已完成工程量报表和有关资料。单价合同中的总价项目按月进行支付分解，并汇总列入当期进度付款申请单。

（2）总价合同进度付款申请单的提交

总价合同按月计量支付的，承包人按照第12.3.4项〔总价合同的计量〕约定的时间按月向监理人提交进度付款申请单，并附上已完成工程量报表和有关资料。

总价合同按支付分解表支付的，承包人应按照第12.4.6项〔支付分解表〕及第12.4.2项〔进度付款申请单的编制〕的约定向监理人提交进度付款申请单。

（3）其他价格形式合同的进度付款申请单的提交

合同当事人可在专用合同条款中约定其他价格形式合同的进度付款申请单的编制和提交程序。

12.4.4 进度款审核和支付

（1）除专用合同条款另有约定外，监理人应在收到承包人进度付款申请单以及相关资料后7天内完成审查并报送发包人，发包人应在收到后7天内完成审批并签发进度款支付证书。发包人逾期未完成审批且未提出异议的，视为已签发进度款支付证书。

发包人和监理人对承包人的进度付款申请单有异议的，有权要求承包人修正和提供补充资料，承包人应提交修正后的进度付款申请单。监理人应在收到承包人修正后的进度付款申请单及相关资料后7天内完成审查并报送发包人，发包人应在收到监理人报送的进度付款申请单及相关资料后7天内，向承包人签发无异议部分的临时进度款支付证书。存在争议的部分，按照第20条〔争议解决〕的约定处理。

（2）除专用合同条款另有约定外，发包人应在进度款支付证书或临时进度款支付证书签发后14天内完成支付，发包人逾期支付进度款的，应按照中国人民银行发布的同期同类贷款基准利率支付违约金。

（3）发包人签发进度款支付证书或临时进度款支付证书，不表明发包人已同意、批准或接受了承包人完成的相应部分的工作。

12.4.5 进度付款的修正

在对已签发的进度款支付证书进行阶段汇总和复核中发现错误、遗漏或重复的，发包人和承包人均有权提出修正申请。经发包人和承包人同意的修正，应在下期进度付款中支付或扣除。

12.4.6 支付分解表

1．支付分解表的编制要求

（1）支付分解表中所列的每期付款金额，应为第 12.4.2 项〔进度付款申请单的编制〕第（1）目的估算金额；

（2）实际进度与施工进度计划不一致的，合同当事人可按照第 4.4 款〔商定或确定〕修改支付分解表；

（3）不采用支付分解表的，承包人应向发包人和监理人提交按季度编制的支付估算分解表，用于支付参考。

2．总价合同支付分解表的编制与审批

（1）除专用合同条款另有约定外，承包人应根据第 7.2 款〔施工进度计划〕约定的施工进度计划、签约合同价和工程量等因素对总价合同按月进行分解，编制支付分解表。承包人应当在收到监理人和发包人批准的施工进度计划后 7 天内，将支付分解表及编制支付分解表的支持性资料报送监理人。

（2）监理人应在收到支付分解表后 7 天内完成审核并报送发包人。发包人应在收到经监理人审核的支付分解表后 7 天内完成审批，经发包人批准的支付分解表为有约束力的支付分解表。

（3）发包人逾期未完成支付分解表审批的，也未及时要求承包人进行修正和提供补充资料的，则承包人提交的支付分解表视为已经获得发包人批准。

3．单价合同的总价项目支付分解表的编制与审批

除专用合同条款另有约定外，单价合同的总价项目，由承包人根据施工进度计划和总价项目的总价构成、费用性质、计划发生时间和相应工程量等因素按月进行分解，形成支付分解表，其编制与审批参照总价合同支付分解表的编制与审批执行。

12.5 支付账户

发包人应将合同价款支付至合同协议书中约定的承包人账户。

13．验收和工程试车

13.1 分部分项工程验收

13.1.1 分部分项工程质量应符合国家有关工程施工验收规范、标准及合同约定，承包人应按照施工组织设计的要求完成分部分项工程施工。

13.1.2 除专用合同条款另有约定外，分部分项工程经承包人自检合格并具备验收条件的，承包人应提前 48 小时通知监理人进行验收。监理人不能按时进行验收的，应在验收前 24 小时向承包人提交书面延期要求，但延期不能超过 48 小时。监理人未按时进行验收，也未提出延期要求的，承包人有权自行验收，监理人应认可验收结果。分部分项工程未经验收的，不得进入下一道工序施工。

分部分项工程的验收资料应当作为竣工资料的组成部分。

13.2 竣工验收

13.2.1 竣工验收条件

工程具备以下条件的，承包人可以申请竣工验收：

（1）除发包人同意的甩项工作和缺陷修补工作外，合同范围内的全部工程以及有关工作，包括合同要求的试验、试运行以及检验均已完成，并符合合同要求；

（2）已按合同约定编制了甩项工作和缺陷修补工作清单以及相应的施工计划；

（3）已按合同约定的内容和份数备齐竣工资料。

13.2.2 竣工验收程序

除专用合同条款另有约定外，承包人申请竣工验收的，应当按照以下程序进行：

（1）承包人向监理人报送竣工验收申请报告，监理人应在收到竣工验收申请报告后 14 天内完成审查并报送发包人。监理人审查后认为尚不具备验收条件的，应通知承包人在竣工验收前承包人还需完成的工作内容，承包人应在完成监理人通知的全部工作内容后，再次提交

竣工验收申请报告。

（2）监理人审查后认为已具备竣工验收条件的，应将竣工验收申请报告提交发包人，发包人应在收到经监理人审核的竣工验收申请报告后 28 天内审批完毕并组织监理人、承包人、设计人等相关单位完成竣工验收。

（3）竣工验收合格的，发包人应在验收合格后 14 天内向承包人签发工程接收证书。发包人无正当理由逾期不颁发工程接收证书的，自验收合格后第 15 天起视为已颁发工程接收证书。

（4）竣工验收不合格的，监理人应按照验收意见发出指示，要求承包人对不合格工程返工、修复或采取其他补救措施，由此增加的费用和（或）延误的工期由承包人承担。承包人在完成不合格工程的返工、修复或采取其他补救措施后，应重新提交竣工验收申请报告，并按本项约定的程序重新进行验收。

（5）工程未经验收或验收不合格，发包人擅自使用的，应在转移占有工程后 7 天内向承包人颁发工程接收证书；发包人无正当理由逾期不颁发工程接收证书的，自转移占有后第 15 天起视为已颁发工程接收证书。

除专用合同条款另有约定外，发包人不按照本项约定组织竣工验收、颁发工程接收证书的，每逾期一天，应以签约合同价为基数，按照中国人民银行发布的同期同类贷款基准利率支付违约金。

13.2.3 竣工日期

工程经竣工验收合格的，以承包人提交竣工验收申请报告之日为实际竣工日期，并在工程接收证书中载明；因发包人原因，未在监理人收到承包人提交的竣工验收申请报告42天内完成竣工验收，或完成竣工验收不予签发工程接收证书的，以提交竣工验收申请报告的日期为实际竣工日期；工程未经竣工验收，发包人擅自使用的，以转移占有工程之日为实际竣工日期。

13.2.4 拒绝接收全部或部分工程

对于竣工验收不合格的工程，承包人完成整改后，应当重新进行竣工验收，经重新组织验收仍不合格的且无法采取措施补救的，则发包人可以拒绝接收不合格工程，因不合格工程导致其他工程不能正常使用的，承包人应采取措施确保相关工程的正常使用，由此增加的费用和（或）延误的工期由承包人承担。

13.2.5 移交、接收全部与部分工程

除专用合同条款另有约定外，合同当事人应当在颁发工程接收证书后7天内完成工程的移交。

发包人无正当理由不接收工程的，发包人自应当接收工程之日起，承担工程照管、成品保护、保管等与工程有关的各项费用，合同当事人可以在专用合同条款中另行约定发包人逾期接收工程的违约责任。

承包人无正当理由不移交工程的，承包人应承担工程照管、成品保护、保管等与工程有关的各项费用，合同当事人可以在专用合同条款中另行约定承包人无正当理由不移交工程的违约责任。

13.3 工程试车

13.3.1 试车程序

工程需要试车的，除专用合同条款另有约定外，试车内容应与承包人承包范围相一致，试车费用由承包人承担。工程试车应按如下程序进行：

（1）具备单机无负荷试车条件，承包人组织试车，并在试车前 48 小时书面通知监理人，通知中应载明试车内容、时间、地点。承包人准备试车记录，发包人根据承包人要求为试车提供必要条件。试车合格的，监理人在试车记录上签字。监理人在试车合格后不在试车记录上签字，自试车结束满 24 小时后视为监理人已经认可试车记录，承包人可继续施工或办理竣工验收手续。

监理人不能按时参加试车，应在试车前 24 小时以书面形式向承包人提出延期要求，但延期不能超过 48 小时，由此导致工期延误的，工期应予以顺延。监理人未能在前述期限内提出延期要求，又不参加试车的，视为认可试车记录。

（2）具备无负荷联动试车条件，发包人组织试车，并在试车前 48 小时以书面形式通知承包人。通知中应载明试车内容、时间、地点和对承包人的要求，承包人按要求做好准备工作。试车合格，合同当事人在试车记录上签字。承包人无正当理由不参加试车的，视为认可试车记录。

13.3.2 试车中的责任

因设计原因导致试车达不到验收要求，发包人应要求设计人修改设计，承包人按修改后的设计重新安装。发包人承担修改设计、拆除及重新安装的全部费用，工期相应顺延。因承包人原因导致试车达不到验收要求，承包人按监理人要求重新安装和试车，并承担重新安装和试车的费用，工期不予顺延。

因工程设备制造原因导致试车达不到验收要求的，由采购该工程设备的合同当事人负责重新购置或修理，承包人负责拆除和重新安装，由此增加的修理、重新购置、拆除及重新安装的费用及延误的工期由采购该工程设备的合同当事人承担。

13.3.3 投料试车

如需进行投料试车的，发包人应在工程竣工验收后组织投料试车。发包人要求在工程竣工验收前进行或需要承包人配合时，应征得承包人同意，并在专用合同条款中约定有关事项。

投料试车合格的，费用由发包人承担；因承包人原因造成投料试车不合格的，承包人应按照发包人要求进行整改，由此产生的整改费用由承包人承担；非因承包人原因导致投料试车不合格的，如发包人要求承包人进行整改的，由此产生的费用由发包人承担。

13.4 提前交付单位工程的验收

13.4.1 发包人需要在工程竣工前使用单位工程的，或承包人提出提前交付已经竣工的单位工程且经发包人同意的，可进行单位工程验收，验收的程序按照第 13.2 款〔竣工验收〕的约定进行。

验收合格后，由监理人向承包人出具经发包人签认的单位工程接收证书。已签发单位工程接收证书的单位工程由发包人负责照管。单位工程的验收成果和结论作为整体工程竣工验收申请报告的附件。

13.4.2 发包人要求在工程竣工前交付单位工程，由此导致承包人费用增加和（或）工期延误的，由发包人承担由此增加的费用和（或）延误的工期，并支付承包人合理的利润。

13.5 施工期运行

13.5.1 施工期运行是指合同工程尚未全部竣工，其中某项或某几项单位工程或工程设备安装已竣工，根据专用合同条款约定，需要投入施工期运行的，经发包人按第 13.4 款〔提前交付单位工程的验收〕的约定验收合格，证明能确保安全后，才能在施工期投入运行。

13.5.2 在施工期运行中发现工程或工程设备损坏或存在缺陷的，由承包人按第 15.2 款〔缺陷责任期〕约定进行修复。

13.6 竣工退场

13.6.1 竣工退场

颁发工程接收证书后，承包人应按以下要求对施工现场进行清理：

（1）施工现场内残留的垃圾已全部清除出场；

（2）临时工程已拆除，场地已进行清理、平整或复原；

（3）按合同约定应撤离的人员、承包人施工设备和剩余的材料，包括废弃的施工设备和材料，已按计划撤离施工现场；

（4）施工现场周边及其附近道路、河道的施工堆积物，已全部清理；

（5）施工现场其他场地清理工作已全部完成。

施工现场的竣工退场费用由承包人承担。承包人应在专用合同条款约定的期限内完成竣工退场，逾期未完成的，发包人有权出售或另行处理承包人遗留的物品，由此支出的费用由承包人承担，发包人出售承包人遗留物品所得款项在扣除必要费用后应返还承包人。

13.6.2 地表还原

承包人应按发包人要求恢复临时占地及清理场地，承包人未按发包人的要求恢复临时占地，或者场地清理未达到合同约定要求的，发包人有权委托其他人恢复或清理，所发生的费用由承包人承担。

14. 竣工结算

14.1 竣工结算申请

除专用合同条款另有约定外，承包人应在工程竣工验收合格后28天内向发包人和监理人提交竣工结算申请单，并提交完整的结算资料，有关竣工结算申请单的资料清单和份数等要求由合同当事人在专用合同条款中约定。

除专用合同条款另有约定外，竣工结算申请单应包括以下内容：

（1）竣工结算合同价格；

（2）发包人已支付承包人的款项；

（3）应扣留的质量保证金；

（4）发包人应支付承包人的合同价款。

14.2 竣工结算审核

（1）除专用合同条款另有约定外，监理人应在收到竣工结算申请单后14天内完成核查并报送发包人。发包人应在收到监理人提交的经审核的竣工结算申请单后14天内完成审批，并由监理人向承包人签发经发包人签认的竣工付款证书。监理人或发包人对竣工结算申请单有异议的，有权要求承包人进行修正和提供补充资料，承包人应提交修正后的竣工结算申请单。

发包人在收到承包人提交竣工结算申请书后28天内未完成审批且未提出异议的，视为发包人认可承包人提交的竣工结算申请单，并自发包人收到承包人提交的竣工结算申请单后第29天起视为已签发竣工付款证书。

（2）除专用合同条款另有约定外，发包人应在签发竣工付款证书后的14 天内，完成对承包人的竣工付款。发包人逾期支付的，按照中国人民银行发布的同期同类贷款基准利率支付违约金；逾期支付超过56天的，按照中国人民银行发布的同期同类贷款基准利率的两倍支付违约金。

（3）承包人对发包人签认的竣工付款证书有异议的，对于有异议部分应在收到发包人签认的竣工付款证书后7天内提出异议，并由合同当事人按照专用合同条款约定的方式和程序进行复核，或按照第20条〔争议解决〕约定处理。对于无异议部分，发包人应签发临时竣工付款证书，并按本款第（2）项完成付款。承包人逾期未提出异议的，视为认可发包人的审批结果。

14.3 甩项竣工协议

发包人要求甩项竣工的，合同当事人应签订甩项竣工协议。在甩项竣工协议中应明确，合同当事人按照第14.1款〔竣工结算申请〕及14.2款〔竣工结算审核〕的约定，对已完合格工程进行结算，并支付相应合同价款。

14.4 最终结清

14.4.1 最终结清申请单

（1）除专用合同条款另有约定外，承包人应在缺陷责任期终止证书颁发后7天内，按专用合同条款约定的份数向发包人提交最终结清申请单，并提供相关证明材料。

除专用合同条款另有约定外，最终结清申请单应列明质量保证金、应扣除的质量保证金、缺陷责任期内发生的增减费用。

（2）发包人对最终结清申请单内容有异议的，有权要求承包人进行修正和提供补充资料，承包人应向发包人提交修正后的最终结清申请单。

14.4.2 最终结清证书和支付

（1）除专用合同条款另有约定外，发包人应在收到承包人提交的最终结清申请单后14天内完成审批并向承包人颁发最终结清证书。发包人逾期未完成审批，又未提出修改意见的，视为发包人同意承包人提交的最终结清申请单，且自发包人收到承包人提交的最终结清申请单后15天起视为已颁发最终结清证书。

（2）除专用合同条款另有约定外，发包人应在颁发最终结清证书后7天内完成支付。发包人逾期支付的，按照中国人民银行发布的同期同类贷款基准利率支付违约金；逾期支付超过56天的，按照中国人民银行发布的同期同类贷款基准利率的两倍支付违约金。

（3）承包人对发包人颁发的最终结清证书有异议的，按第20条〔争议解决〕的约定办理。

15．缺陷责任与保修

15.1 工程保修的原则

在工程移交发包人后，因承包人原因产生的质量缺陷，承包人应承担质量缺陷责任和保修义务。缺陷责任期届满，承包人仍应按合同约定的工程各部位保修年限承担保修义务。

15.2 缺陷责任期

15.2.1 缺陷责任期自实际竣工日期起计算，合同当事人应在专用合同条款约定缺陷责任期的具体期限，但该期限最长不超过24个月。

单位工程先于全部工程进行验收，经验收合格并交付使用的，该单位工程缺陷责任期自单位工程验收合格之日起算。因发包人原因导致工程无法按合同约定期限进行竣工验收的，缺陷责任期自承包人提交竣工验收申请报告之日起开始计算；发包人未经竣工验收擅自使用工程的，缺陷责任期自工程转移占有之日起开始计算。

15.2.2 工程竣工验收合格后，因承包人原因导致的缺陷或损坏致使工程、单位工程或某项主要设备不能按原定目的使用的，则发包人有权要求承包人延长缺陷责任期，并应在原缺陷责任期届满前发出延长通知，但缺陷责任期最长不能超过24个月。

15.2.3 任何一项缺陷或损坏修复后，经检查证明其影响了工程或工程设备的使用性能，承包人应重新进行合同约定的试验和试运行，试验和试运行的全部费用应由责任方承担。

15.2.4 除专用合同条款另有约定外，承包人应于缺陷责任期届满后7天内向发包人发出缺陷责任期届满通知，发包人应在收到缺陷责任期满通知后14天内核实承包人是否履行缺陷修复义务，承包人未能履行缺陷修复义务的，发包人有权扣除相应金额的维修费用。发包人应在收到缺陷责任期届满通知后14天内，向承包人颁发缺陷责任期终止证书。

15.3 质量保证金

经合同当事人协商一致扣留质量保证金的，应在专用合同条款中予以明确。

15.3.1 承包人提供质量保证金的方式

承包人提供质量保证金有以下三种方式：

（1）质量保证金保函；

（2）相应比例的工程款；

（3）双方约定的其他方式。

除专用合同条款另有约定外，质量保证金原则上采用上述第（1）种方式。

15.3.2 质量保证金的扣留

质量保证金的扣留有以下三种方式：

（1）在支付工程进度款时逐次扣留，在此情形下，质量保证金的计算基数不包括预付款的支付、扣回以及价格调整的金额；

（2）工程竣工结算时一次性扣留质量保证金；

（3）双方约定的其他扣留方式。

除专用合同条款另有约定外，质量保证金的扣留原则上采用上述第（1）种方式。

发包人累计扣留的质量保证金不得超过结算合同价格的5%，如承包人在发包人签发竣工付款证书后28天内提交质量保证金保函，发包人应同时退还扣留的作为质量保证金的工程价款。

15.3.3 质量保证金的退还

发包人应按14.4款〔最终结清〕的约定退还质量保证金。

15.4 保修

15.4.1 保修责任

工程保修期从工程竣工验收合格之日起算，具体分部分项工程的保修期由合同当事人在专用合同条款中约定，但不得低于法定最低保修年限。在工程保修期内，承包人应当根据有关法律规定以及合同约定承担保修责任。

发包人未经竣工验收擅自使用工程的，保修期自转移占有之日起算。

15.4.2 修复费用

保修期内，修复的费用按照以下约定处理：

（1）保修期内，因承包人原因造成工程的缺陷、损坏，承包人应负责修复，并承担修复的费用以及因工程的缺陷、损坏造成的人身伤害和财产损失；

（2）保修期内，因发包人使用不当造成工程的缺陷、损坏，可以委托承包人修复，但发包人应承担修复的费用，并支付承包人合理利润；

（3）因其他原因造成工程的缺陷、损坏，可以委托承包人修复，发包人应承担修复的费用，并支付承包人合理的利润，因工程的缺陷、损坏造成的人身伤害和财产损失由责任方承担。

15.4.3 修复通知

在保修期内，发包人在使用过程中，发现已接收的工程存在缺陷或损坏的，应书面通知承包人予以修复，但情况紧急必须立即修复缺陷或损坏的，发包人可以口头通知承包人并在口头通知后48小时内书面确认，承包人应在专用合同条款约定的合理期限内到达工程现场并修复缺陷或损坏。

15.4.4 未能修复

因承包人原因造成工程的缺陷或损坏，承包人拒绝维修或未能在合理期限内修复缺陷或损坏，且经发包人书面催告后仍未修复的，发包人有权自行修复或委托第三方修复，所需费用由承包人承担。但修复范围超出缺陷或损坏范围的，超出范围部分的修复费用由发包人承担。

15.4.5 承包人出入权

在保修期内，为了修复缺陷或损坏，承包人有权出入工程现场，除情况紧急必须立即修复缺陷或损坏外，承包人应提前24小时通知发包人进场修复的时间。承包人进入工程现场前应获得发包人同意，且不应影响发包人正常的生产经营，并应遵守发包人有关保安和保密等规定。

16．违约

16.1 发包人违约

16.1.1 发包人违约的情形

在合同履行过程中发生的下列情形，属于发包人违约：

（1）因发包人原因未能在计划开工日期前7天内下达开工通知的；

（2）因发包人原因未能按合同约定支付合同价款的；

（3）发包人违反第10.1款〔变更的范围〕第（2）项约定，自行实施被取消的工作或转由他人实施的；

（4）发包人提供的材料、工程设备的规格、数量或质量不符合合同约定，或因发包人原因导致交货日期延误或交货地点变更等情况的；

（5）因发包人违反合同约定造成暂停施工的；

（6）发包人无正当理由没有在约定期限内发出复工指示，导致承包人无法复工的；

（7）发包人明确表示或者以其行为表明不履行合同主要义务的；

（8）发包人未能按照合同约定履行其他义务的。

发包人发生除本项第（7）目以外的违约情况时，承包人可向发包人发出通知，要求发包人采取有效措施纠正违约行为。发包人收到承包人通知后28天内仍不纠正违约行为的，承包人有权暂停相应部位工程施工，并通知监理人。

16.1.2 发包人违约的责任

发包人应承担因其违约给承包人增加的费用和（或）延误的工期，并支付承包人合理的利润。此外，合同当事人可在专用合同条款中另行约定发包人违约责任的承担方式和计算方法。

16.1.3 因发包人违约解除合同

除专用合同条款另有约定外，承包人按第16.1.1项〔发包人违约的情形〕约定暂停施工满28天后，发包人仍不纠正其违约行为并致使合同目的不能实现的，或出现第16.1.1项〔发包人违约的情形〕第（7）目约定的违约情况，承包人有权解除合同，发包人应承担由此增加的费用，并支付承包人合理的利润。

16.1.4 因发包人违约解除合同后的付款

承包人按照本款约定解除合同的，发包人应在解除合同后28天内支付下列款项，并解除履约担保：

（1）合同解除前所完成工作的价款；

（2）承包人为工程施工订购并已付款的材料、工程设备和其他物品的价款；

（3）承包人撤离施工现场以及遣散承包人人员的款项；

（4）按照合同约定在合同解除前应支付的违约金；

（5）按照合同约定应当支付给承包人的其他款项；

（6）按照合同约定应退还的质量保证金；

（7）因解除合同给承包人造成的损失。

合同当事人未能就解除合同后的结清达成一致的，按照第20条〔争议解决〕的约定处理。

承包人应妥善做好已完工程和与工程有关的已购材料、工程设备的保护和移交工作，并将施工设备和人员撤出施工现场，发包人应为承包人撤出提供必要条件。

16.2 承包人违约

16.2.1 承包人违约的情形

在合同履行过程中发生的下列情形，属于承包人违约：

（1）承包人违反合同约定进行转包或违法分包的；

（2）承包人违反合同约定采购和使用不合格的材料和工程设备的；

（3）因承包人原因导致工程质量不符合合同要求的；

（4）承包人违反第8.9款〔材料与设备专用要求〕的约定，未经批准，私自将已按照合同约定进入施工现场的材料或设备撤离施工现场的；

（5）承包人未能按施工进度计划及时完成合同约定的工作，造成工期延误的；

（6）承包人在缺陷责任期及保修期内，未能在合理期限对工程缺陷进行修复，或拒绝按发包人要求进行修复的；

（7）承包人明确表示或者以其行为表明不履行合同主要义务的；

（8）承包人未能按照合同约定履行其他义务的。

承包人发生除本项第（7）目约定以外的其他违约情况时，监理人可向承包人发出整改通知，要求其在指定的期限内改正。

16.2.2 承包人违约的责任

承包人应承担因其违约行为而增加的费用和（或）延误的工期。此外，合同当事人可在专用合同条款中另行约定承包人违约责任的承担方式和计算方法。

16.2.3 因承包人违约解除合同

除专用合同条款另有约定外，出现第16.2.1项〔承包人违约的情形〕第（7）目约定的违约情况时，或监理人发出整改通知后，承包人在指定的合理期限内仍不纠正违约行为并致使合同目的不能实现的，发包人有权解除合同。合同解除后，因继续完成工程的需要，发包人有权使用承包人在施工现场的材料、设备、临时工程、承包人文件和由承包人或以其名义编制的其他文件，合同当事人应在专用合同条款约定相应费用的承担方式。发包人继续使用的行为不免除或减轻承包人应承担的违约责任。

16.2.4 因承包人违约解除合同后的处理

因承包人原因导致合同解除的，则合同当事人应在合同解除后28天内完成估价、付款和清算，并按以下约定执行：

（1）合同解除后，按第 4.4 款〔商定或确定〕商定或确定承包人实际完成工作对应的合同价款，以及承包人已提供的材料、工程设备、施工设备和临时工程等的价值；

（2）合同解除后，承包人应支付的违约金；

（3）合同解除后，因解除合同给发包人造成的损失；

（4）合同解除后，承包人应按照发包人要求和监理人的指示完成现场的清理和撤离；

（5）发包人和承包人应在合同解除后进行清算，出具最终结清付款证书，结清全部款项。

因承包人违约解除合同的，发包人有权暂停对承包人的付款，查清各项付款和已扣款项。发包人和承包人未能就合同解除后的清算和款项支付达成一致的，按照第 20 条〔争议解决〕的约定处理。

16.2.5 采购合同权益转让

因承包人违约解除合同的，发包人有权要求承包人将其为实施合同而签订的材料和设备的采购合同的权益转让给发包人，承包人应在收到解除合同通知后 14 天内，协助发包人与采购合同的供应商达成相关的转让协议。

16.3 第三人造成的违约

在履行合同过程中，一方当事人因第三人的原因造成违约的，应当向对方当事人承担违约责任。一方当事人和第三人之间的纠纷，依照法律规定或者按照约定解决。

17. 不可抗力

17.1 不可抗力的确认

不可抗力是指合同当事人在签订合同时不可预见，在合同履行过程中不可避免且不能克服的自然灾害和社会性突发事件，如地震、海啸、瘟疫、骚乱、戒严、暴动、战争和专用合同条款中约定的其他情形。

不可抗力发生后，发包人和承包人应收集证明不可抗力发生及不可抗力造成损失的证据，并及时认真统计所造成的损失。合同当事人对是否属于不可抗力或其损失的意见不一致的，由监理人按第4.4款〔商定或确定〕的约定处理。发生争议时，按第20条〔争议解决〕的约定处理。

17.2 不可抗力的通知

合同一方当事人遇到不可抗力事件，使其履行合同义务受到阻碍时，应立即通知合同另一方当事人和监理人，书面说明不可抗力和受阻碍的详细情况，并提供必要的证明。

不可抗力持续发生的，合同一方当事人应及时向合同另一方当事人和监理人提交中间报告，说明不可抗力和履行合同受阻的情况，并于不可抗力事件结束后28天内提交最终报告及有关资料。

17.3 不可抗力后果的承担

17.3.1 不可抗力引起的后果及造成的损失由合同当事人按照法律规定及合同约定各自承担。不可抗力发生前已完成的工程应当按照合同约定进行计量支付。

17.3.2 不可抗力导致的人员伤亡、财产损失、费用增加和（或）工期延误等后果，由合同当事人按以下原则承担：

（1）永久工程、已运至施工现场的材料和工程设备的损坏，以及因工程损坏造成的第三人人员伤亡和财产损失由发包人承担；

（2）承包人施工设备的损坏由承包人承担；

（3）发包人和承包人承担各自人员伤亡和财产的损失；

（4）因不可抗力影响承包人履行合同约定的义务，已经引起或将引起工期延误的，应当顺延工期，由此导致承包人停工的费用损失由发包人和承包人合理分担，停工期间必须支付的工人工资由发包人承担；

（5）因不可抗力引起或将引起工期延误，发包人要求赶工的，由此增加的赶工费用由发包人承担；

（6）承包人在停工期间按照发包人要求照管、清理和修复工程的费用由发包人承担。

不可抗力发生后，合同当事人均应采取措施尽量避免和减少损失的扩大，任何一方当事人没有采取有效措施导致损失扩大的，应对扩大的损失承担责任。

因合同一方迟延履行合同义务，在迟延履行期间遭遇不可抗力的，不免除其违约责任。

17.4 因不可抗力解除合同

因不可抗力导致合同无法履行连续超过 84 天或累计超过 140 天的，发包人和承包人均有权解除合同。合同解除后，由双方当事人按照第 4.4 款〔商定或确定〕商定或确定发包人应支付的款项，该款项包括：

（1）合同解除前承包人已完成工作的价款；

（2）承包人为工程订购的并已交付给承包人，或承包人有责任接受交付的材料、工程设备和其他物品的价款；

（3）发包人要求承包人退货或解除订货合同而产生的费用，或因不能退货或解除合同而产生的损失；

（4）承包人撤离施工现场以及遣散承包人人员的费用；

（5）按照合同约定在合同解除前应支付给承包人的其他款项；

（6）扣减承包人按照合同约定应向发包人支付的款项；

（7）双方商定或确定的其他款项。

除专用合同条款另有约定外，合同解除后，发包人应在商定或确定上述款项后 28 天内完成上述款项的支付。

18．保险

18.1 工程保险

除专用合同条款另有约定外，发包人应投保建筑工程一切险或安装工程一切险；发包人委托承包人投保的，因投保产生的保险费和其他相关费用由发包人承担。

18.2 工伤保险

18.2.1 发包人应依照法律规定参加工伤保险，并为在施工现场的全部员工办理工伤保险，缴纳工伤保险费，并要求监理人及由发包人为履行合同聘请的第三方依法参加工伤保险。

18.2.2 承包人应依照法律规定参加工伤保险，并为其履行合同的全部员工办理工伤保险，缴纳工伤保险费，并要求分包人及由承包人为履行合同聘请的第三方依法参加工伤保险。

18.3 其他保险

发包人和承包人可以为其施工现场的全部人员办理意外伤害保险并支付保险费，包括其员工及为履行合同聘请的第三方的人员，具体事项由合同当事人在专用合同条款约定。

除专用合同条款另有约定外，承包人应为其施工设备等办理财产保险。

18.4 持续保险

合同当事人应与保险人保持联系，使保险人能够随时了解工程实施中的变动，并确保按保险合同条款要求持续保险。

18.5 保险凭证

合同当事人应及时向另一方当事人提交其已投保的各项保险的凭证和保险单复印件。

18.6 未按约定投保的补救

18.6.1 发包人未按合同约定办理保险，或未能使保险持续有效的，则承包人可代为办理，所需费用由发包人承担。发包人未按合同约定办理保险，导致未能得到足额赔偿的，由发包人负责补足。

18.6.2 承包人未按合同约定办理保险，或未能使保险持续有效的，则发包人可代为办理，所需费用由承包人承担。承包人未按合同约定办理保险，导致未能得到足额赔偿的，由承包人负责补足。

18.7 通知义务

除专用合同条款另有约定外，发包人变更除工伤保险之外的保险合同时，应事先征得承包人同意，并通知监理人；承包人变更除工伤保险之外的保险合同时，应事先征得发包人同意，并通知监理人。

保险事故发生时，投保人应按照保险合同规定的条件和期限及时向保险人报告。发包人和承包人应当在知道保险事故发生后及时通知对方。

19. 索赔

19.1 承包人的索赔

根据合同约定，承包人认为有权得到追加付款和（或）延长工期的，应按以下程序向发包人提出索赔：

（1）承包人应在知道或应当知道索赔事件发生后28天内，向监理人递交索赔意向通知书，并说明发生索赔事件的事由；承包人未在前述28天内发出索赔意向通知书的，丧失要求追加付款和（或）延长工期的权利；

（2）承包人应在发出索赔意向通知书后28天内，向监理人正式递交索赔报告；索赔报告应详细说明索赔理由以及要求追加的付款金额和（或）延长的工期，并附必要的记录和证明材料；

（3）索赔事件具有持续影响的，承包人应按合理时间间隔继续递交延续索赔通知，说明持续影响的实际情况和记录，列出累计的追加付款金额和（或）工期延长天数；

（4）在索赔事件影响结束后28天内，承包人应向监理人递交最终索赔报告，说明最终要求索赔的追加付款金额和（或）延长的工期，并附必要的记录和证明材料。

19.2 对承包人索赔的处理

对承包人索赔的处理如下：

（1）监理人应在收到索赔报告后14天内完成审查并报送发包人。监理人对索赔报告存在异议的，有权要求承包人提交全部原始记录副本；

（2）发包人应在监理人收到索赔报告或有关索赔的进一步证明材料后的28天内，由监理人向承包人出具经发包人签认的索赔处理结果。发包人逾期答复的，则视为认可承包人的索赔要求；

（3）承包人接受索赔处理结果的，索赔款项在当期进度款中进行支付；承包人不接受索赔处理结果的，按照第20条〔争议解决〕约定处理。

19.3 发包人的索赔

根据合同约定，发包人认为有权得到赔付金额和（或）延长缺陷责任期的，监理人应向承包人发出通知并附有详细的证明。

发包人应在知道或应当知道索赔事件发生后28天内通过监理人向承包人提出索赔意向通知书，发包人未在前述28天内发出索赔意向通知书的，丧失要求赔付金额和（或）延长缺陷责任期的权利。发包人应在发出索赔意向通知书后28天内，通过监理人向承包人正式递交索赔报告。

19.4 对发包人索赔的处理

对发包人索赔的处理如下：

（1）承包人收到发包人提交的索赔报告后，应及时审查索赔报告的内容、查验发包人证明材料；

（2）承包人应在收到索赔报告或有关索赔的进一步证明材料后28天内，将索赔处理结果答复发包人。如果承包人未在上述期限内作出答复的，则视为对发包人索赔要求的认可；

（3）承包人接受索赔处理结果的，发包人可从应支付给承包人的合同价款中扣除赔付的金额或延长缺陷责任期；发包人不接受索赔处理结果的，按第20条〔争议解决〕约定处理。

19.5 提出索赔的期限

（1）承包人按第 14.2 款〔竣工结算审核〕约定接收竣工付款证书后，应被视为已无权再提出在工程接收证书颁发前所发生的任何索赔。

（2）承包人按第 14.4 款〔最终结清〕提交的最终结清申请单中，只限于提出工程接收证书颁发后发生的索赔。提出索赔的期限自接受最终结清证书时终止。

20. 争议解决

20.1 和解

合同当事人可以就争议自行和解，自行和解达成协议的经双方签字并盖章后作为合同补充文件，双方均应遵照执行。

20.2 调解

合同当事人可以就争议请求建设行政主管部门、行业协会或其他第三方进行调解，调解达成协议的，经双方签字并盖章后作为合同补充文件，双方均应遵照执行。

20.3 争议评审

合同当事人在专用合同条款中约定采取争议评审方式解决争议以及评审规则，并按下列约定执行：

20.3.1 争议评审小组的确定

合同当事人可以共同选择一名或三名争议评审员，组成争议评审小组。除专用合同条款另有约定外，合同当事人应当自合同签订后28天内，或者争议发生后14天内，选定争议评审员。

选择一名争议评审员的，由合同当事人共同确定；选择三名争议评审员的，各自选定一名，第三名成员为首席争议评审员，由合同当事人共同确定或由合同当事人委托已选定的争议评审员共同确定，或由专用合同条款约定的评审机构指定第三名首席争议评审员。

除专用合同条款另有约定外，评审员报酬由发包人和承包人各承担一半。

20.3.2 争议评审小组的决定

合同当事人可在任何时间将与合同有关的任何争议共同提请争议评审小组进行评审。争议评审小组应秉持客观、公正原则，充分听取合同当事人的意见，依据相关法律、规范、标准、案例经验及商业惯例等，自收到争议评审申请报告后14天内作出书面决定，并说明理由。合同当事人可以在专用合同条款中对本项事项另行约定。

20.3.3 争议评审小组决定的效力

争议评审小组作出的书面决定经合同当事人签字确认后，对双方具有约束力，双方应遵照执行。

任何一方当事人不接受争议评审小组决定或不履行争议评审小组决定的，双方可选择采用其他争议解决方式。

20.4 仲裁或诉讼

因合同及合同有关事项产生的争议，合同当事人可以在专用合同条款中约定以下一种方式解决争议：

（1）向约定的仲裁委员会申请仲裁；

（2）向有管辖权的人民法院起诉。

20.5 争议解决条款效力

合同有关争议解决的条款独立存在，合同的变更、解除、终止、无效或者被撤销均不影响其效力。

第三部分　专用合同条款

1．一般约定

1.1 词语定义

1.1.1 合同

1.1.1.10 其他合同文件包括：______________________________

____

____。

1.1.2 合同当事人及其他相关方

1.1.2.4 监理人：

名　　称：______________________________；

资质类别和等级：______________________________；

联系电话：______________________________；

电子信箱：______________________________；

通信地址：______________________________。

1.1.2.5 设计人：

名　　称：______________________________；

资质类别和等级：______________________________；

联系电话：______________________________；

电子信箱：______________________________；

通信地址：______________________________。

1.1.3 工程和设备

1.1.3.7 作为施工现场组成部分的其他场所包括：____。

1.1.3.9 永久占地包括：____。

1.1.3.10 临时占地包括：____。

1.3 法律

适用于合同的其他规范性文件：____。

1.4 标准和规范

1.4.1 适用于工程的标准规范包括：____。

1.4.2 发包人提供国外标准、规范的名称：____；

发包人提供国外标准、规范的份数：________________________________；

发包人提供国外标准、规范的名称：________________________________。

1.4.3 发包人对工程的技术标准和功能要求的特殊要求：

____

____。

1.5 合同文件的优先顺序

合同文件组成及优先顺序为：____。

1.6 图纸和承包人文件

1.6.1 图纸的提供

发包人向承包人提供图纸的期限：__________________________；

发包人向承包人提供图纸的数量：__________________________；

发包人向承包人提供图纸的内容：__________________________。

1.6.4 承包人文件

需要由承包人提供的文件，包括：____；

承包人提供的文件的期限为：______________________________；

承包人提供的文件的数量为：______________________________；

承包人提供的文件的形式为：______________________________；

发包人审批承包人文件的期限：____________________________。

1.6.5 现场图纸准备

关于现场图纸准备的约定：______________________________________。

1.7 联络

1.7.1 发包人和承包人应当在____________天内将与合同有关的通知、批准、证明、证书、指示、指令、要求、请求、同意、意见、确定和决定等书面函件送达对方当事人。

1.7.2 发包人接收文件的地点：________________________________；

发包人指定的接收人为：______________________________________。

承包人接收文件的地点：______；
承包人指定的接收人为：______。
监理人接收文件的地点：______；
监理人指定的接收人为：______。
1.10 交通运输
1.10.1 出入现场的权利
关于出入现场的权利的约定：______
______。
1.10.3 场内交通
关于场外交通和场内交通的边界的约定：______
______。
关于发包人向承包人免费提供满足工程施工需要的场内道路和交通设施的约定：______
______
______。
1.10.4 超大件和超重件的运输
运输超大件或超重件所需的道路和桥梁临时加固改造费用和其他有关费用由______承担。
1.11 知识产权
1.11.1 关于发包人提供给承包人的图纸、发包人为实施工程自行编制或委托编制的技术规范以及反映发包人关于合同要求或其他类似性质的文件的著作权的归属：______
______。
关于发包人提供的上述文件的使用限制的要求：______
______。
1.11.2 关于承包人为实施工程所编制文件的著作权的归属：______
______。
关于承包人提供的上述文件的使用限制的要求：______
______。

1.11.4 承包人在施工过程中所采用的专利、专有技术、技术秘密的使用费的承担方式：
______。
1.13 工程量清单错误的修正
出现工程量清单错误时，是否调整合同价格：______。
允许调整合同价格的工程量偏差范围：______
______。

2. 发包人

2.2 发包人代表
发包人代表：
姓　　名：______；
身份证号：______；

职　　务：________________________________；

联系电话：________________________________；

电子信箱：________________________________；

通信地址：________________________________。

发包人对发包人代表的授权范围如下：__________________________

____。

2.4 施工现场、施工条件和基础资料的提供

2.4.1 提供施工现场

关于发包人移交施工现场的期限要求：______________________________

____。

2.4.2 提供施工条件

关于发包人应负责提供施工所需要的条件，包括：__________________________

____。

2.5 资金来源证明及支付担保

发包人提供资金来源证明的期限要求：________________________。

发包人是否提供支付担保：________________________________。

发包人提供支付担保的形式：______________________________。

3．承包人

3.1 承包人的一般义务

（9）承包人提交的竣工资料的内容：______________________________

____。

承包人需要提交的竣工资料套数：__________________________。

承包人提交的竣工资料的费用承担：________________________。

承包人提交的竣工资料移交时间：__________________________。

承包人提交的竣工资料形式要求：__________________________。

（10）承包人应履行的其他义务：__________________________________

____。

3.2 项目经理

3.2.1 项目经理：

姓　　名：__________________________________；

身份证号：__________________________________；

建造师执业资格等级：__________________________；

建造师注册证书号：____________________________；

建造师执业印章号：____________________________；

安全生产考核合格证书号：______________________；

联系电话：__________________________________；

电子信箱：__________________________________；

通信地址：__________________________________；

承包人对项目经理的授权范围如下：________________________________

____。

关于项目经理每月在施工现场的时间要求：____________________________。

承包人未提交劳动合同，以及没有为项目经理缴纳社会保险证明的违约责任：______

____。

项目经理未经批准，擅自离开施工现场的违约责任：______________________

____。

3.2.3 承包人擅自更换项目经理的违约责任：______________________________

____。

3.2.4 承包人无正当理由拒绝更换项目经理的违约责任：__________________

____。

3.3 承包人人员

3.3.1 承包人提交项目管理机构及施工现场管理人员安排报告的期限：________

____。

3.3.3 承包人无正当理由拒绝撤换主要施工管理人员的违约责任：__________

____。

3.3.4 承包人主要施工管理人员离开施工现场的批准要求：________________

____。

3.3.5 承包人擅自更换主要施工管理人员的违约责任：____________________

____。

承包人主要施工管理人员擅自离开施工现场的违约责任：________________

____。

3.5 分包

3.5.1 分包的一般约定

禁止分包的工程包括：______________________________________。

主体结构、关键性工作的范围：______________________________

____。

3.5.2 分包的确定

允许分包的专业工程包括：__________________________________。

其他关于分包的约定：______________________________________

____。

3.5.4 分包合同价款

关于分包合同价款支付的约定：______________________________。

3.6 工程照管与成品、半成品保护

承包人负责照管工程及工程相关的材料、工程设备的起始时间：__________

____。

3.7 履约担保

承包人是否提供履约担保：__________________________________。

承包人提供履约担保的形式、金额及期限的：__________________

____。

4. 监理人

4.1 监理人的一般规定

关于监理人的监理内容：______________________________。

关于监理人的监理权限：______________________________。

关于监理人在施工现场的办公场所、生活场所的提供和费用承担的约定：__________
____
____。

4.2 监理人员

总监理工程师：

姓　　名：____________________________________；

职　　务：____________________________________；

监理工程师执业资格证书号：____________________；

联系电话：____________________________________；

电子信箱：____________________________________；

通信地址：____________________________________；

关于监理人的其他约定：________________________。

4.4 商定或确定

在发包人和承包人不能通过协商达成一致意见时，发包人授权监理人对以下事项进行确定：

（1）____；

（2）____；

（3）____。

5. 工程质量

5.1 质量要求

5.1.1 特殊质量标准和要求：______________________
____。

关于工程奖项的约定：____________________________
____。

5.3 隐蔽工程检查

5.3.2 承包人提前通知监理人隐蔽工程检查的期限的约定：______________________
____。

监理人不能按时进行检查时，应提前______小时提交书面延期要求。

关于延期最长不得超过：__________小时。

6. 安全文明施工与环境保护

6.1 安全文明施工

6.1.1 项目安全生产的达标目标及相应事项的约定：__________________________
____。

6.1.4 关于治安保卫的特别约定：____
____。

关于编制施工场地治安管理计划的约定：____。

6.1.5 文明施工

合同当事人对文明施工的要求：____。

6.1.6 关于安全文明施工费支付比例和支付期限的约定：____。

7. 工期和进度

7.1 施工组织设计

7.1.1 合同当事人约定的施工组织设计应包括的其他内容：____。

7.1.2 施工组织设计的提交和修改

承包人提交详细施工组织设计的期限的约定：____。

发包人和监理人在收到详细的施工组织设计后确认或提出修改意见的期限：____。

7.2 施工进度计划

7.2.2 施工进度计划的修订

发包人和监理人在收到修订的施工进度计划后确认或提出修改意见的期限：____。

7.3 开工

7.3.1 开工准备

关于承包人提交工程开工报审表的期限：________________。

关于发包人应完成的其他开工准备工作及期限：____。

关于承包人应完成的其他开工准备工作及期限：____。

7.3.2 开工通知

因发包人原因造成监理人未能在计划开工日期之日起______天内发出开工通知的，承包人有权提出价格调整要求，或者解除合同。

7.4 测量放线

7.4.1 发包人通过监理人向承包人提供测量基准点、基准线和水准点及其书面资料的期限：____。

7.5 工期延误

7.5.1 因发包人原因导致工期延误

因发包人原因导致工期延误的其他情形：____。

7.5.2 因承包人原因导致工期延误

因承包人原因造成工期延误，逾期竣工违约金的计算方法为：________________

____。

因承包人原因造成工期延误，逾期竣工违约金的上限：____。

7.6 不利物质条件

不利物质条件的其他情形和有关约定：____。

7.7 异常恶劣的气候条件

发包人和承包人同意以下情形视为异常恶劣的气候条件：

（1）________________________；

（2）________________________；

（3）________________________。

7.9 提前竣工的奖励

7.9.2 提前竣工的奖励：________________。

8．材料与设备

8.4 材料与工程设备的保管与使用

8.4.1 发包人供应的材料设备的保管费用的承担：____。

8.6 样品

8.6.1 样品的报送与封存

需要承包人报送样品的材料或工程设备，样品的种类、名称、规格、数量要求：____。

8.8 施工设备和临时设施

8.8.1 承包人提供的施工设备和临时设施

关于修建临时设施费用承担的约定：____。

9．试验与检验

9.1 试验设备与试验人员

9.1.2 试验设备

施工现场需要配置的试验场所：____。

施工现场需要配备的试验设备：____。

施工现场需要具备的其他试验条件：____。

9.4 现场工艺试验

现场工艺试验的有关约定：____。

10．变更

10.1 变更的范围

关于变更的范围的约定：____。

10.4 变更估价

10.4.1 变更估价原则

关于变更估价的约定：____。

10.5 承包人的合理化建议

监理人审查承包人合理化建议的期限：__________________________。

发包人审批承包人合理化建议的期限：__________________________。

承包人提出的合理化建议降低了合同价格或者提高了工程经济效益的奖励的方法和金额为：____。

10.7 暂估价

暂估价材料和工程设备的明细详见附件 11：《暂估价一览表》。

10.7.1 依法必须招标的暂估价项目

对于依法必须招标的暂估价项目的确认和批准采取第______种方式确定。

10.7.2 不属于依法必须招标的暂估价项目

对于不属于依法必须招标的暂估价项目的确认和批准采取第______种方式确定。

第 3 种方式：承包人直接实施的暂估价项目

承包人直接实施的暂估价项目的约定：____。

10.8 暂列金额

合同当事人关于暂列金额使用的约定：____。

11．价格调整

11.1 市场价格波动引起的调整

市场价格波动是否调整合同价格的约定：__________________________________。

因市场价格波动调整合同价格，采用以下第______种方式对合同价格进行调整：

第 1 种方式：采用价格指数进行价格调整。

关于各可调因子、定值和变值权重，以及基本价格指数及其来源的约定：____；

第 2 种方式：采用造价信息进行价格调整。

（2）关于基准价格的约定：____________________________。

专用合同条款①承包人在已标价工程量清单或预算书中载明的材料单价低于基准价格的：专用合同条款合同履行期间材料单价涨幅以基准价格为基础超过____%时，或材料单价跌幅以已标价工程量清单或预算书中载明材料单价为基础超过___%时，其超过部分据实调整。

②承包人在已标价工程量清单或预算书中载明的材料单价高于基准价格的：专用合同条

款合同履行期间材料单价跌幅以基准价格为基础超过______%时，材料单价涨幅以已标价工程量清单或预算书中载明材料单价为基础超过______%时，其超过部分据实调整。

③承包人在已标价工程量清单或预算书中载明的材料单价等于基准单价的：专用合同条款合同履行期间材料单价涨跌幅以基准单价为基础超过±______%时，其超过部分据实调整。

第 3 种方式：其他价格调整方式：____。

12．合同价格、计量与支付

12.1 合同价格形式

1．单价合同。

综合单价包含的风险范围：____。

风险费用的计算方法：____。

风险范围以外合同价格的调整方法：____。

2．总价合同。

总价包含的风险范围：____。

风险费用的计算方法：____。

风险范围以外合同价格的调整方法：____。

3．其他价格方式：____。

12.2 预付款

12.2.1 预付款的支付

预付款支付比例或金额：______________________。

预付款支付期限：______________________。

预付款扣回的方式：______________________。

12.2.2 预付款担保

承包人提交预付款担保的期限：______________________。

预付款担保的形式为：______________________。

12.3 计量

12.3.1 计量原则

工程量计算规则：______________________。

12.3.2 计量周期

关于计量周期的约定：______________________。

12.3.3 单价合同的计量

关于单价合同计量的约定：________________________________。

12.3.4 总价合同的计量

关于总价合同计量的约定：________________________________。

12.3.5 总价合同采用支付分解表计量支付的，是否适用第 12.3.4 项〔总价合同的计量〕约定进行计量：____。

12.3.6 其他价格形式合同的计量

其他价格形式的计量方式和程序：______________________________
____。

12.4 工程进度款支付

12.4.1 付款周期

关于付款周期的约定：_______________________________________。

12.4.2 进度付款申请单的编制

关于进度付款申请单编制的约定：______________________________
____。

12.4.3 进度付款申请单的提交

（1）单价合同进度付款申请单提交的约定：________________。

（2）总价合同进度付款申请单提交的约定：________________。

（3）其他价格形式合同进度付款申请单提交的约定：__________
____。

12.4.4 进度款审核和支付

（1）监理人审查并报送发包人的期限：__________________________。

发包人完成审批并签发进度款支付证书的期限：__________________
____。

（2）发包人支付进度款的期限：______________________________。

发包人逾期支付进度款的违约金的计算方式：____________________
____。

12.4.6 支付分解表的编制

2、总价合同支付分解表的编制与审批：________________________
____。

3、单价合同的总价项目支付分解表的编制与审批：______________
____。

13．验收和工程试车

13.1 分部分项工程验收

13.1.2 监理人不能按时进行验收时，应提前________小时提交书面延期要求。

关于延期最长不得超过：________小时。

13.2 竣工验收

13.2.2 竣工验收程序

关于竣工验收程序的约定：____________________________________
____。

发包人不按照本项约定组织竣工验收、颁发工程接收证书的违约金的计算方法：________________________________。

13.2.5 移交、接收全部与部分工程

承包人向发包人移交工程的期限：________________。

发包人未按本合同约定接收全部或部分工程的，违约金的计算方法为：________________________________。

承包人未按时移交工程的，违约金的计算方法为：________________________________。

13.3 工程试车

13.3.1 试车程序

工程试车内容：________________________________。

（1）单机无负荷试车费用由________________承担；

（2）无负荷联动试车费用由________________承担。

13.3.3 投料试车

关于投料试车相关事项的约定：________________________________。

13.6 竣工退场

13.6.1 竣工退场

承包人完成竣工退场的期限：________________。

14．竣工结算

14.1 竣工结算申请

承包人提交竣工结算申请单的期限：________________。

竣工结算申请单应包括的内容：________________________________。

14.2 竣工结算审核

发包人审批竣工付款申请单的期限：________________。

发包人完成竣工付款的期限：________________。

关于竣工付款证书异议部分复核的方式和程序：________________________________。

14.4 最终结清

14.4.1 最终结清申请单

承包人提交最终结清申请单的份数：________________。

承包人提交最终结算申请单的期限：________________。

14.4.2 最终结清证书和支付

（1）发包人完成最终结清申请单的审批并颁发最终结清证书的期限：________________________________。

（2）发包人完成支付的期限：________________。

15．缺陷责任期与保修

15.2 缺陷责任期

缺陷责任期的具体期限：____
____。

15.3 质量保证金

关于是否扣留质量保证金的约定：__________________。

15.3.1 承包人提供质量保证金的方式

质量保证金采用以下第_____种方式：

（1）质量保证金保函，保证金额为：________________；

（2）_____%的工程款；

（3）其他方式：________________________________。

15.3.2 质量保证金的扣留

质量保证金的扣留采取以下第_____种方式：

（1）在支付工程进度款时逐次扣留，在此情形下，质量保证金的计算基数不包括预付款的支付、扣回以及价格调整的金额；

（2）工程竣工结算时一次性扣留质量保证金；

（3）其他扣留方式：________________________________。

关于质量保证金的补充约定：____
____。

15.4 保修

15.4.1 保修责任

工程保修期为：__________________________________
____。

15.4.3 修复通知

承包人收到保修通知并到达工程现场的合理时间：____________________________
____。

16．违约

16.1 发包人违约

16.1.1 发包人违约的情形

发包人违约的其他情形：____
____。

16.1.2 发包人违约的责任

发包人违约责任的承担方式和计算方法：

（1）因发包人原因未能在计划开工日期前 7 天内下达开工通知的违约责任：__________
____。

（2）因发包人原因未能按合同约定支付合同价款的违约责任：________________
____。

（3）发包人违反第 10.1 款〔变更的范围〕第（2）项约定，自行实施被取消的工作或转由他人实施的违约责任：____

____。

（4）发包人提供的材料、工程设备的规格、数量或质量不符合合同约定，或因发包人原因导致交货日期延误或交货地点变更等情况的违约责任：____。

（5）因发包人违反合同约定造成暂停施工的违约责任：____。

（6）发包人无正当理由没有在约定期限内发出复工指示，导致承包人无法复工的违约责任：____。

（7）其他：____________________________。

16.1.3 因发包人违约解除合同

承包人按16.1.1项〔发包人违约的情形〕约定暂停施工满______天后发包人仍不纠正其违约行为并致使合同目的不能实现的，承包人有权解除合同。

16.2 承包人违约

16.2.1 承包人违约的情形

承包人违约的其他情形：____。

16.2.2 承包人违约的责任

承包人违约责任的承担方式和计算方法：____。

16.2.3 因承包人违约解除合同

关于承包人违约解除合同的特别约定：____。

发包人继续使用承包人在施工现场的材料、设备、临时工程、承包人文件和由承包人或以其名义编制的其他文件的费用承担方式：____。

17．不可抗力

17.1 不可抗力的确认

除通用合同条款约定的不可抗力事件之外，视为不可抗力的其他情形：____。

17.4 因不可抗力解除合同

合同解除后，发包人应在商定或确定发包人应支付款项后______天内完成款项的支付。

18．保险

18.1 工程保险

关于工程保险的特别约定：____________________________。

18.3 其他保险

关于其他保险的约定：____________________________。

承包人是否应为其施工设备等办理财产保险：____。

18.7 通知义务

关于变更保险合同时的通知义务的约定：____。

20．争议解决

20.3 争议评审

合同当事人是否同意将工程争议提交争议评审小组决定：____。

20.3.1 争议评审小组的确定

争议评审小组成员的确定：________________________。

选定争议评审员的期限：________________________。

争议评审小组成员的报酬承担方式：________________。

其他事项的约定：________________________________。

20.3.2 争议评审小组的决定

合同当事人关于本项的约定：______________________。

20.4 仲裁或诉讼

因合同及合同有关事项发生的争议，按下列第____种方式解决：

（1）向____________________仲裁委员会申请仲裁；

（2）向____________________人民法院起诉。

附件

协议书附件：

附件 1：承包人承揽工程项目一览表

专用合同条款附件：

附件 2：发包人供应材料设备一览表

附件 3：工程质量保修书

附件 4：主要建设工程文件目录

附件 5：承包人用于本工程施工的机械设备表

附件 6：承包人主要施工管理人员表

附件 7：分包人主要施工管理人员表

附件 8：履约担保格式

附件 9：预付款担保格式

附件 10：支付担保格式

附件 11：暂估价一览

附件 1：

承包人承揽工程项目一览表

单位工程名称	建设规模	建筑面积（平方米）	结构形式	层数	生产能力	设备安装内容	合同价格（元）	开工日期	竣工日期

附件 2：

发包人供应材料设备一览表

序号	材料、设备品种	规格型号	单位	数量	单价（元）	质量等级	供应时间	送达地点	备注

附件 3：

工程质量保修书

发包人（全称）：________________________

承包人（全称）：________________________

发包人和承包人根据《中华人民共和国建筑法》和《建设工程质量管理条例》，经协商一致就____________（工程全称）签订工程质量保修书。

一、工程质量保修范围和内容

承包人在质量保修期内，按照有关法律规定和合同约定，承担工程质量保修责任。

质量保修范围包括地基基础工程、主体结构工程，屋面防水工程、有防水要求的卫生间、房间和外墙面的防渗漏，供热与供冷系统，电气管线、给排水管道、设备安装和装修工程，以及双方约定的其他项目。具体保修的内容，双方约定如下：

____

____

____。

二、质量保修期

根据《建设工程质量管理条例》及有关规定，工程的质量保修期如下：

1．地基基础工程和主体结构工程为设计文件规定的工程合理使用年限；

2．屋面防水工程、有防水要求的卫生间、房间和外墙面的防渗为________年；

3．装修工程为________年；

4．电气管线、给排水管道、设备安装工程为________年；

5．供热与供冷系统为__________个采暖期、供冷期；

6．住宅小区内的给排水设施、道路等配套工程为__________年；

7．其他项目保修期限约定如下：

____

____

____。

质量保修期自工程竣工验收合格之日起计算。

三、缺陷责任期

工程缺陷责任期为__________个月，缺陷责任期自工程实际竣工之日起计算。单位工程先于全部工程进行验收，单位工程缺陷责任期自单位工程验收合格之日起算。

缺陷责任期终止后，发包人应退还剩余的质量保证金。

四、质量保修责任

1．属于保修范围、内容的项目，承包人应当在接到保修通知之日起7天内派人保修。承包人不在约定期限内派人保修的，发包人可以委托他人修理。

2．发生紧急事故需抢修的，承包人在接到事故通知后，应当立即到达事故现场抢修。

3．对于涉及结构安全的质量问题，应当按照《建设工程质量管理条例》的规定，立即向当地建设行政主管部门和有关部门报告，采取安全防范措施，并由原设计人或者具有相应资质等级的设计人提出保修方案，承包人实施保修。

4．质量保修完成后，由发包人组织验收。

五、保修费用

保修费用由造成质量缺陷的责任方承担。

六、双方约定的其他工程质量保修事项：______________________________

____

____。

工程质量保修书由发包人、承包人在工程竣工验收前共同签署，作为施工合同附件，其有效期限至保修期满。

发包人（公章）：____________	承包人（公章）：____________
地　　址：____________	地　　址：____________
法定代表人（签字）：____________	法定代表人（签字）：____________
委托代理人（签字）：____________	委托代理人（签字）：____________
电　　话：____________	电　　话：____________
传　　真：____________	传　　真：____________
开户银行：____________	开户银行：____________
账　　号：____________	账　　号：____________
邮政编码：____________	邮政编码：____________

附件4：

主要建设工程文件目录

文件名称	套数	费用（元）	质量	移交时间	责任人

附件5：

承包人用于本工程施工的机械设备表

序号	机械或设备名称	规格型号	数量	产地	制造年份	额定功率（kW）	生产能力	备注

附件6：

承包人主要施工管理人员表

名　　称	姓名	职务	职称	主要资历、经验及承担过的项目
一、总部人员				
项目主管				
其他人员				
二、现场人员				
项目经理				
项目副经理				
技术负责人				
造价管理				
质量管理				
材料管理				
计划管理				
安全管理				

（续表）

名　　称	姓名	职务	职称	主要资历、经验及承担过的项目
其他人员				

附件 7：

分包人主要施工管理人员表

名　　称	姓名	职务	职称	主要资历、经验及承担过的项目
一、总部人员				
项目主管				
其他人员				
二、现场人员				
项目经理				
项目副经理				
技术负责人				
造价管理				
质量管理				
材料管理				
计划管理				
安全管理				
其他人员				

附件 8：

履约担保

__________________（发包人名称）：

鉴于_____________（发包人名称，以下简称"发包人"）与______________________（承包人名称）（以下称"承包人"）于____年___月___日就__________________________（工程名称）施工及有关事项协商一致共同签订《建设工程施工合同》。我方愿意无条件地、不可撤销地就承包人履行与你方签订的合同，向你方提供连带责任担保。

1．担保金额人民币（大写）_______________元（¥____________）。

2．担保有效期自你方与承包人签订的合同生效之日起至你方签发或应签发工程接收证书之日止。

3．在本担保有效期内，因承包人违反合同约定的义务给你方造成经济损失时，我方在收到你方以书面形式提出的在担保金额内的赔偿要求后，在 7 天内无条件支付。

4．你方和承包人按合同约定变更合同时，我方承担本担保规定的义务不变。

5．因本保函发生的纠纷，可由双方协商解决，协商不成的，任何一方均可提请________仲裁委员会仲裁。

6．本保函自我方法定代表人（或其授权代理人）签字并加盖公章之日起生效。

担 保 人：_________________________（盖单位章）

法定代表人或其委托代理人：____________（签字）

地　　址：__________________________________

邮政编码：__________________________________

电　　话：__________________________________

传　　真：__________________________________

_________年_______月_______日

附件 9 ：

预付款担保

______________________（发包人名称）：

根据__________________（承包人名称）（以下称“承包人”）与______________________（发包人名称）（以下简称“发包人”）于_____年____月____日签订的__________________（工程名称）《建设工程施工合同》，承包人按约定的金额向你方提交一份预付款担保，即有权得到你方支付相等金额的预付款。我方愿意就你方提供给承包人的预付款为承包人提供连带责任担保。

1．担保金额人民币（大写）______________元（¥___________）。

2．担保有效期自预付款支付给承包人起生效，至你方签发的进度款支付证书说明已完全扣清止。

3．在本保函有效期内，因承包人违反合同约定的义务而要求收回预付款时，我方在收到你方的书面通知后，在 7 天内无条件支付。但本保函的担保金额，在任何时候不应超过预付款金额减去你方按合同约定在向承包人签发的进度款支付证书中扣除的金额。

4．你方和承包人按合同约定变更合同时，我方承担本保函规定的义务不变。

5．因本保函发生的纠纷，可由双方协商解决，协商不成的，任何一方均可提请________仲裁委员会仲裁。

6．本保函自我方法定代表人（或其授权代理人）签字并加盖公章之日起生效。

担保人：_________________________（盖单位章）

法定代表人或其委托代理人：_________（签字）

地　　址：____

邮政编码：____

电　　话：____

传　　真：____

______________年______月______日

附件 10：

支付担保

________________（承包人）：

鉴于你方作为承包人已经与____________（发包人名称）（以下称“发包人”）于______年______月______日签订了____________（工程名称）《建设工程施工合同》（以下称“主合同”），应发包人的申请，我方愿就发包人履行主合同约定的工程款支付义务以保证的方式向你方提供如下担保：

一、保证的范围及保证金额

1．我方的保证范围是主合同约定的工程款。

2．本保函所称主合同约定的工程款是指主合同约定的除工程质量保证金以外的合同价款。

3．我方保证的金额是主合同约定的工程款的______%，数额最高不超过人民币元（大写：__________）。

二、保证的方式及保证期间

1．我方保证的方式为：连带责任保证。

2．我方保证的期间为：自本合同生效之日起至主合同约定的工程款支付完毕之日后日内。

3．你方与发包人协议变更工程款支付日期的，经我方书面同意后，保证期间按照变更后的支付日期做相应调整。

三、承担保证责任的形式

我方承担保证责任的形式是代为支付。发包人未按主合同约定向你方支付工程款的，由我方在保证金额内代为支付。

四、代偿的安排

1．你方要求我方承担保证责任的，应向我方发出书面索赔通知及发包人未支付主合同约定工程款的证明材料。索赔通知应写明要求索赔的金额，支付款项应到达的账号。

2．在出现你方与发包人因工程质量发生争议，发包人拒绝向你方支付工程款的情形时，你方要求我方履行保证责任代为支付的，需提供符合相应条件要求的工程质量检测机构出具的质量说明材料。

3．我方收到你方的书面索赔通知及相应的证明材料后 7 天内无条件支付。

五、保证责任的解除

1．在本保函承诺的保证期间内，你方未书面向我方主张保证责任的，自保证期间届满次日起，我方保证责任解除。

2．发包人按主合同约定履行了工程款的全部支付义务的，自本保函承诺的保证期间届满次日起，我方保证责任解除。

3．我方按照本保函向你方履行保证责任所支付金额达到本保函保证金额时，自我方向你方支付（支付款项从我方账户划出）之日起，保证责任即解除。

4．按照法律法规的规定或出现应解除我方保证责任的其他情形的，我方在本保函项下的保证责任亦解除。

5．我方解除保证责任后，你方应自我方保证责任解除之日起__个工作日内，将本保函原件返还我方。

六、免责条款

1．因你方违约致使发包人不能履行义务的，我方不承担保证责任。

2．依照法律法规的规定或你方与发包人的另行约定，免除发包人部分或全部义务的，我方亦免除其相应的保证责任。

3．你方与发包人协议变更主合同的，如加重发包人责任致使我方保证责任加重的，需征得我方书面同意，否则我方不再承担因此而加重部分的保证责任，但主合同第10条〔变更〕约定的变更不受本款限制。

4．因不可抗力造成发包人不能履行义务的，我方不承担保证责任。

七、争议解决

因本保函或本保函相关事项发生的纠纷，可由双方协商解决，协商不成的，按下列第种方式解决：

（1）向____________________仲裁委员会申请仲裁；

（2）向____________________人民法院起诉。

八、保函的生效

本保函自我方法定代表人（或其授权代理人）签字并加盖公章之日起生效。

担保人：________________________________（盖章）

法定代表人或委托代理人：__________________（签字）

地　　址：______________________________________

邮政编码：______________________________________

传　　真：______________________________________

______________年______月______日

附件 11：

11-1：材料暂估价表

序号	名称	单位	数量	单价（元）	合价（元）	备注

11-2：工程设备暂估价表

序号	名称	单位	数量	单价（元）	合价（元）	备注

11-3：专业工程暂估价表

序号	专业工程名称	工程内容	金额
小计：			

附录三　房屋建筑工程质量保修书

房屋建筑工程质量保修书

发包人（全称）：____

承包人（全称）：____

发包人、承包人根据《中华人民共和国建筑法》、《建设工程质量管理条例》和《房屋建筑工程质量保修办法》，经协商一致，对______________________________（工程全称）签订工程质量保修书。

一、工程质量保修范围和内容

承包人在质量保修期内，按照有关法律、法规、规章的管理规定和双方约定，承担本工程质量保修责任。

质量保修范围包括地基基础工程、主体结构工程，屋面防水工程、有防水要求的卫生间、房间和外墙面的防渗漏，供热与供冷系统，电气管线、给排水管道、设备安装和装修工程，以及双方约定的其他项目。具体保修的内容双方约定如下：____________________

____

____

____

____

二、质量保修期

双方根据《建设工程质量管理条例》及有关规定，约定本工程的质量保修期如下：

1．地基基础工程和主体结构工程为设计文件规定的该工程合理使用年限；

2．屋面防水工程、有防水要求的卫生间、房间和外墙面的防渗漏为________年；

3．装修工程为________年；

4．电气管线、给排水管道、设备安装工程为________年；

5．供热与供冷系统为________个采暖期、供冷期；

6．教学区内的给排水设施、道路等基础设施工程为____________年；

7．其他项目保修期限约定如下：______________________________

____

三、质量保修责任

1．属于保修范围、内容的项目，承包人应当在接到保修通知之日起3天内派人保修。承包人不在约定期限内派人保修的，发包人可以委托他人修理。

2．发生紧急抢修事故的，承包人在接到事故通知后，应当立即到达事故现场抢修。

3．对于涉及结构安全的质量问题，应当按照《房屋建筑工程质量保修办法》的规定，立即向当地建设行政主管部门报告，采取安全防范措施；由原设计单位或者具有相应资质等级的设计单位提出保修方案，承包人实施保修。

4．质量保修完成后，由发包人组织验收。

四、保修费用

保修费用由造成质量缺陷的责任方承担。

五、其他

双方约定的其他工程质量保修事项：

____

本工程质量保修书，由施工合同发包人、承包人双方在竣工验收前共同签署，作为施工合同附件，其有效期限至保修期满。

发　包　人（公章）：　　　　承　包　人（公章）：

法定代表人（签字）：　　　　法定代表人（签字）：

年　月　日　　　　年　月　日

附录四　建筑安装施工安全生产协议

建筑安装施工安全生产协议

主协议单位：　　　　　　　　　　　　编　号：
发包单位：　　　　　　　　　　　　　（甲方）以下简称甲方
承包单位：　　　　　　　　　　　　　（乙方）以下简称乙方

甲方（建设方）将＿＿＿＿＿＿＿＿＿＿＿＿＿项目委托乙方施工，为了明确双方的安全生产责任，确保施工安全，双方在签订施工合同的同时：（受建设方的委托，乙方在施工期间的安全生产活动，纳入总包安全管理范围，在建设方与乙方签订合同的同时）签订本协议，双方必须严格执行。

一、承包工程项目：

1．工程项目名称：

2．工程地址：

3．承包范围：

4．承包方式：

二、工程项目期限：自　　年　　月　　日起开工至　　年　　月　　日完工。

三、协议内容：

1．甲乙双方必须认真贯彻国家和上级劳动保护、安全生产主管部门办法的有关生产、消防工作的方针、政策、严格执行有关劳动保护法规、条例、规定。

2．甲乙双方都应有安全管理组织体制，包括抓安全生产的领导，各级专职和兼职的安全干部；应有各工种的安全操作规程，特种作业工人的审证考核制度及各级安全生产岗位责任制和定期安全检查制度。

3．甲乙双方在施工前要认真勘察现场

（1）工程项目应由甲方编制施工组织设计；

（2）工程项目由乙方按甲方的要求自行编制施工组织设计；制订有针对性的安全技术措施，乙方必须严格按施工组织设计的要求施工。

4．甲乙双方的领导必须认真对本单位职工进行安全生产制度及安全技术知识教育，增强法制观念，提高职工的安全生产思想意识和自我保护的能力，督促职工自觉遵守安全纪律、制度法规。

5．施工前，乙方应组织召开管理、施工人员安全生产教育会议，并通知甲方委派有关人员出席会议。介绍施工中有关安全防火等规章制度及要求，乙方必须检查、督促施工人员严格遵守、认真执行。

6．施工期间，乙方指派＿＿＿＿同志负责本工程项目的有关安全、防火工作；甲方指派

______同志负责职系予以协助督促乙方执行有关安全、防火规定。甲乙双方应经常联系，相互协助检查工程项目中有关安全、防火工作，共同预防事故发生。

7. 乙方在施工期间必须严格执行和遵守甲方的安全生产防火管理的各类规定，接受甲方的监督、检查和指导。甲方有协助乙方搞好安全生产防火管理以及督促检查的义务，对于查出的隐患，乙方必须限期整改，对甲方违反安全生产规定、制度等情况，乙方有要求甲方整改的权利。

8. 在生产操作过程中的个人安全防护用品，由各方自理，甲乙方都应监督施工现场人员自觉穿戴好安全防护用品。

9. 甲乙双方人员对各自所出的施工区域、作业环境、操作施工设备、工具用具等必须认真检查，发现隐患，应即停止施工，并由有关单位落实整改后方准施工。一经施工，就表示施工单位确认施工现场。作业环境，设施设备，工具用具等符合安全要求和处于安全状态。施工单位对施工过程中产生的后果自行负责。

10. 由甲方提供的机械设备，脚手架等设施，在搭设、安装完毕提前使用前，甲方应会同乙方共同按规定验收，并做好验收及交付使用手续。严禁在未经验收或验收不合格的情况下投入使用，否则由此发生的后果概由擅自使用方负责。

11. 乙方在施工期间所使用的各种设备以及工具等均应由乙方自备。如甲乙双方必须相互借用和租赁。应由双方有关人员办理借用租赁手续。借出方应保证借出的设备和工具符合安全要求，但借入方必须进行检验。借入使用方一经接收，设备和工具的保管、维修以及在使用过程中发生的故障损坏遗失或造成伤亡事故均由借入使用方来承担责任，负责赔偿。

12. 甲乙双方的人员。对施工现场的脚手架、各类安全防护措施、安全标志和警告牌，不得擅自拆除、更动。如确实需要拆除更动的，必须经工地施工负责人和甲乙双方指派的安全管理人员的同意，并采取必要、可靠的安全措施后方能拆除。任何一方人员，擅自拆除所造成的后果，均由该方人员及其单位负责承担。

13. 特种作业必须执行《国家特种作业人员安全技术培训考核管理规定》，经省、市、地区的特种作业安全技术考核站培训考核后持证上岗，并按规定定期审证；中、小型机械的操作人员必须按规定做到“定机定人”和持证操作；起重吊装作业人员必须遵守“十不吊”规定，严禁违章，无证操作；严禁不懂电气、机械设备的人，擅自操作使用电器、机械设备。

14. 甲乙双方必须严格执行各类防火、防爆制度。易燃易爆场所严禁吸烟及动用明火，消防器材不得挪作他用。电焊、气割作业应按规定办理动火审批手续，严格遵守“十不烧”规定，严禁使用电炉。冬季施工如必须采用明火加热防冻措施时，应取得防火主管人员同意，落实防火、防中毒措施，并指派专人值班。

15. 乙方需用甲方提供的电气设备，在使用前应先进行检测，如不符安全规定的应及时向甲方提出，甲方应积极整改，整改合格后方准使用，违反本规定或不经甲方许可，擅自乱拉电器线路造成后果均由肇事者单位负责。

16. 贯彻先定合同后施工的原则。甲方不得指派乙方人员从事合同外的施工任务。乙方应拒绝合同外的施工任务，否则由此造成的一切后果均由有关方负责。

17. 甲乙双方的施工中，应注意地下管线及高低压架空线路的保护，甲方对地下管线和障碍物应详细交底，乙方应贯彻交底要求，如遇有情况，应及时向甲方和有关部门联系，采取保护措施。

18. 乙方在签订建筑安装施工合同后，应自觉地向__________区（县）公安派出所办理临时户口户籍手续，并向__________区（县）城建办（建设局）安监站、劳动局劳动保护监察部门、办理施工登记手续。

19．贯彻谁施工谁负责安全原则，乙方人员在施工期间，造成伤亡、火警、火灾、机械等其他事故（包括由乙方责任造成甲方人员、他方人员、行人伤亡等），甲方有协助紧急抢救伤员的义务，乙方负责事故上报，经济赔偿及善后处理。甲方有权追究乙方对甲方造成相关损失。

20．其他：

1）乙方负责对自己施工的范围开展安全管理，并有完整的安全管理体系。必须配备专职安全员，有关安全管理资料应提供甲方备案，甲方负责检查督促。

2）乙方使用劳动力必须符合地方规定，并提供加盖乙方公章的施工人员名册人员有变动，乙方必须书面通知甲方，凡提供名册外的人员发生事故由乙方全部负责。

3）工期延长，本协议顺延。

21．本协议经双方代表签字后即生效：协议作为合同正本的附件一式六份，甲、乙各执两份。送劳动局劳动保护监察科，区（县）城建办（建设局）安监站各一份备案。

甲方：单位名称：　　　　　　乙方：单位名称：

法人委托人：　　　　　　　　法人委托人：

代　　表：　　　　　　　　　代　　表：

地　　址：　　　　　　　　　地　　址：

电　　话：　　　　　　　　　电　　话：

年　　月　　日

附录五　工程建设项目廉政责任书

工程建设项目廉政责任书

工程项目名称：
工程项目地址：
建设单位（甲方）：
施工单位（乙方）：

为加强工程建设中的廉政建设，规范工程建设项目承发包双方的各项活动，防止发生各种谋取不正当利益的违法违纪行为，保护国家、集体和当事人的合法权益，根据国家有关工程建设的法律法规和廉政建设责任制规定，特订立本廉政责任书。

第一条　甲乙双方的责任

（一）应严格遵守国家关于市场准入、项目招标投标、工程建设、施工安装和市场活动等有关法律、法规，相关政策，以及廉政建设的各项规定。

（二）严格执行建设工程项目承发包合同文件，自觉按合同办事。

（三）业务活动必须坚持公开、公平、公正、诚信、透明的原则（除法律法规另有规定者外），不得为获取不正当的利益，损害国家、集体和对方利益，不得违反工程建设管理、施工安装的规章制度。

（四）发现对方在业务活动中有违规、违纪、违法行为的，应及时提醒对方，情节严重的，应向其上级主管部门或纪检监察、司法等有关机关举报。

第二条　甲方的责任

甲方的领导和从事该建设工程项目的工作人员，在工程建设的事前、事中、事后应遵守以下规定：

（一）不准向乙方和相关单位索要或接受回扣、礼金、有价证券、贵重物品和好处费、感谢费等。

（二）不准在乙方和相关单位报销任何应由甲方或个人支付的费用。

（三）不准要求、暗示和接受乙方和相关单位为个人装修住房、婚丧嫁娶、配偶子女的工作安排以及出国（境）、旅游等提供方便。

（四）不准参加有可能影响公正执行公务的乙方和相关单位的宴请和健身、娱乐等活动。

（五）不准向乙方介绍或为配偶、子女、亲属参与同甲方项目工程施工合同有关的设备、材料、工程分包、劳务等经济活动。不得以任何理由向乙方和相关单位推荐分包单位和要求乙方购买项目工程施工合同规定以外的材料、设备等。

第三条　乙方的责任

应与甲方保持正常的业务交往，按照有关法律法规和程序开展业务工作，严格执行工程建设的有关方针、政策，尤其是有关建筑施工安装的强制性标准和规范，并遵守以下规定：

（一）不准以任何理由向甲方、相关单位及其工作人员索要、接受或赠送礼金、有价证券、贵重物品和回扣、好处费、感谢费等。

（二）不准以任何理由为甲方和相关单位报销应由对方或个人支付的费用。

（三）不准接受或暗示为甲方、相关单位或个人装修住房、婚丧嫁娶、配偶子女的工作安排以及出国（境）、旅游等提供方便。

（四）不准以任何理由为甲方、相关单位或个人组织有可能影响公正执行公务的宴请、健身、娱乐等活动。

第四条 违约责任

（一）甲方工作人员有违反本责任书第一、二条责任行为的，按照管理权限，依据有关法律法规和规定给予党纪、政纪处分或组织处理；涉嫌犯罪的，移交司法机关追究刑事责任；给乙方单位造成经济损失的，应予以赔偿。

（二）乙方工作人员有违反本责任书第一、三条责任行为的，按照管理权限，依据有关法律法规和规定给予党纪、政纪处分或组织处理；涉嫌犯罪的，移交司法机关追究刑事责任；给甲方单位造成经济损失的，应予以赔偿。

第五条 本责任书作为工程施工合同的附件，与工程施工合同具有同等法律效力。经双方签署后立即生效。

第六条 本责任书的有效期为双方签署之日起至该工程项目竣工验收合格时止。

第七条 本责任书一式四份，由甲乙双方各执一份，送交甲乙双方的监督单位各一份。

甲方单位：（盖章）	乙方单位：（盖章）
法定代表人：	法定代表人：
地址：	地址：
电话：	电话：
年 月 日	年 月 日
甲方监督单位（盖章）	乙方监督单位（盖章）
年 月 日	年 月 日

参 考 文 献

[1] 标准文件编制组. 中华人民共和国建筑法[M]. 北京：法律出版社，2011.

[2] 标准文件编制组. 中华人民共和国招标投标法[M]. 北京：法律出版社，2007.

[3] 国家发展和改革委员会法规司，国务院法制办公室财金司，监察部执法监察司. 中华人民共和国招标投标法实施条例[M]. 北京：中国计划出版社，2012.

[4] 标准文件编制组. 标准施工招标资格预审文件[M]. 北京：中国计划出版社，2010.

[5] 标准文件编制组. 标准招标文件范本[M]. 北京：中国计划出版社，2012.

[6] 国家发展和改革委员会法规司，国务院法制办公室财金司，监察部执法监察司. 招投法实施细则[M]. 北京：中国计划出版社，2015.

[7] 沈中友. 工程招投标与合同管理[M]. 武汉：武汉理工大学出版社，2014.

[8] 钱闪光，姚激，杨中. 工程招投标与合同管理[M]. 北京：北京邮电大学出版社，2012.

[9] 曾瑜，金玮佳. 工程招投标与合同管理[M]. 北京：中国电力出版社，2015.

[10] 刘洋，张慧. 工程招投标与合同管理[M]. 西安：西北工业大学出版社，2011.

[11] 周述发. 建设工程造价管理[M]. 武汉：武汉理工大学出版社，2010.